エース 電気・電子・情報工学シリーズ

エース

電気回路理論入門

第2版

奥村浩士

著

朝倉書店

改訂版によせて

[電気回路理論入門] を著してから 20 年以上が過ぎました．その間，抵抗器の図記号がギザギザの旧記号から長方形の記号に変り，インダクタもコイル状の記号から半円形をずらせた記号が用いられるようになりました．本書もこの変化に対応するべく新記号に改めました．さらに，三相回路の理論の初歩を追加することにしました．電気はどうして 3 本の線で送るのかという素朴な疑問に答えるためです．採り上げるのは対称三相回路です．非対称電源や非平衡負荷の三相回路，またそれを解析するための対称座標法などは，本書の程度を超えるので思い切って割愛しました．電気回路の理論は範囲が広く本書の内容はその一部にすぎません．この広範囲の理論をマスターするには「手が動く」ことが必要です．紙と鉛筆を使って一歩，一歩地道に計算し理解を深めていってください．

2024 年 2 月

奥 村 浩 士

はじめに

近年の大学院重点化，大学改革により，大学理工系学部のカリキュラムも大幅に変更され，多くの専門科目が1，2学年で講義されるようになりました．こうした大学の新しい動きのなかで，早期専門教育が指向され，大学の1，2学年で電気系学科はもちろん，物理系，情報系，エネルギー系などの学部や学科においても，理工学の基礎として電気回路の講義が必要になってきています．また，これら理工系低学年の実験面での教育では，たとえば，筆者の勤務する大学の電気電子工学科1年生前期において，大きな内部抵抗のスーパーキャパシタに乾電池を接続して生起する現象から時定数を測るという簡単な実験も行われるようになってきました．その際，回路の過渡現象から定常現象まで実験によって得られたデータを，数学モデルいわゆる回路の常微分方程式を構成し，それを解いて確かめることが必要になります．

ところが，現行のカリキュラムでは1年生のとき微積分学や線形代数を中心に数学の基礎を学び，常微分方程式の解法は多くは2年生になってから学びますから，簡単な回路の過渡現象を常微分方程式によって解析することはできません．そこにどうしても，簡単な常微分方程式の解法の知識が必要となってきます．

また，従来の電気回路の理論では直流回路から交流理論と進んでいましたが，交流理論で「$\mathrm{d}/\mathrm{d}t$ を $\mathrm{j}\omega$ (j は虚数単位，ω は交流の角周波数) とおけば，なぜ交流の電流や電圧をうまく計算できるのかがもう一つよくわからない」という声を4年生や卒業生から少なからず耳にします．

この疑問にも答え，また学生実験からの要請に応えるというつもりで，とくに理工系低学年を対象にして本書を書きました．従来の電気回路理論の教科書の枠にとらわれずに，現状の講義と実験の間の溝を埋めるための1，2年生向きの電気回路理論の入門書が必要ではないかと考えたためです．また，理工学の基礎である常微分方程式に初学年から慣れ親しみ，常微分方程式の理論の上にたって電気回路理論の基礎をしっかりと捉えることの必要性を感じているからでもあります．

常微分方程式の学習範囲は，とくに電気回路理論で必要な定数と三角関数で表される非同次項をもつ2階の常微分方程式までに限ることにしました．また，常微分方程式の解法も定数変化法に限定しました．それはいろいろな解法を学ぶより一つの解法をしっかり身につけたほうがよいと考えたからです．また，解の形が高学年で習う合成積で与えられることを低学年から意識してもらおうということも意図しています．

最近，国家試験を受験して電気主任技術者の資格を取得する人が年々増加しています．自分が習得した知識を確かめるにはオーソライズされた問題を解いてみるのが近道です．その意味から，電気主任技術者の試験問題を適宜採用しました．まず，解答を見ずに自分で考えて自分なりの答を出してください．

本書の原稿は筆者がLaTeXで作成しました．LaTeXの使用と原稿のチェックにご協力いただいた久門尚史助教授に感謝します．また，貴重なご意見を賜った北野正雄教授，倉光正巳講師に厚く御礼申し上げます．さらに，図面の作成や問題解答のチェックにご協力いただいた筆者の研究室の多くの大学院生に感謝いたします．

文末ながら，本書の出版に際して長期間にわたり，お世話とアドバイスをいただいた朝倉書店の編集部に厚く御礼申し上げます．

2002年10月

奥 村 浩 士

目　次

3. 回路素子と回路の微分方程式

4. 回路理論で使う複素数の基本事項

5. 簡単な回路の過渡現象

6.　交流回路の微分方程式

7.　交　流　理　論

8. 二端子対回路

9. 三相交流回路

1. 基 本 事 項

ポイント 電気回路や電子回路は回路の構成要素，すなわち，回路素子を接続して構成され，価値ある機能を生み出す．高等学校の「物理」で学んだ電気に関する知識を前提にして，電気回路の理論の基本的な事項を説明する．回路の素子にかかる電圧や素子を流れる電流などを計算して，回路のもついろいろな性質を明らかにすることを回路を解析するという．ここでは，回路の解析の基礎となる素子の電圧と電流，電源の定義などを述べ，キルヒホフの法則を説明する．

1.1 回路素子の電圧と電流

電流が流れる通路を**電気回路** (electric circuit) あるいは回路という．電池や発電機などのように，回路に電流を発生する装置を**電源** (electric source) という．電源は電気エネルギーを供給し，このエネルギーを受け取る装置が**負荷** (load) である．電源と負荷は導体で結ばれて，電気回路を構成する．抵抗器，インダクタ (コイル)，キャパシタ (コンデンサ，蓄電器)，電源，スイッチなどは回路の構成要素であり，**回路素子** (circuit element，component) あるいは素子という．電気回路を構成する素子は形状，つまり空間的大きさ (寸法) をもっているが，本書ではそれを考慮しない．これは質点力学では物体の質量のみを考えて物体の大きさを考慮しないのとよく似ている．このような素子を**集中素子** (lumped element) という．集中素子から構成されている回路を**集中回路** (lumped circuit)，あるいは**集中定数回路** (lumped parameter circuit) という．

図 **1.1** のように 2 つの**端子** (terminal) をもつ素子を**二端子素子** (two-terminal element)，あるいは**一端子対素子** (one-port element) という．端子を流れる電流を

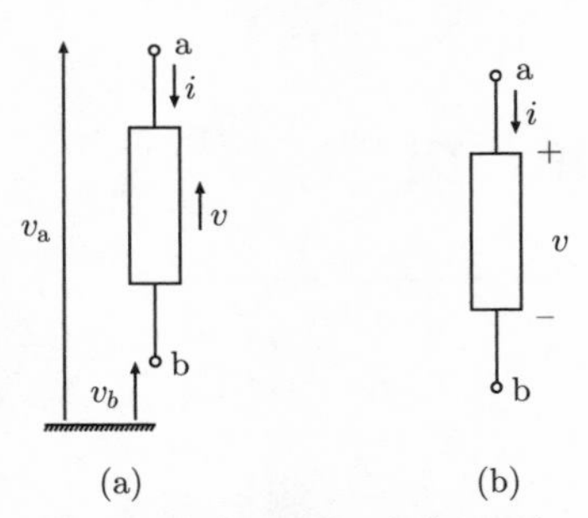

図 **1.1**　素子の電圧の定義と記法

端子電流 (terminal current) という．端子電流の方向は正の電荷の流れる方向と約束し，矢印で示す．図 1.1(a) のように，ある点を基準とした端子 a，b の電位をそれぞれ $v_{\rm a}$，$v_{\rm b}$ とし，端子間の電位差

$$v = v_{\rm a} - v_{\rm b} \tag{1.1}$$

を素子の**端子電圧** (terminal voltage) とよぶ．電位 $v_{\rm a}$ が $v_{\rm b}$ より高いときは v は正である．端子電圧の矢印は電流の矢印と反対の方向にとる．また，矢印で示さず，図 1.1(b) のようにプラスとマイナスの符号でこのことを示す方法もある．本書では，電源以外の素子の電圧，電流というときは，このように約束された端子電圧と端子電流を指す．

1.2　電 源 に つ い て

まず電源を定義しておこう．ここで扱う電源は**独立電圧源** (independent voltage source) と**独立電流源** (independent current source) である．独立電圧源はそこを流れる電流の大きさにかかわらず規定の端子電圧を保ち，この端子電圧は他の素子の電圧や電流の影響を受けない．つまり，独立電圧源はそれに接続される素子や回路の影響を受けないで規定の電圧を維持する電源である．独立電圧源の電圧の大きさを**起電力** (electromotive force) という．**図 1.2** は独立電圧源の記号を示し，同図 (a) は起電力 $E(>0)$ の**直流電圧源** (DC voltage source)，同じく図 (b) は起電力 $e(t)$ の**交流電圧源** (AC voltage source) である．独立電流源はその端子にかかる電圧の大きさにかかわらず規定の電流 J を流し，その電流の大きさは他の素子の電圧や電流の影響を受けない．本書では独立電流源の記号は直流，交流にかかわ

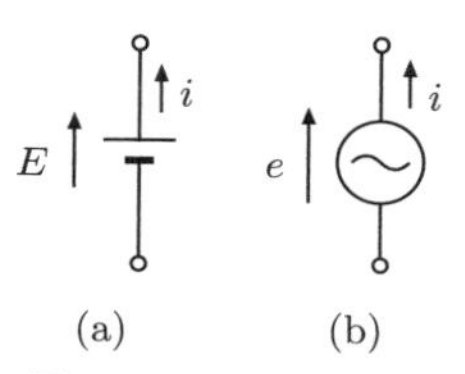

図 1.2　電圧源の記法

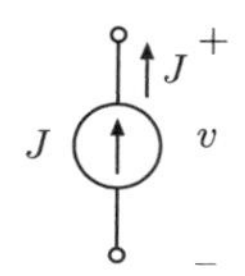

図 1.3　電流源の記法

らず**図 1.3** のように表す．以下，独立電圧源，独立電流源をそれぞれ電圧源，電流源とよぶ．電圧源，電流源の電圧と電流の方向に注意しよう．

1.3　キルヒホフの法則

キルヒホフの法則 (Kirchhoff's law) は電流に関する**電流則** (current law) と電圧に関する**電圧則** (voltage law) からなる．前者を第一法則，後者を第二法則とよぶこともある．

1.3.1　電　流　則

素子と素子の接続点を**節点** (node) という．また，素子を 1 本の線分で表し，**枝** (branch) とよぶ．節点から流出する電流の符号をプラス，節点に流入する電流の符号をマイナスにとる．1 つの節点に出入りする電流を符号も含めて $i_1, i_2, \cdots, i_N$ で表すと

$$\sum_{k=1}^{N} i_k = 0 \tag{1.2}$$

が成り立つ．すなわち，節点から流出入する電流の総和はゼロである．これを**キルヒホフの電流則** (Kirchhoff's current law, KCL) という．たとえば，**図 1.4** の節点 a では各枝の電流を同図のように定めると

$$-i_1+i_2-J_3-i_4+J_5 = 0 \tag{1.3}$$

が成り立つ．

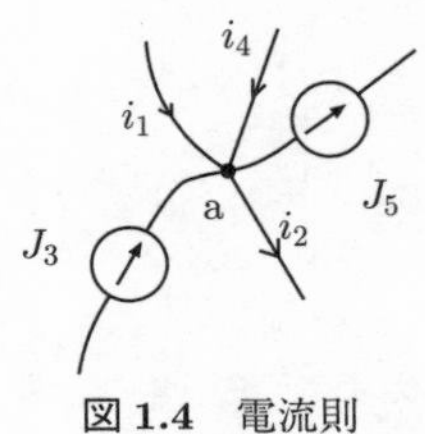

図 **1.4**　電流則

1.3.2 電　　圧　　則

回路に電流が流れているとき，**閉路** (loop) が必ず存在する．この閉路に方向をつけ，閉路の方向と枝の電圧の方向が一致するとき枝の電圧の符号をプラス，一致しないとき枝の電圧にマイナスの符号を付す．任意の閉路を一回りするとき枝の電圧の総和はゼロである．これを**キルヒホフの電圧則** (Kirchhoff's voltage law, KVL) という．1つの閉路に関して枝の電圧を符号も含めて $v_1, v_2, \cdots, v_N$ で表すと，

$$\sum_{k=1}^{N} v_k = 0 \qquad (1.4)$$

が成り立つ．**図 1.5** の例では閉路 a に関して

$$v_1 - E_2 - v_3 + v_4 - E_5 = 0 \qquad (1.5)$$

が成り立つ．これは

$$v_1 - v_3 + v_4 = E_2 + E_5 \qquad (1.6)$$

のように表すことができるから，閉路 a の電源電圧の総和は電源以外の枝の電圧の総和に等しいともいえる．

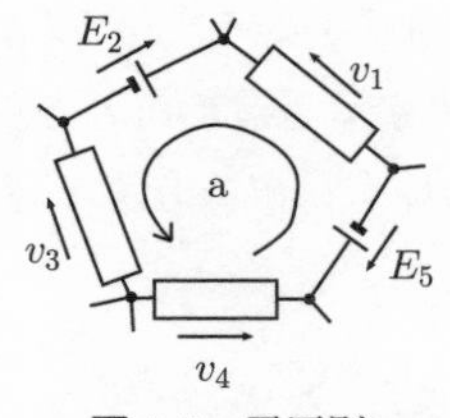

図 **1.5**　電圧則

1.4 電 源 の 接 続

図 1.6 のように，N 個の独立電圧源を**直列** (series) に接続したときの電圧 E は，それぞれの電圧の和

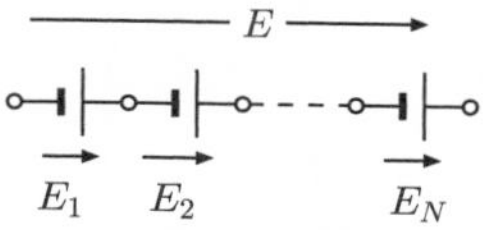

図 **1.6** 電圧源の直列接続

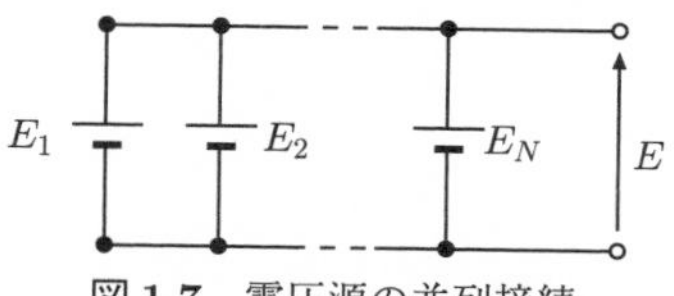

図 **1.7** 電圧源の並列接続

$$E = \sum_{k=1}^{N} E_k \tag{1.7}$$

となる．また，**図 1.7** のように**並列** (parallel) に接続するときには

$$E = E_1 = E_2 = \cdots = E_N \tag{1.8}$$

が成り立つ．

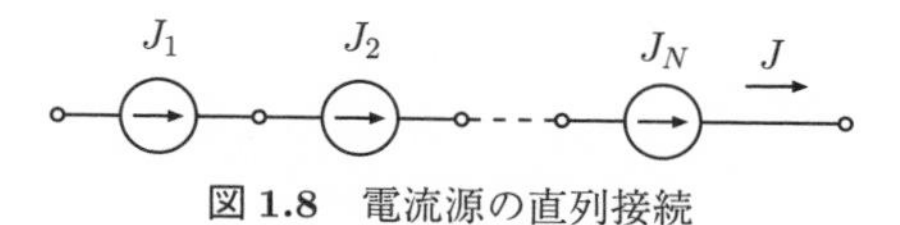

図 **1.8** 電流源の直列接続

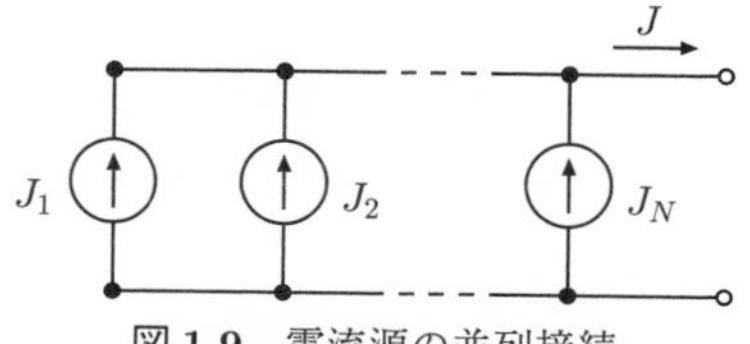

図 **1.9** 電流源の並列接続

一方，**図 1.8** のように，N 個の独立電流源を直列に接続するときには

$$J = J_1 = J_2 = \cdots = J_N \tag{1.9}$$

が成り立つ．**図 1.9** のように並列に接続するときには

$$J = \sum_{k=1}^{N} J_k \tag{1.10}$$

が成り立つ．電圧源，電流源の直列接続や並列接続は 1 つの電源を複数個の電源に分解する仕方を与えている．この考え方は，後で述べる重ね合わせの原理を使って回路を解析するときに役に立つ．

演 習 問 題

1.1 図 **1.10** の回路において電流 i_1 と i_2 を求めよ．

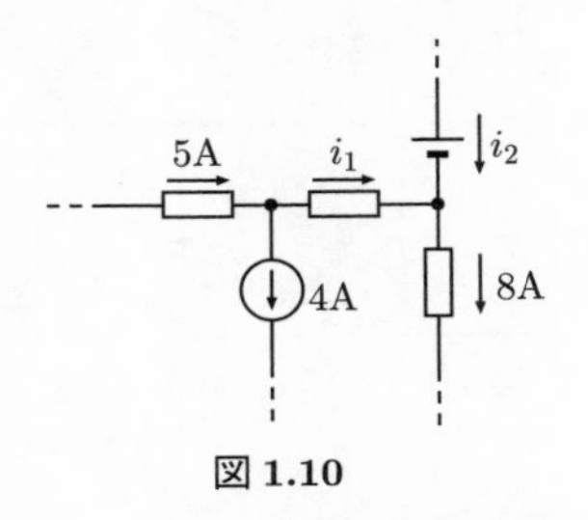

図 **1.10**

1.2 図 **1.11** の回路の電流 i_1, i_2, i_3 の値と実際に流れる方向を定めよ．

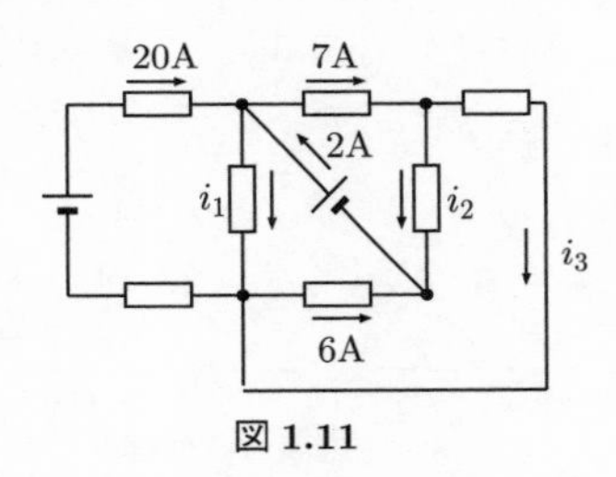

図 **1.11**

1.3 図 **1.12** の回路の電圧 v_{ab} と v を定めよ．

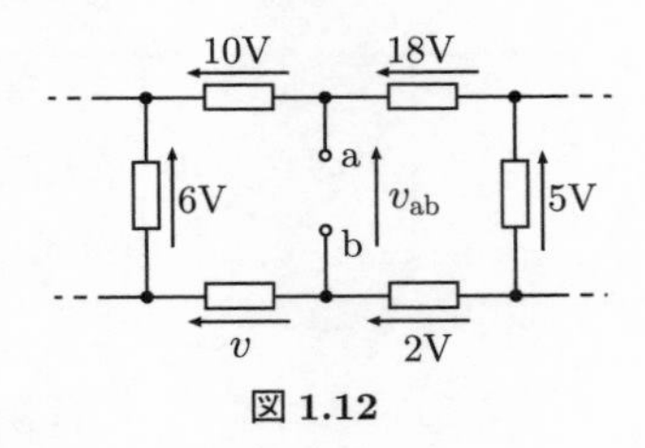

図 **1.12**

1.4 図 **1.13** の回路の電圧 v_1, v_2 を求めよ．

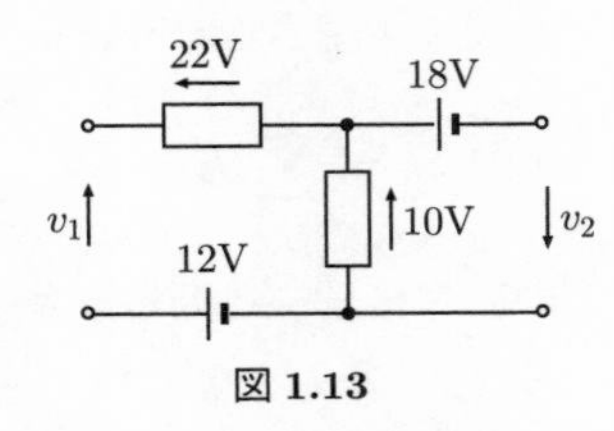

図 **1.13**

1.5 図 **1.14** は電流源以外の素子を枝で表した回路である．節点 a, b, c, d について，電流則を示し，電流源の大きさ J_1, J_2 を求めよ．ただし，$i_1 = 1\text{A}$，$i_3 = 3\text{A}$，$i_4 = -1\text{A}$，$i_5 = -2\text{A}$，$i_6 = 4\text{A}$，$i_8 = 2\text{A}$ である．

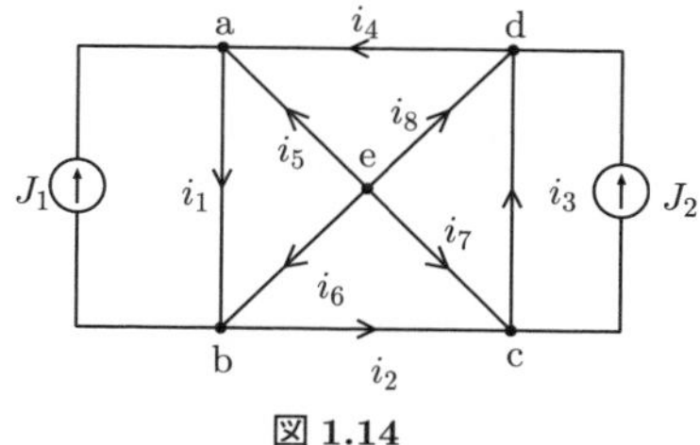

図 1.14

1.6　**図 1.15** では回路を枝と節点のみで表している．このような図をグラフとよび，素子の接続関係だけに注目した回路表示である．ループ adfa，dbed，fecf，defd について電圧則を示せ．また，これらのループからループ adbefa，adecfa の電圧関係を導け．

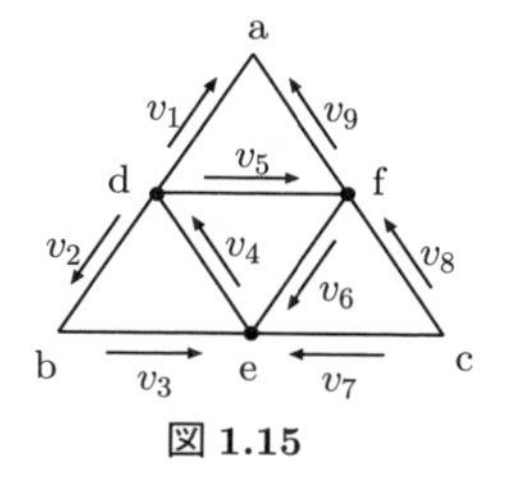

図 1.15

1.7　**図 1.16** の回路でループ I, II, III について，電圧則を示せ．ただし，ループ I：bcdb，ループ II：abcda，ループ III：abca である．

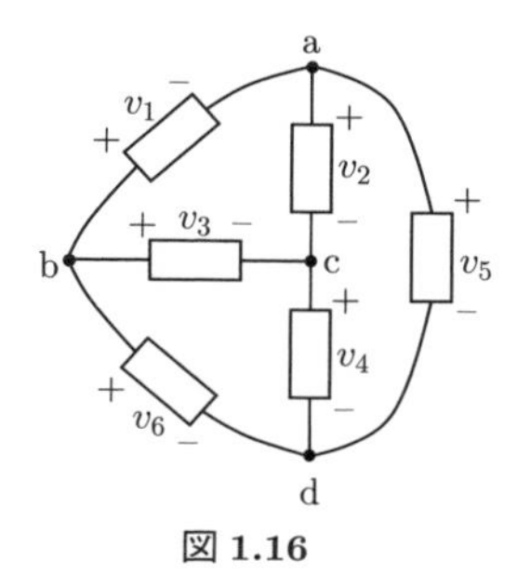

図 1.16

1.8　**図 1.17** の回路で $i_1 = i_2$ が成り立つことを示せ．

1.9　**図 1.18** の回路で

$$i_1 + i_2 = 0$$

が成り立つことを示せ．

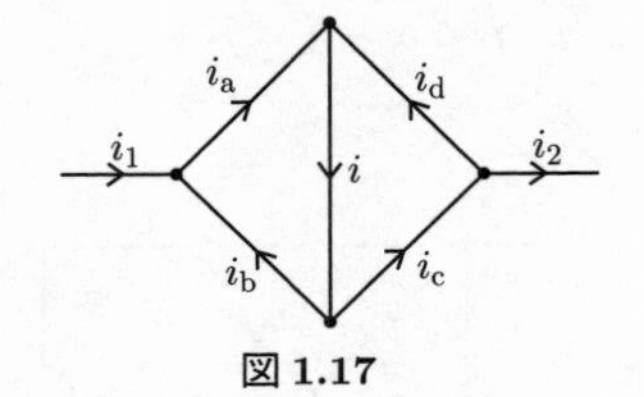

図 1.17

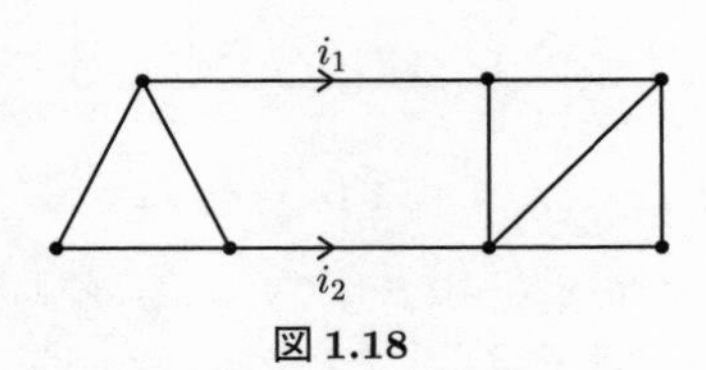

図 1.18

2. 直　流　回　路

ポイント　流れる方向と大きさが時間的に変化しない電流を直流 (direct current 略して DC) という．直流が流れている回路を直流回路 (DC circuit) という．直流回路の理論は電気回路や電子回路の理論の基礎である．オームの法則から始めて，抵抗の接続法，電源の等価回路と等価変換，重ね合わせの原理などを説明する．また，知っておくと便利な双対回路についても述べる．

2.1　オームの法則

電流の流れを妨げる素子を**抵抗素子** (resistive element) あるいは**抵抗器** (resistor) という．**レジスタ**ということもある．日本語では**抵抗値** (resistance) のことを単に抵抗といい，物体の抵抗器と抵抗値としての抵抗とを区別しないことが多い．文章の内容から判断してとくに混乱を生じないかぎり，この慣例に従う．これまで抵抗は**図 2.1**(b) のように表されてきたが，最近の規格では同図 (a) のように表す．本書でも同図 (a) で表す．

図 2.1 のように，抵抗 $R > 0$ に電流 i が流れているとき，抵抗の端子電圧 v と電流 i との間には比例関係

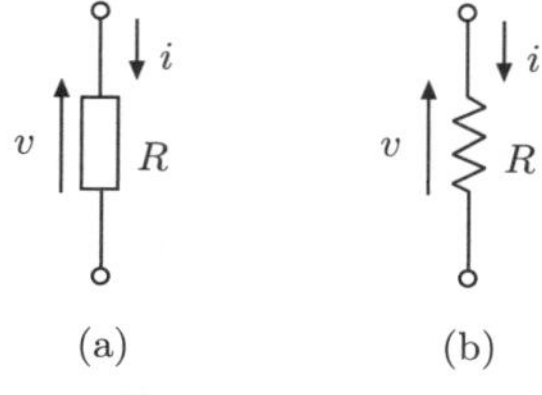

図 2.1　抵抗素子

$$v = Ri \tag{2.1}$$

が成り立つ．これを**オームの法則** (Ohm's law) といい，これが成り立つ抵抗を**線形抵抗** (linear resistor) という．抵抗の単位はオーム (記号 Ω) である．また，電流 i は抵抗の端子電圧 v に比例するともいえるから，

$$i = Gv \tag{2.2}$$

と表すことができる．したがって

$$G = \frac{1}{R} \tag{2.3}$$

の関係がある．抵抗 R の逆数 G を**コンダクタンス** (conductance) といい，電流の流れやすさを表す量である．単位はジーメンス (記号 S) である．

2.2 抵抗の接続と合成抵抗

2.2.1 抵 抗 の 接 続

図 2.2(a) のように，3 個の抵抗を**直列接続** (series connection) したときの合成抵抗を求める．電圧則によって

$$v = v_1+v_2+v_3 \tag{2.4}$$

オームの法則によって

$$v_1 = R_1 i, \quad v_2 = R_2 i, \quad v_3 = R_3 i \tag{2.5}$$

となるから全体を 1 つの抵抗としてみると

$$R = \frac{v}{i} = \frac{v_1+v_2+v_3}{i} = R_1+R_2+R_3 \tag{2.6}$$

となり，合成抵抗 R は 3 個の抵抗の和になる．

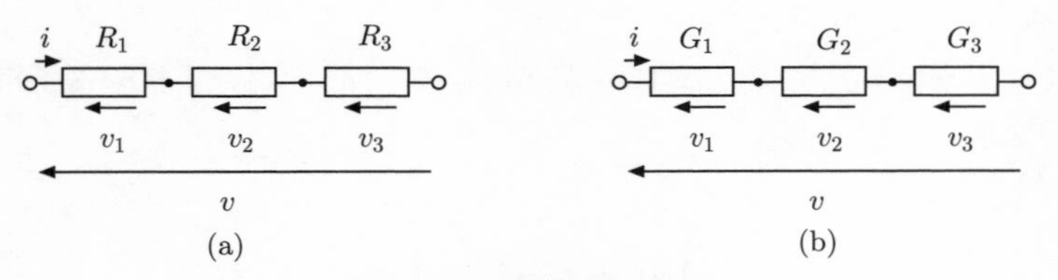

図 2.2 抵抗素子の直列接続

次に，**図 2.3**(a) のように 3 個の抵抗を**並列接続** (paralell connection) したときには，電流則によって

$$i = i_1+i_2+i_3 \tag{2.7}$$

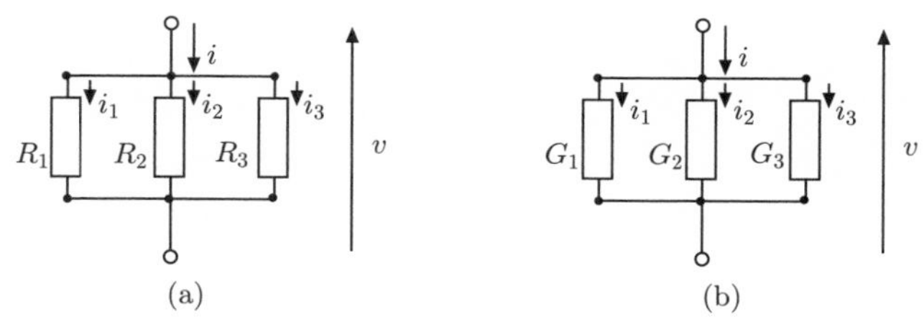

図 2.3　抵抗素子の並列接続

オームの法則によって

$$v = R_1 i_1, \quad v = R_2 i_2, \quad v = R_3 i_3 \tag{2.8}$$

となるから，合成抵抗 R は

$$R = \frac{v}{i} = \frac{v}{i_1+i_2+i_3} = \frac{1}{\frac{1}{R_1}+\frac{1}{R_2}+\frac{1}{R_3}} \tag{2.9}$$

となる．あるいは

$$\frac{1}{R} = \frac{1}{R_1}+\frac{1}{R_2}+\frac{1}{R_3} \tag{2.10}$$

と表すことができる．

2.2.2　コンダクタンスによる表現

3 個の抵抗を図 2.2(b) のように直列に接続したときの合成コンダクタンス G は次のように求められる．電圧則によって

$$v = v_1+v_2+v_3 \tag{2.11}$$

オームの法則によって

$$i = G_1 v_1, \quad i = G_2 v_2, \quad i = G_3 v_3 \tag{2.12}$$

となるから，合成コンダクタンス G は

$$G = \frac{i}{v} = \frac{i}{v_1+v_2+v_3} = \frac{1}{\frac{1}{G_1}+\frac{1}{G_2}+\frac{1}{G_3}} \tag{2.13}$$

となり

$$\frac{1}{G} = \frac{1}{G_1}+\frac{1}{G_2}+\frac{1}{G_3} \tag{2.14}$$

と表すことができる．この式から抵抗を直列接続したときの合成コンダクタンスの式は，抵抗の並列接続の式に対応することがわかる．

抵抗の並列接続の場合は，図 2.3(b) により電流則は

$$i = i_1+i_2+i_3 \tag{2.15}$$

であり，オームの法則によって

$$i_1 = G_1v, \quad i_2 = G_2v, \quad i_3 = G_3v \tag{2.16}$$

となる．したがって合成コンダクタンス G は

$$G = \frac{i}{v} = \frac{i_1+i_2+i_3}{v} = G_1+G_2+G_3 \tag{2.17}$$

となるから，並列接続の合成コンダクタンスの式は抵抗の直列接続の式に対応することがわかる．

2.3 テブナン，ノートンの等価電源と相互変換

2.3.1 等 価 電 源

電圧源では取り出す電流の大きさにかかわらずその端子電圧は規定の電圧に保たれるが，実際の電源はそうではない．これは実際の電圧源は**等価的** (equivalently) に**内部抵抗** (internal resistance) をもっていると考えられるからである．このような実際の電源を回路で等価的に表現する方法に 2 通りある．

1 つは**図 2.4**(a) に示すように，電圧源 E に直列に抵抗 r を接続した等価回路で表す．図 (a) の破線で囲んだ部分の回路を**テブナンの等価回路** (Thevenin's equivalent circuit) あるいは**等価電圧源**という．電源の端子電圧 v と電流 i の関係は

$$v = E-ri \tag{2.18}$$

となり，負荷電流 i が増えると端子電圧 v が直線的に下がることがわかる．一方，負荷では $v = Ri$ が成り立つ．この 2 つの式を図示すると**図 2.5** のようになる．破線は電圧源 E の特性 (素子そのものがもつ性質) を示し，負荷にどんな値の電流が流れても端子電圧 v は一定値 E であることを示している．このことから，内

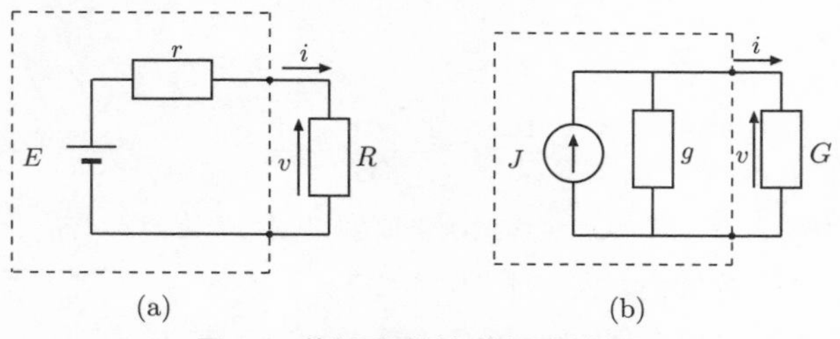

図 2.4 等価電圧源と等価電流源

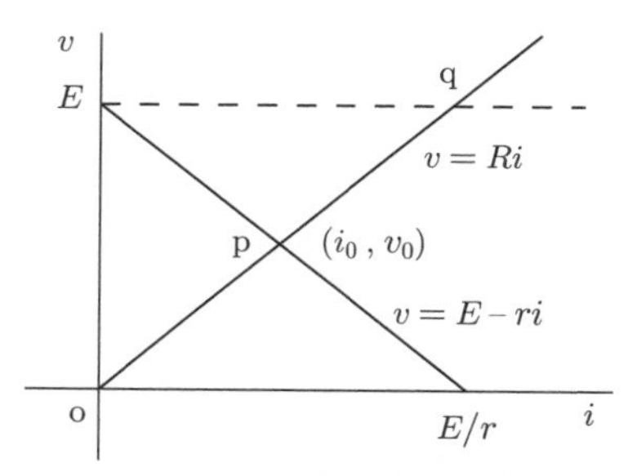

図 2.5 電圧源の端子電圧 v と負荷電流 i の関係

部抵抗 r のない電圧源は**理想電圧源** (ideal voltage source) ともよばれる．

同図の実線は式(2.18)で示す直線であって，直線 $v = Ri$ との交点の座標 $\mathrm{p}(i_0, v_0)$ が負荷の電流と端子電圧を与える．内部抵抗 r が小さくなるにつれて電流 i の端子電圧 v への影響が小さくなり，点 p は点 q に，すなわち，v_0 は E に近づいていくことがわかる．端子電圧の右肩下りの特性は実際には電池や直流発電機などで近似的にみられる．

もう 1 つの等価回路を導く．式 (2.18) の両辺を r で割ると

$$i = \frac{E}{r} - \frac{1}{r}v = J - gv \tag{2.19}$$

ただし

$$J = \frac{E}{r}, \quad g = \frac{1}{r} \tag{2.20}$$

となる．第 1 項の E/r は電流の単位をもっているから，これを電流源 J とみなし，それにコンダクタンス g の内部抵抗を並列に接続すると，図 2.4(b) が得られる．図の破線で囲んだ部分の回路を**ノートンの等価回路** (Norton's equivalent circuit) あるいは**等価電流源**という．電流源 J にコンダクタンス g が並列に接続されていることに注意しよう．式 (2.19) は端子電圧 v が高くなるほど内部コンダクタンス g へ流れる電流が増え，負荷電流 i が減少することを示している．この場合も電圧源と同じように式 (2.19) を図示すると**図 2.6** のようになる．

負荷の特性は $i = Gv$ で表されるから，直線 (2.19) との交点 p が負荷にかかる電圧 v_0 と負荷に流れる電流 i_0 を与える．破線は電流源にかかる電圧の大きさににかかわらず，電流源は一定の電流 J を流すことを示している．このことから内部コンダクタンスのない電流源は**理想電流源** (ideal current source) ともよばれる．内部コンダクタンス g が小さくなると点 p は点 q に近づく．つまり，負荷の電流

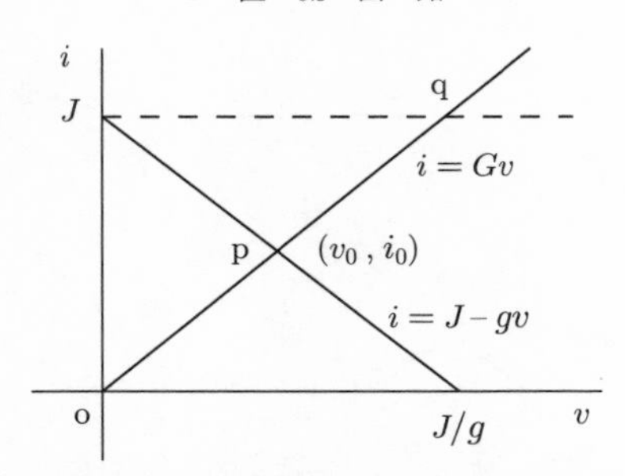

図 2.6　電流源の端子電流 i と負荷の電圧 v の関係

i は電流値 J に近づくことがわかる．ここで述べた電流源の取扱い方はトランジスタの増幅回路の**動作点** (operating point) を定めるときに用いられる．

2.3.2　電源の相互変換

式 (2.20) を使うと電圧源と電流源が内部抵抗を含めて互いに変換できる．この**相互変換**を用いると回路の解析が容易にできる場合がある．それを例によって示そう．

¶例 2.1¶　**図 2.7** の回路の抵抗 R_1 の電流 i を求めてみよう．

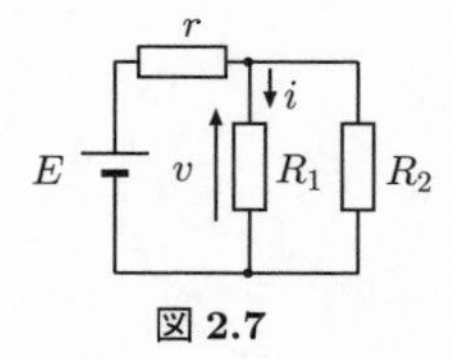

図 2.7

【解説】　電圧源 E と抵抗 r の直列部分を電流源回路に変換すると，**図 2.8** のようになり，

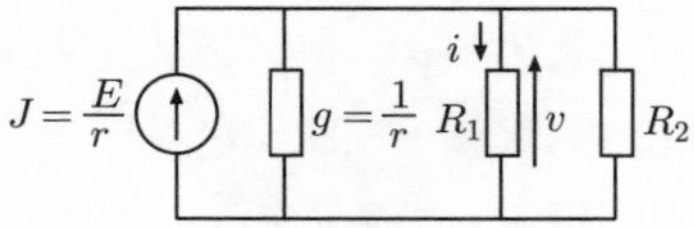

図 2.8

この回路において電流則は，抵抗 R_1 の電圧を v として

$$\left(\frac{1}{r}+\frac{1}{R_1}+\frac{1}{R_2}\right)v \;=\; \frac{E}{r} \tag{2.21}$$

となる．これを解いて

$$v \;=\; \frac{E}{r(\frac{1}{r}+\frac{1}{R_1}+\frac{1}{R_2})} \tag{2.22}$$

となるから，電流 i は

$$i = \frac{v}{R_1} = \frac{E}{rR_1(\frac{1}{r}+\frac{1}{R_1}+\frac{1}{R_2})} \tag{2.23}$$

と容易に計算される． ■

¶例 2.2¶　**図 2.9** の回路の電圧 v を求めよう．

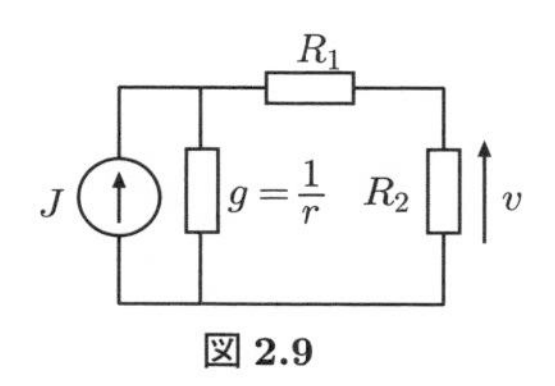

図 2.9

【解説】　電流源 J とコンダクタンス g の並列部分を等価電圧源に書き換えると，**図 2.10**

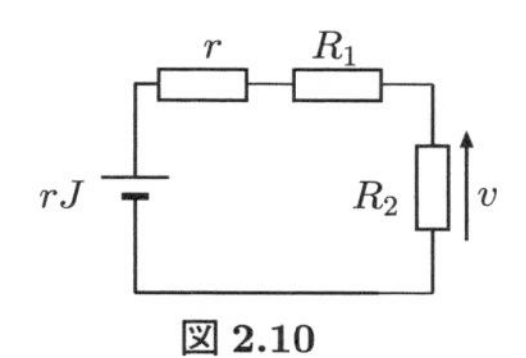

図 2.10

の回路が得られ，電圧則によりただちに

$$v = \frac{rR_2}{r+R_1+R_2}J \tag{2.24}$$

が得られる．

電圧源や電流源が内部抵抗を伴わず独立電源として存在しているような回路では，第 1 章で述べたように電源を等価的に分割して，相互変換する方法も考えられる． ■

¶例 2.3¶　コンダクタンス $G_1,\cdots,G_4$ と電圧源 E からなる**図 2.11** の端子 p, q 間の電位差 v を求めよう．

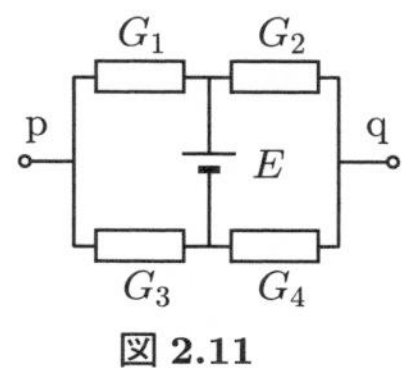

図 2.11

【解説】　図 2.11 の回路の電圧源 E を 2 つに分割して，**図 2.12** の回路を得る．この回路において，× 印の節点 a で回路を 2 つに切り離しても各素子の電流と電圧は変わらない．そこでコンダクタンス G_1 と G_2 を電圧源 E の内部抵抗と考えると，**図 2.13** の等価回路が得られる．電圧 v_1 と v_2 は電流則により

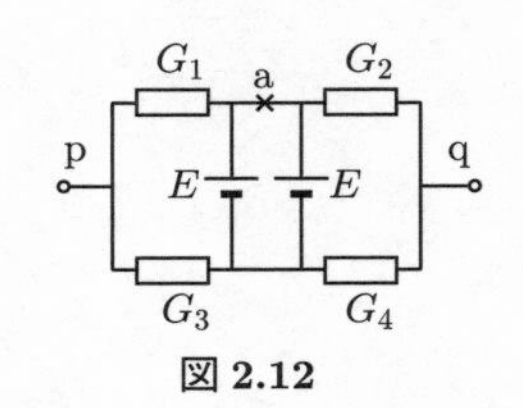

図 **2.12**

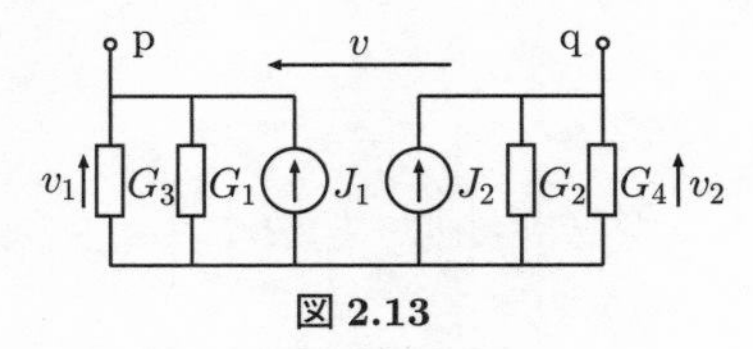

図 **2.13**

$$(G_1+G_3)v_1 = J_1 = G_1E \tag{2.25}$$

$$(G_2+G_4)v_2 = J_2 = G_2E \tag{2.26}$$

となるから

$$v_1 = \frac{G_1E}{G_1+G_3}, \quad v_2 = \frac{G_2E}{G_2+G_4} \tag{2.27}$$

が求められる．よって，

$$v = v_1-v_2 = \frac{G_1G_4-G_2G_3}{(G_1+G_3)(G_2+G_4)}E \tag{2.28}$$

となる． ■

2.4 重ね合わせの原理

回路に複数個の電圧源や電流源が存在しているとき，どのように取り扱ったらよいのだろうか．この問いに対する答えは次のとおりである．抵抗と複数個の電源を含む回路における任意の抵抗素子の電圧と電流は，個々の電源が独立に作用したものとして求めた電圧と電流のそれぞれの和をとることにより求められる．すなわち，複数個の電源による効果は，1 個の電源による効果を重ね (加え) 合わせれば求められるということである．これを**重ね合わせの原理** (principle of superposition) という．

簡単な例によって説明しよう．電圧源 E と電流源 J を含む**図 2.14** (a) の回路において，抵抗 R の電圧 v は個々の電源が独立に作用したときの抵抗 R の電圧の和に等しい．したがって，電圧源 E だけが作用しているときは，電流源 J は電流を流さないから**開放** (open-circuit) されているとみなせる．したがって，図 2.14(b) の回路を考え，抵抗 R の電圧は

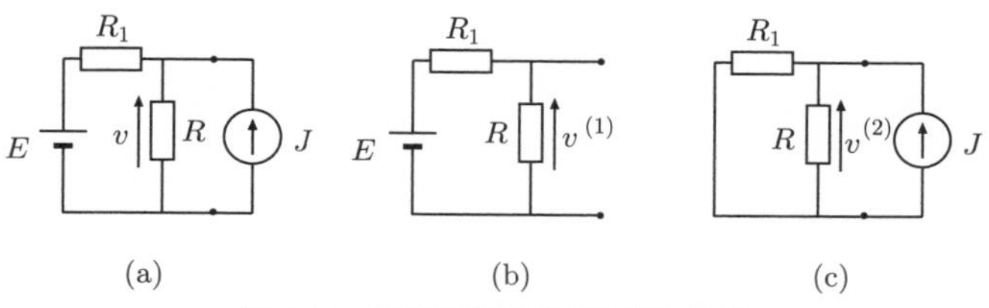

図 2.14　電圧源と電流源を含む回路

$$v^{(1)} = \frac{R}{R_1+R}E \tag{2.29}$$

となる．また，電流源 J だけが作用しているときは，電圧源 E に起電力はないから電圧源 E は**短絡** (short-circuit) されているとみなせる．したがって，図 2.14(a) の回路は図 2.14(c) の回路になり，抵抗 R の電圧は

$$v^{(2)} = \frac{R_1 R}{R_1+R}J \tag{2.30}$$

となる．したがって，電圧源 E と電流源 J がともに作用する図 2.14(a) の回路の抵抗 R の電圧 v は $v^{(1)}$ と $v^{(2)}$ を加え合わせて

$$v = v^{(1)}+v^{(2)} \tag{2.31}$$

$$= \frac{R}{R_1+R}E+\frac{R_1 R}{R_1+R}J \tag{2.32}$$

となる．このようにして，電源を 1 個のみ含む回路を次々と構成することによって，複数個の電源を含む回路の任意の抵抗素子の電圧や電流を求めることができる．

2.4.1　回路の連立方程式との関連

重ね合わせの原理を，連立 1 次方程式の解法と関連させて理解しておくことも大切である．

図 2.15(a) に示す 2 個の電圧源 e_1, e_2 がある回路の抵抗 R_1 に流れる電流 i_1 を，

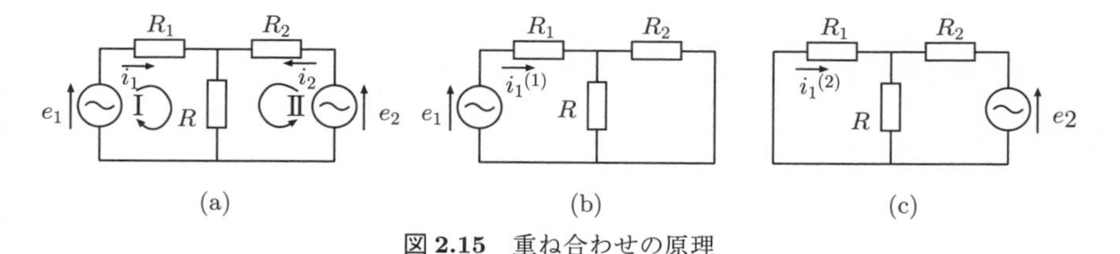

図 2.15　重ね合わせの原理

電流を未知変数とする連立方程式を解いて求めよう．図 (a) のように閉路 (ループ) I，II の電流 i_1, i_2 を定めると，閉路 I，II それぞれについて電圧則により

$$\left.\begin{aligned}(R_1+R)i_1+Ri_2 &= e_1\\ Ri_1+(R_2+R)i_2 &= e_2\end{aligned}\right\} \tag{2.33}$$

が成り立つ．これは電流 i_1, i_2 を変数とする連立方程式である．このように，一回りする電流を未知数として電圧則を適用して連立方程式をたて，電流を求める方法を閉路法（ループ法）という．連立方程式 (2.33) の解 i_1 は

$$i_1 = \frac{R_2+R}{D}e_1 - \frac{R}{D}e_2 \tag{2.34}$$

である．ただし

$$D = R(R_1+R_2)+R_1R_2 > 0 \tag{2.35}$$

である．ここで

$$i_1^{(1)} = \frac{R_2+R}{D}e_1, \quad i_1^{(2)} = -\frac{R}{D}e_2 \tag{2.36}$$

とおくと，

$$i_1 = i_1^{(1)}+i_1^{(2)} \tag{2.37}$$

となる．

電流 $i_1^{(1)}, i_1^{(2)}$ の意味を考えてみよう．電流 $i_1^{(1)}$ は

$$i_1^{(1)} = \frac{e_1}{R_1+\frac{RR_2}{R_2+R}} \tag{2.38}$$

と表せるから，分母は電圧源 e_2 を短絡した回路 (図 2.15(b)) の電圧源 e_1 から見た合成抵抗であることがわかる．したがって，電流 $i_1^{(1)}$ は電圧源 e_1 によって抵抗 R_1 に流れる電流である．一方，この電流 $i_1^{(1)}$ は連立方程式 (2.33) において $e_2 = 0$ とおいたときの解になっている．同様にして

$$i_1^{(2)} = -\frac{e_2}{R_2+\frac{RR_1}{R_1+R}}\frac{R}{R_1+R} \tag{2.39}$$

と表せるから，電圧源 e_1 を短絡した回路 (図 2.15(c)) において，電圧源 e_2 によって抵抗 R_1 に流れる電流であることがわかる．連立方程式 (2.33) においては，$e_1 = 0$ とおいたときの解が $i_1^{(2)}$ である．このことから，抵抗 R_1 の端子電流 i_1 はそれぞれの電圧源によって抵抗に流れる電流の符号も含めた和になっていることがわかる．つまり，電圧源を短絡し電流源を開放するという操作により 1 個の電源の回

路を導き，それぞれの抵抗の電流と電圧を求めて加え合わせることは，連立方程式の右辺のそれぞれの項を1つだけ残し他の項をすべてゼロにしてできる連立方程式をそれぞれ解き，それぞれの解を加え合わせることに対応する．

ここで，今まで学んだ知識をもとにして電気主任技術者試験の問題を解いてみよう．この試験問題はよく練られた良問であるから，理論の理解の深さを確かめるのによい．本書ではしばしば この試験問題を解法例としてとり上げる．実際の問題では解答群の数値，数式や語句の中から選ぶが，紙面のスペースがとれないので記入式に改める．

♣ **電気主任技術者試験問題** (平成9年第二種) ♣

次の文章は，電気回路を重ね合わせの原理を用いて計算する方法に関する記述である．次の(　)の中に当てはまる語句または式を記入せよ．

図2.16 のように2つの電圧源 E_1 および E_2 をもつ直流回路において，各節点の電圧，各枝路を流れる電流を求めるため，重ね合わせの原理が用いられることがある．E_1 のみを加え E_2 を (1) した回路の節点電圧と，E_2 のみを加え E_1 を (1) した回路の節点電圧とを，それぞれ足し合わせると，節点aと節点bの電圧は，$V_{\mathrm{a}} =$ (2)，$V_{\mathrm{b}} =$ (3) と求められる．2つの R_1 を流れる電流 I の大きさは等しく，$I =$ (4) となる．(5) の条件が成立すると，電流は R_2 のみを流れることになる．

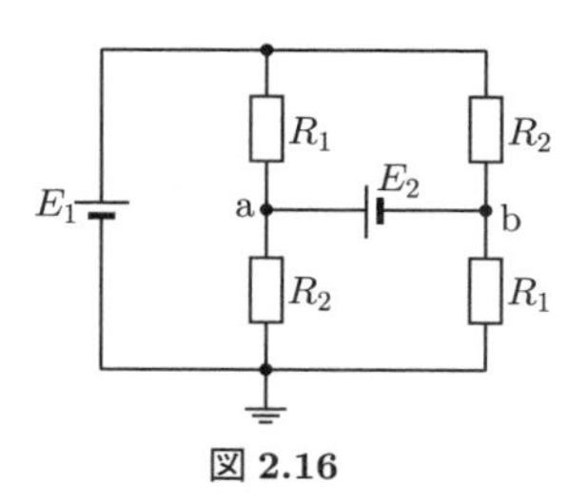

図 2.16

【解答】　電圧源 E_2 を (1) 短絡すると節点aとbとがくっつき節点の電位は等しくなる．したがって，この場合の節点a, bの電位は $V_{\mathrm{a}}^{(1)} = V_{\mathrm{b}}^{(1)} = E_1/2$ である．電圧源 E_1 を短絡すると，節点a, bの電位は $V_{\mathrm{a}}^{(2)} = E_2/2$，$V_{\mathrm{b}}^{(2)} = -E_2/2$ であって，R_1 を流れる電流は $I^{(2)} = E_2/2R_1$ である．接地（アース）される節点に注意しよう．したがって，$V_{\mathrm{a}} = V_{\mathrm{a}}^{(1)}+V_{\mathrm{a}}^{(2)} = (E_1+E_2)/2 \cdots (2)$，$V_{\mathrm{b}} = V_{\mathrm{b}}^{(1)}+V_{\mathrm{b}}^{(2)} = (E_1-E_2)/2 \cdots (3)$ となる．また回路図から R_1 を流れる電流は，$I = (E_1-V_{\mathrm{a}})/R_1 = V_{\mathrm{b}}/R_1 = (E_1-E_2)/2R_1 \cdots (4)$ である．したがって，2つの R_1 を流れる電流 $I = 0$，すなわち $E_1-E_2 = 0 \cdots (5)$ ならば，電流は R_2 のみを流れることになる．

2.5 双対な回路

図 2.4(a) の回路に関して成り立つ式 (2.18) において，$v \to i$，$E \to J$，$r \to g$，$i \to v$ という入れ換えをして得られた式が式 (2.19) である．このように 1 つの回路について成り立つ電流と電圧の関係式に，上記のような入れ換えを行って得られる関係式が成り立つようなもう 1 つの回路図 2.4(b) が存在する．このような電気回路の性質を**双対性** (duality) といい，この 2 つの回路を双対な回路という．元の関係式と，入れ換えにより新たに得られた関係式とを**双対** (dual) な式とよび，入れ換えを行った量を双対な量という．図 2.4(a) の回路では素子がすべて直列に接続されているのに対し，図 2.4(b) の回路ではすべての素子が並列に接続されている．このように直列と並列とは素子の接続の概念であり，直列と並列を双対な概念という．素子の開放と短絡，スイッチのオンとオフなども双対な概念である．

抵抗の直列接続による合成抵抗の式において，それぞれの抵抗をコンダクタンスに換え直列接続を並列接続に換えれば，コンダクタでは並列接続の式が得られる．同様にして抵抗の並列接続の式は，コンダクタの直列接続の式に対応していることがわかる．ここで，双対な概念と双対な量をまとめておこう．

- 双対な概念： 並列と直列，開放と短絡．
- 双対な量： 抵抗とコンダクタンス，キャパシタンスとインダクタンス，電流と電圧，電荷と磁束．

2.6 電力と電力量

図 2.17 において，t を時間変数として負荷の端子電圧 $v(t)$，電流 $i(t)$ との積

$$p(t) = v(t)i(t) \tag{2.40}$$

を**瞬時電力** (instantaneous electric power) という．図 2.17 のような方向に電流と電圧をとったとき，$p(t)$ は負荷に流れ込む単位時間あたりのエネルギーである．単位はワット (記号 W) である．ここで電流と電圧の方向および瞬時電力 p の方向に注意する．電流の方向が逆の方向であれば，瞬時電力は逆の方向を向き，負荷から電源に電力が送られることを意味する．

電力量はある時間内に伝達される瞬時電力の総和であり，時刻 t_1 から t_2 まで

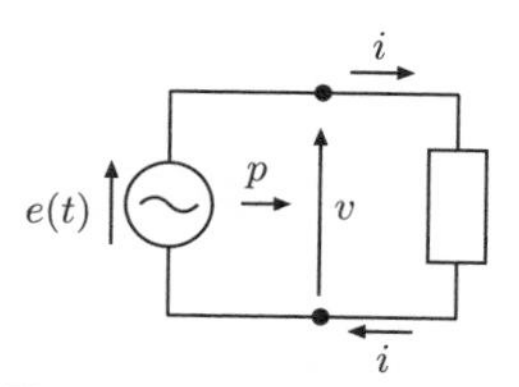

図 2.17　電力と電流の方向

の電力量は

$$W = \int_{t_1}^{t_2} p(t)\mathrm{d}t \tag{2.41}$$

で表される．したがって，

$$p(t) = \frac{\mathrm{d}W}{\mathrm{d}t} \tag{2.42}$$

の関係が成り立つ．電力量の単位にはワット時 (記号 Wh) やキロワット時 (記号 kWh) が用いられる．

直流回路では電圧と電流は時間的に変化せず一定の値 $v(t) = V$，$i(t) = I$ をとるから，瞬時電力は常に一定で $p(t) = VI$ であり，電力量 W_{dc} は

$$W_{\mathrm{dc}} = \int_{t_1}^{t_2} VI\mathrm{d}t = VI(t_2-t_1) \tag{2.43}$$

と表される．また，この時間内に伝達される電力量の時間平均値は

$$P = \frac{1}{t_2-t_1}\int_{t_1}^{t_2} VI\mathrm{d}t = VI \tag{2.44}$$

となるから，直流回路では瞬時電力が平均電力量に一致する．

¶例 2.4¶　図 **2.18** の回路の抵抗 5 Ω と 10 Ω でそれぞれ消費される瞬時電力 p_1 と p_2，およびその比 p_1/p_2 を計算し，時間 9 時から 9 時 40 分までに電源からこれら 2 個の抵抗に伝達された電力量を計算してみよう．

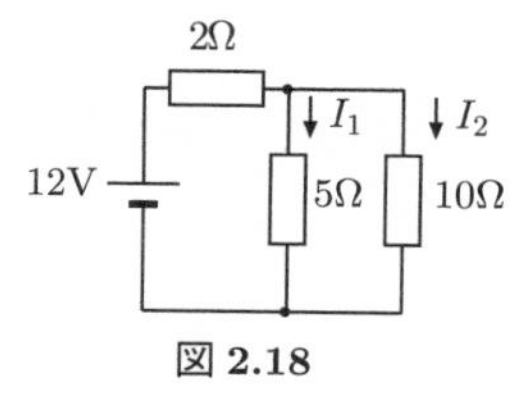

図 **2.18**

【解説】　抵抗 5 Ω と 10 Ω の合成抵抗 R は

$$R = \frac{5\times10}{5+10}\,\Omega = \frac{10}{3}\,\Omega \tag{2.45}$$

並列抵抗にかかる電圧は

$$V = 12\,\mathrm{V}\times\frac{10/3}{2+10/3} = \frac{15}{2}\,\mathrm{V} \tag{2.46}$$

電圧源から流れ出る電流は

$$I = \frac{12}{2+10/3}\,\mathrm{A} = \frac{9}{4}\,\mathrm{A} \tag{2.47}$$

抵抗 $5\,\Omega$ に流れる電流 I_1 は

$$I_1 = \frac{9}{4}\,\mathrm{A}\times\frac{10}{5+10} = \frac{3}{2}\,\mathrm{A} \tag{2.48}$$

抵抗 $10\,\Omega$ に流れる電流 I_2 は

$$I_2 = \frac{9}{4}\,\mathrm{A}\times\frac{5}{5+10} = \frac{3}{4}\,\mathrm{A} \tag{2.49}$$

したがって，抵抗 $5\,\Omega$ で消費される瞬時電力 p_1 は

$$p_1(t) = VI_1 = \frac{15}{2}\,\mathrm{V}\times\frac{3}{2}\,\mathrm{A} = 11.3\,\mathrm{W} \tag{2.50}$$

抵抗 $10\,\Omega$ で消費される瞬時電力 p_2 は

$$p_2(t) = VI_2 = \frac{15}{2}\,\mathrm{V}\times\frac{3}{4}\,\mathrm{A} = 5.63\,\mathrm{W} \tag{2.51}$$

である．消費される電力の比は $p_1 : p_2 = 2 : 1$ となる．2 個の抵抗に伝達された電力量は

$$\begin{aligned} W &= \int_{t_1}^{t_2}\{p_1(t)+p_2(t)\}\mathrm{d}t = \int_{t_1}^{t_2} 3p_2(t)\mathrm{d}t \\ &= 3\times\frac{45}{8}\int_{t_1}^{t_2}\mathrm{d}t = 3\times\frac{45}{8}(t_2-t_1) = 40,500\,\mathrm{J} \end{aligned}$$

1 ワット時は 3,600 J であるから，2 個の抵抗に伝達された電力量は 40,500/3,600=11.25 Wh である．また，抵抗 $2\,\Omega$ で消費される瞬時電力 p_0 は $2\,\Omega\times(9/4)\,\mathrm{A}\times(9/4)\,\mathrm{A} = 10.1\,\mathrm{W}$，この時間内の消費電力量は 6.75 Wh であり，3 個の抵抗で消費される電力の比は $p_0 : p_1 : p_2 = 9 : 10 : 5$ となる．

2.6.1 整合と最大電力

図 2.19 の回路の負荷抵抗 R で消費される直流電力は

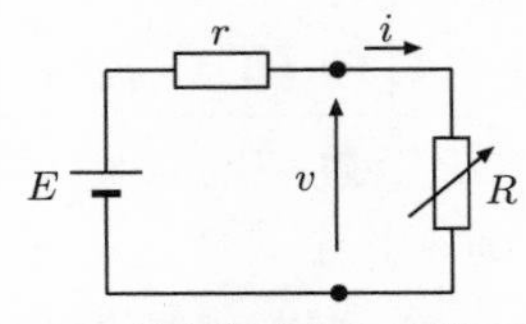

図 2.19 電圧源を含む回路の整合

$$P = vi = Ri^2 = \frac{R}{(R+r)^2}E^2 \tag{2.52}$$

で表され，Rを変えたとき $R = r$ において最大値 $E^2/4r$ をとることがわかる．同様にして，**図 2.20** の回路では

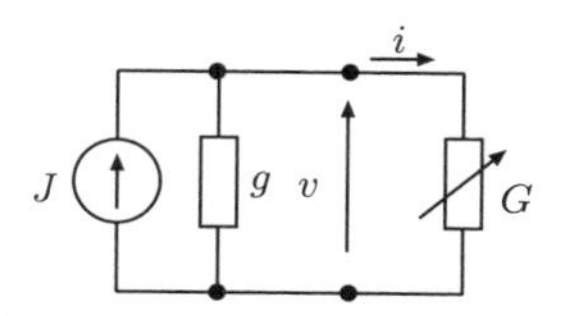

図 2.20　電流源を含む回路の整合

$$P = vi = Gv^2 = \frac{G}{(G+g)^2}J^2 \tag{2.53}$$

であるから，$G = g$ のとき最大値 $J^2/4g$ をとることがわかる．このように，負荷抵抗 R と内部抵抗 r が等しいとき，あるいは 負荷コンダクタンス G と内部コンダクタンス g が等しいとき，負荷で消費される電力は最大になる．電源から見ればこのとき最大の電力を負荷に供給することになる．この意味で負荷の最大電力は電源から取り出しうる最大の電力であり，これを電源の**有能電力** (available power)，あるいは固有電力とよぶことがある．このように負荷抵抗と電源の内部抵抗を等しくすることを負荷と電源との**整合** (matching) をとるといい，このような負荷抵抗を**整合抵抗** (matching resistance) という．

¶例 2.5¶　**図 2.21** 左の回路において負荷抵抗 R は**可変** (variable) である．抵抗 R を変えて負荷における消費電力を最大にするとき，抵抗 R の値と最大の消費電力を求めよう．

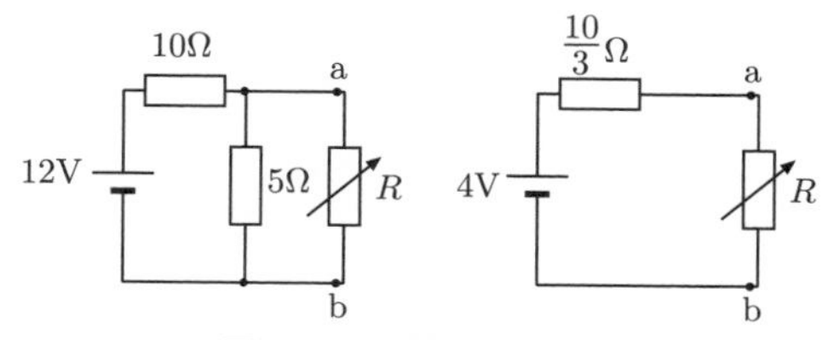

図 2.21　例題 2.5 の回路

【解説】　図の回路の端子 a, b で抵抗 R を切り離した左側の回路の抵抗 r は

$$r = \frac{10\times5}{10+5}\,\Omega = \frac{10}{3}\,\Omega \tag{2.54}$$

である．また，このとき端子対 a–b 間の電圧 v_{ab} は

$$v_{\mathrm{ab}} = 12\,\mathrm{V} \times \frac{5}{10+5} = 4\,\mathrm{V} \tag{2.55}$$

である．したがって，テブナンの等価回路 (等価電源) は同図右に示すように，起電力 $E = 4\,\mathrm{V}$，内部抵抗 $r = (10/3)\,\Omega = 3.33\,\Omega$ の電圧源になり，$R = r = 3.33\,\Omega$ のとき，最大の消費電力 $E^2/4r = 1.2\,\mathrm{W}$ をとることがわかる．

演 習 問 題

2.1 $R = 10\,\Omega$, $G = 10\,\mathrm{S}$ とするとき，**図 2.22** の合成抵抗と合成コンダクタンスを求めよ．

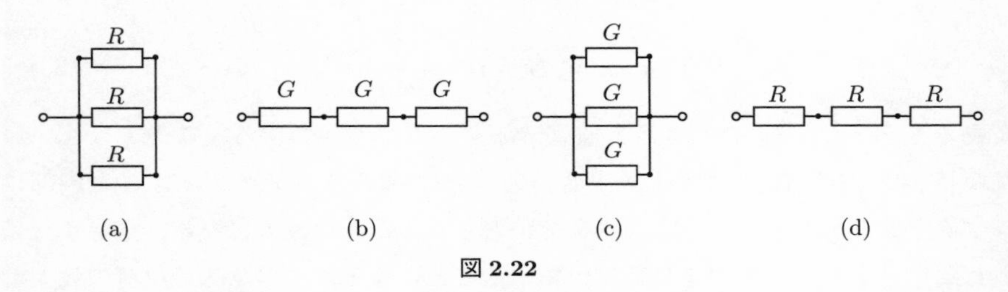

図 2.22

2.2 **図 2.23** の回路の電流 i を求めよ．また，$E = 1.5\,\mathrm{V}$, $r = 10\,\Omega$, $R_1 = 10\,\mathrm{k\Omega}$, $R_2 = 100\,\Omega$ のとき，電流 i と i_1 を比較せよ．

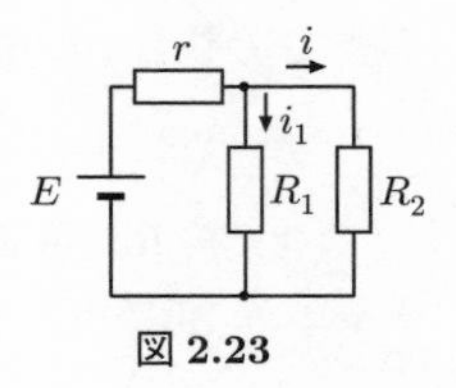

図 2.23

2.3 **図 2.24** の回路の電圧 v を計算せよ．

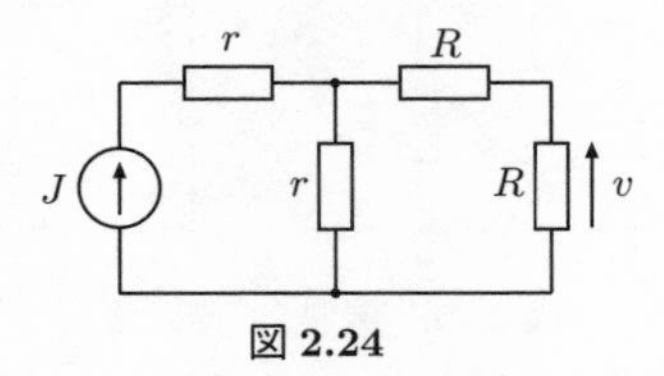

図 2.24

2.4 **図 2.25** の回路で端子 a, b 間および a, c 間の抵抗をそれぞれ求めよ．ただし，抵抗はすべて等しく R である．

2.5 **図 2.26** の回路の端子 a, b 間の抵抗 R を求めよ．抵抗はすべて $1\,\Omega$ である．また，この形が無限に続いたときは R はいくらになるか．

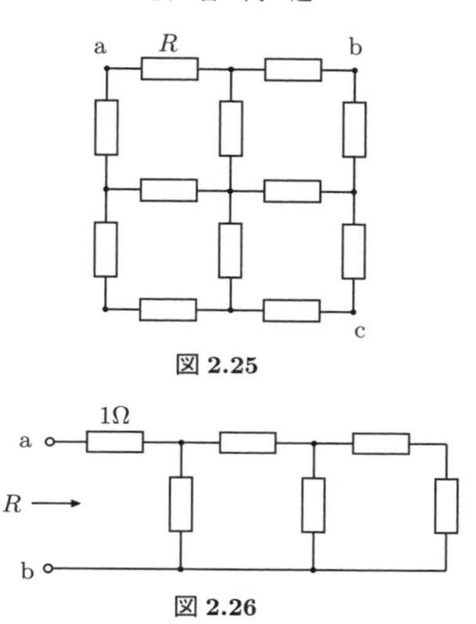

図 2.25

図 2.26

2.6 図 **2.27** のような左右対称な回路で抵抗 R に流れる電流 i を求めよ．また，抵抗を 2 個の抵抗 $2R$ の並列接続と考えて，電流 i を簡単に求める方法を考えよ．

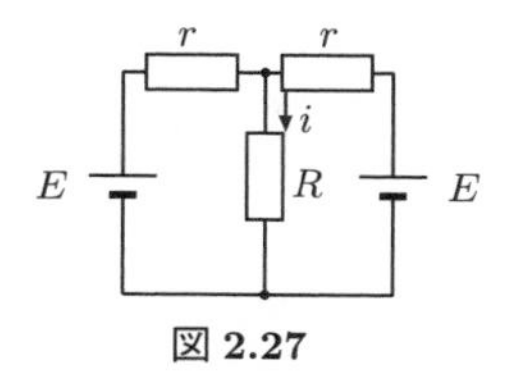

図 2.27

2.7 図 **2.28**(a), (b), (c) の回路で 6 Ω の抵抗にかかる電圧 v を求めよ．

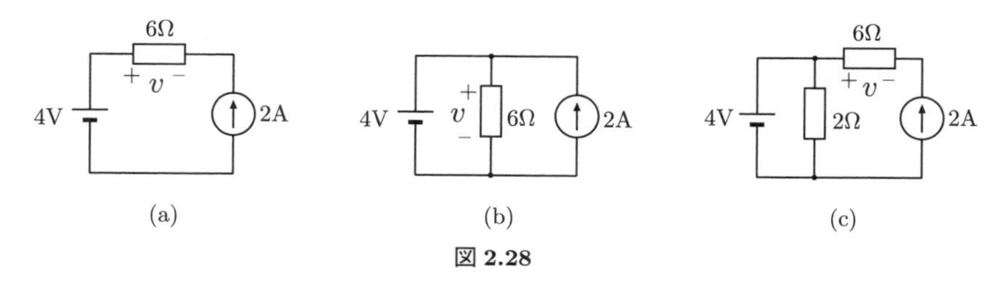

図 2.28

2.8 図 **2.29**(a), (b) のそれぞれのテブナンの等価電源とノートンの等価電源を示せ．

2.9 図 **2.30** の回路において，電流 i を求めよ．

2.10 図 **2.31** の回路において，電圧 v_{ab}，電流 i_1, i_2, i_3 を求めよ．

2.11 図 **2.32** の回路において，電流 i_1, i_2, i_3 を求めよ．

2.12 図 **2.33** の回路の電流 i_1 と i_2 の値と実際に流れる方向を示せ．

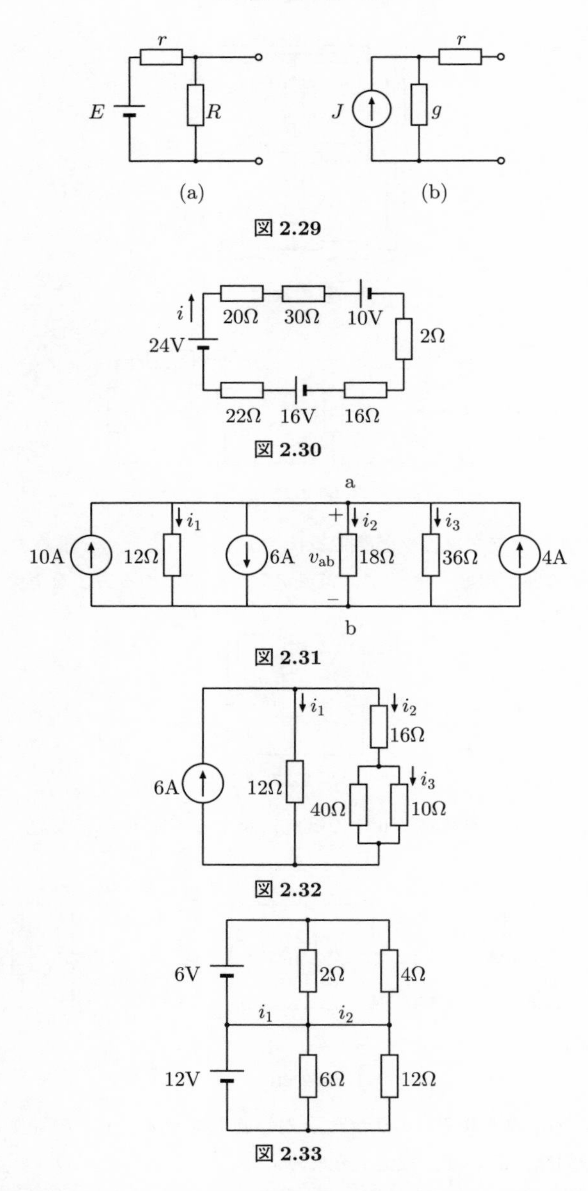

図 2.29

図 2.30

図 2.31

図 2.32

図 2.33

2.13　図 **2.34** の回路において，内部抵抗 r と端子電圧 v を定めよ．また，抵抗 160 Ω と 40 Ω で並列接続された負荷抵抗 R_L で消費される電力と，r で消費される電力の比を計算せよ．さらに，R_L で消費される電力が最大になるときの r を求め，そのときの電

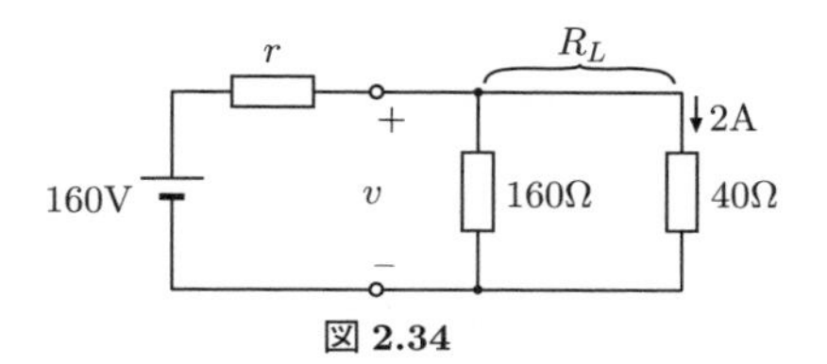

図 2.34

流分布を計算せよ．

2.14 図 **2.35** の回路において，2 つの負荷 R_{L_1} と R_{L_2} にそれぞれ 60 V，80 mA と −40 V，60 mA を供給したい．抵抗 R_0, R_1, R_2 を定め，負荷の電力を求めよ．ただし，電源の供給できる電力は 12 W である．

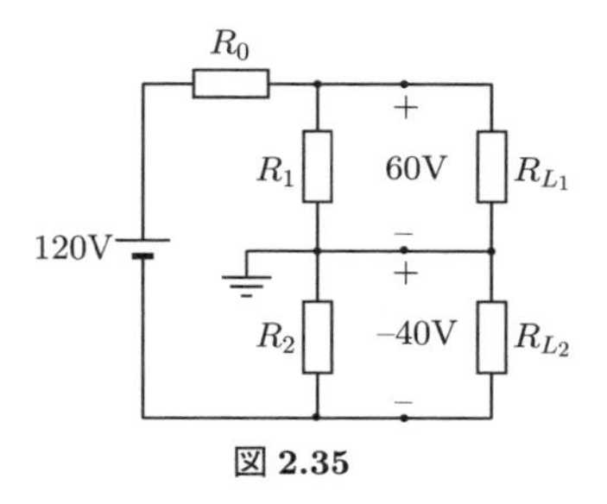

図 2.35

2.15 図 **2.36** の回路の 5 Ω の抵抗に流れる電流を計算せよ．

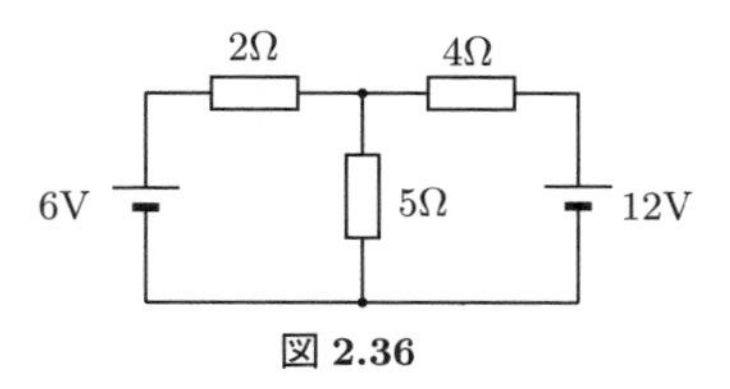

図 2.36

2.16 図 **2.37** の回路において，電流 i_1 と i_2 および電圧 v を計算せよ．

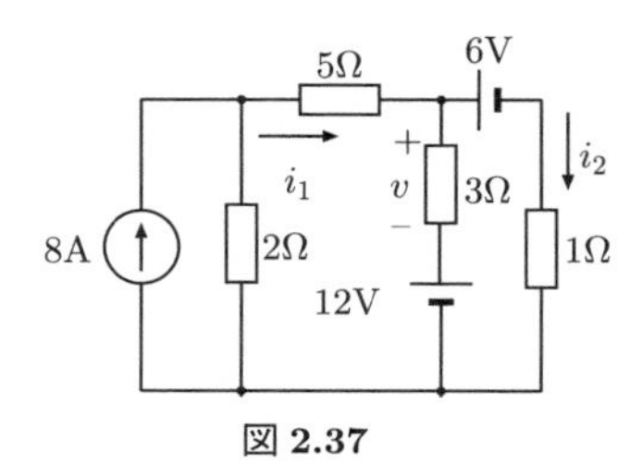

図 2.37

2.17 図 **2.38** の回路において，電圧 v を計算せよ．

2.18 図 **2.39** の回路において，抵抗 R で消費される電力が最大になるように R を定め

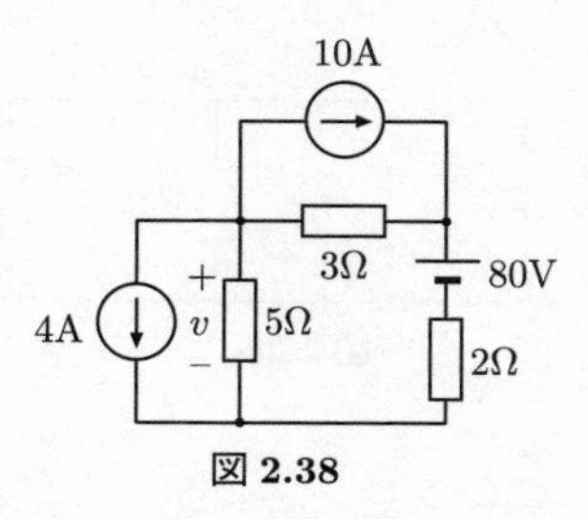

図 2.38

よ．またそのときの消費電力を求めよ．

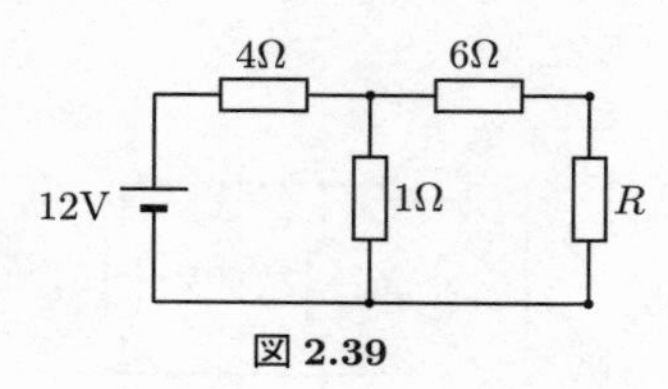

図 2.39

3. 回路素子と回路の微分方程式

ポイント この章では回路素子の電圧と電流がいずれかの時間による微分によって関係づけられるような素子，すなわち，キャパシタとインダクタを定義する．このような素子を含む回路において，とくにスイッチを開閉した直後の現象の解析，すなわち回路の過渡状態の解析には回路を常微分方程式で表現し，その解を求めなければならない．ここでは，簡単な回路について常微分方程式を導く．

3.1 キャパシタとインダクタ

3.1.1 キャパシタ

キャパシタ (capacitor) は一定の必要な電荷量を蓄える素子であり，1 組の導体で構成され，**コンデンサ** (condenser) あるいはカパシタともよばれる．回路図ではキャパシタは**図 3.1** のように表し，時刻 t において電荷 $q(t)$ が電流 $i(t)$ の矢印の先の導体にあることを示す．**電荷** (electric charge) $q(t)$ の時間変化は電流であるから

$$i = \frac{\mathrm{d}q}{\mathrm{d}t} \tag{3.1}$$

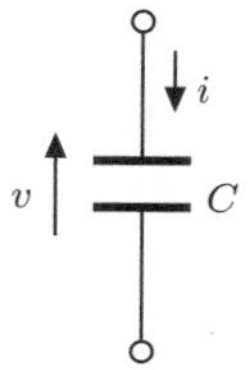

i
v
C

図 3.1 キャパシタの電流と電圧

である．電荷と端子電圧の関係は

$$q(t) = Cv(t) \tag{3.2}$$

で与えられる．ここに比例係数 C を**キャパシタンス** (capacitance) あるいは静電容量とよぶ．単位はファラッド (記号 F) である．したがって，素子の端子電圧と電流の関係は

$$i = C\frac{\mathrm{d}v}{\mathrm{d}t} = \frac{1}{S}\frac{\mathrm{d}v}{\mathrm{d}t} \tag{3.3}$$

となる．ここにキャパシタンス C の逆数 $S = C^{-1}$ を**エラスタンス** (elastance) という．式 (3.3) を積分すると

$$v(t) = v(0)+\frac{1}{C}\int_0^t i(\xi)\mathrm{d}\xi \tag{3.4}$$

ここに，$v(0)$ は時刻 $t = 0$ におけるキャパシタの端子電圧であり，**初期電圧** (initial voltage) とよばれる．式 (3.4) から時刻 t におけるキャパシタの電圧 $v(t)$ は $v(0)$ と時刻 $t = 0$ から t までの電流によって定まることがわかる．この意味でキャパシタは**メモリ** (memory) をもっているということもある．

ここで，キャパシタの端子電圧の式 (3.4) を考察する．キャパシタの電流は有限な値であるから，時刻 $t = t_0$ と $t = t_0+\Delta t$ におけるキャパシタの電流 $i(t)$ は $I_{\min} \leq i(t) \leq I_{\max}$ と表せる．それぞれの時刻におけるキャパシタの端子電圧の式から

$$v(t_0+\Delta t)-v(t_0) = \frac{1}{C}\int_{t_0}^{t_0+\Delta t} i(\xi)\mathrm{d}\xi \tag{3.5}$$

が得られる．したがって，

$$\frac{1}{C}I_{\min}\Delta t \leq v(t_0+\Delta t)-v(t_0) \leq \frac{1}{C}I_{\max}\Delta t \tag{3.6}$$

となる．ここで，$\Delta t \to 0$ とすれば，

$$v(t_0+\Delta t)-v(t_0) \quad \to \quad 0 \tag{3.7}$$

となる．これは $v(t)$ が $t = t_0$ で連続であること，すなわち，$v(t_0-0) = v(t_0+0)$ を示している．キャパシタの電流が有限な値をとるかぎり，キャパシタの端子電圧 $v(t)$ は連続して変化し，ジャンプのような不連続な変化は起こらないことを示している．

3.1.2　イ ン ダ ク タ

インダクタ (inductor) は**磁界** (magnetic fiels) の中に磁気エネルギーを蓄える素子であり，導線を巻いて作られるので**コイル** (coil) ともいわれる．回路図では**図 3.2**(a) あるいは (b) のように表す．同図 (b) の旧 JIS 記号の方がコイルのイメージをえがきやすく，またコイルを磁束が通過するという物理的説明もやりやすいが，本書では新 JIS 記号により同図 (a) を用いる．

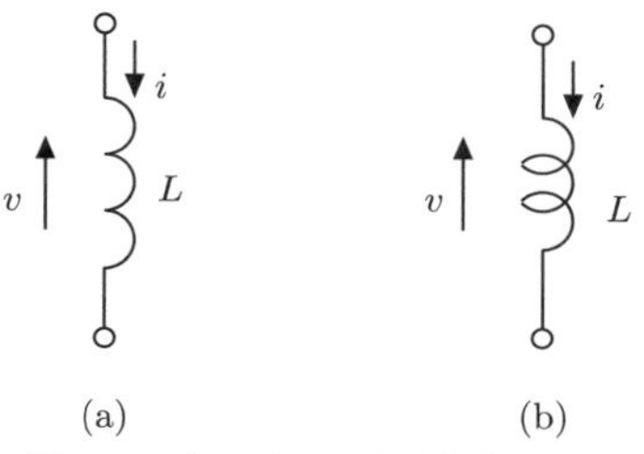

図 3.2　インダクタの電流と電圧

インダクタの**磁束** (magnetic flux) を ϕ，電流を i とするとき

$$\phi(t) = Li(t) \tag{3.8}$$

が成り立つ．磁束の単位はウエーバ (weber) で，記号は Wb である．比例係数 L を**インダクタンス** (inductance) といい，単位はヘンリー (henry)，記号は H である．端子電圧と電流の関係は

$$v = \frac{\mathrm{d}\phi}{\mathrm{d}t} = L\frac{\mathrm{d}i}{\mathrm{d}t} = \frac{1}{\Gamma}\frac{\mathrm{d}i}{\mathrm{d}t} \tag{3.9}$$

で表される．ここでインダクタンスの逆数 $\Gamma = L^{-1}$ を**逆インダクタンス** (reciprocal inductance) という．式 (3.9) を時刻 0 から t まで積分すると

$$i(t) = i(0)+\frac{1}{L}\int_0^t v(\xi)\mathrm{d}\xi \tag{3.10}$$

となる．この式はインダクタを流れる電流が，その**初期電流** (initial current) $i(0)$ と時刻 $t = 0$ から t までの電圧 $v(t)$ の値で決まることを示し，キャパシタと同じようにインダクタはメモリをもっているといわれる．

インダクタの電流の連続性についても，キャパシタの端子電圧と同様のことがいえる．式 (3.10) においてインダクタの電圧は有限な値であることからインダクタの電流の連続性

$$i(t_0+\Delta t)-i(t_0) \to 0, \quad \Delta t \to 0 \tag{3.11}$$

がいえる．インダクタの電圧が有限な値をとるかぎり，インダクタの電流 $i(t)$ は不連続な変化をしないことを示している．

3.1.3 ス　イ　ッ　チ

スイッチ (switch) は回路にとって重要な素子である．どのような回路をつくるにしろスイッチのない回路はない. 電力回路などでは遮断器, 開閉器, 断路器など用途に応じて名前が付けられている．スイッチの記号は図 **3.3**(a) のように表す．容

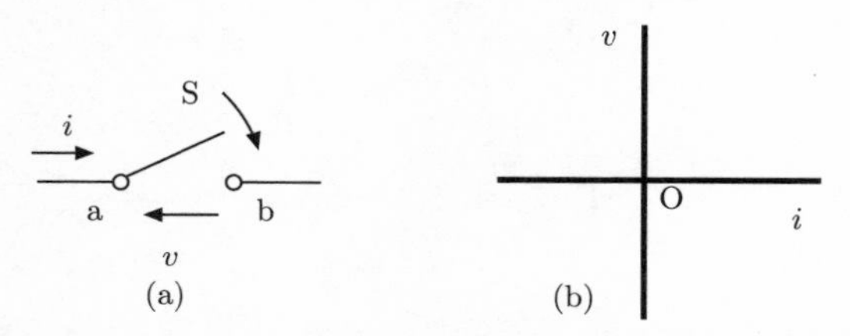

図 3.3　(a) スイッチの記号と端子電圧と (b) 流れる電流の関係

易にわかるように，端子対 a,b の抵抗 R_s はスイッチが開いているときは $R_s = \infty$, 閉じているときは $R_s = 0$ である．すなわち，スイッチが開いているときは

$$i = 0, \quad v = \text{有限値}$$

閉じているときは

$$v = 0, \quad i = \text{有限値}$$

であり，この関係を図示すると図 3.3(b) の太線のようになる．この図はスイッチが開いている ($i = 0$) のとき，v が縦軸の太線上のどこかの値をとることを意味し，またスイッチが閉じている ($v = 0$) のとき，i は横軸の太線上のどこかの値をとることを意味している. この電流電圧の関係 (特性) をもつスイッチは，電流 i が流れているときに電圧降下を生じないので，理想的なスイッチである．

3.2 簡単な回路の微分方程式

抵抗と直流電源のみで構成される回路の方程式は，電流や電圧を変数とする連立 1 次方程式で表される．インダクタやキャパシタが含まれると，回路は電流や電圧の微分項の入った方程式で支配される．このように，時間 t とその関数 $v(t)$, $i(t)$ の 1 階微分 $\mathrm{d}v/\mathrm{d}t$，$\mathrm{d}i/\mathrm{d}t$，2 階微分 $\mathrm{d}^2v/\mathrm{d}t^2$，$\mathrm{d}^2i/\mathrm{d}t^2$ などから成り立つ関係式が**常微分方程式**である．以下，簡単のため微分方程式という．その解法など詳し

いことは第5章で述べる．ここでは，インダクタ，キャパシタ，抵抗と電源を含む簡単な回路の微分方程式を導く．

3.2.1　1階の微分方程式で表される回路

図3.4 に示すキャパシタ C，抵抗 R，電圧源 $e(t)$ から構成される回路 (RC 回路という) の微分方程式を求める．

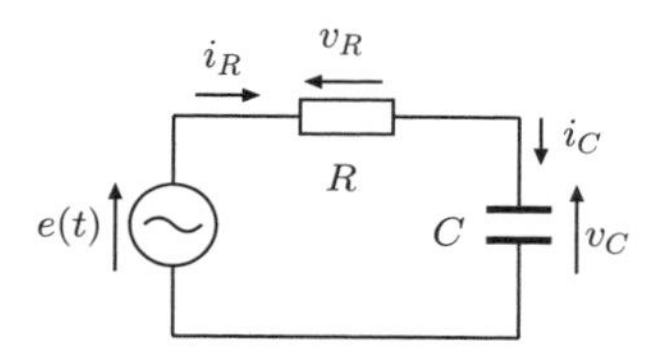

図3.4　キャパシタを含む RC 直列回路

電流則により

$$i_C - i_R = 0 \tag{3.12}$$

電圧則により

$$v_C + v_R = e(t) \tag{3.13}$$

となる．また，各素子について

$$v_R = Ri_R, \quad i_C = C\frac{\mathrm{d}v_C}{\mathrm{d}t} \tag{3.14}$$

が成り立つ．これらの式から i_R，i_C，v_R を消去すると

$$RC\frac{\mathrm{d}v_C}{\mathrm{d}t} + v_C = e(t) \tag{3.15}$$

が得られる．この式はキャパシタ電圧 v_C の1回微分を含むので，v_C を変数とする定数係数の1階の微分方程式とよばれる．

図3.5 の回路の微分方程式をたててみる．電流則によって

$$i_G + i_L = j(t) \tag{3.16}$$

が成り立ち，各素子について

$$i_G = Gv, \quad v = L\frac{\mathrm{d}i_L}{\mathrm{d}t} \tag{3.17}$$

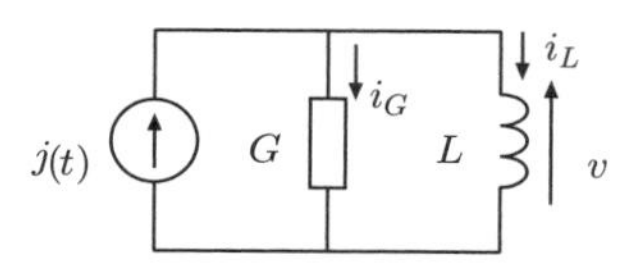

図3.5　インダクタを含む GL 並列回路

が成り立つ．これらの式から容易に微分方程式

$$GL\frac{\mathrm{d}i_L}{\mathrm{d}t}+i_L = j(t) \tag{3.18}$$

が得られる．電圧則を使ってないように思えるが，すべての素子が並列接続されているので，その電圧を共通に v とおいたときに電圧則を使っている．式 (3.18) も i_L を変数とする 1 階の微分方程式である．

¶例 3.1¶　**図 3.6** の回路で，時刻 $t = 0$ においてスイッチ S を閉じたときの回路の微分方程式をたてる．

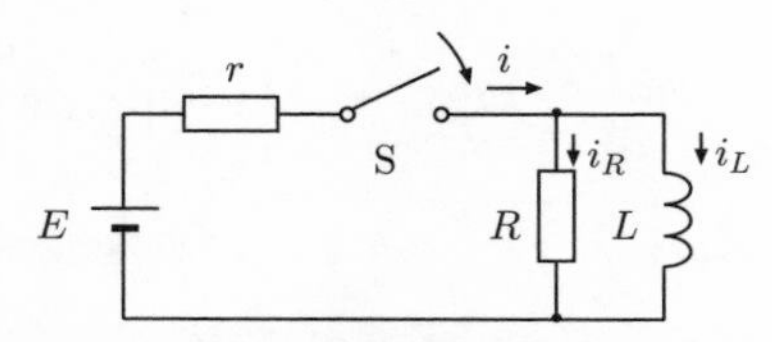

図 3.6　1 階の微分方程式で表される回路

【解説】　電流則により

$$i = i_L+i_R \tag{3.19}$$

オームの法則と電圧則により

$$L\frac{\mathrm{d}i_L}{\mathrm{d}t} = Ri_R, \quad ri+Ri_R = E, \quad t > 0 \tag{3.20}$$

となる．この式から i，i_R を消去すると

$$L\frac{\mathrm{d}i_L}{\mathrm{d}t}+\frac{rR}{r+R}i_L = \frac{RE}{r+R}, \quad t > 0 \tag{3.21}$$

という 1 階の微分方程式が得られる．スイッチを含む回路では時間 t の範囲に注意しなければならない．　■

3.2.2　2 階の微分方程式で表される回路

a. *RLC* 直列共振回路　　電圧源，抵抗，キャパシタ，インダクタがすべて直列に接続された**図 3.7** の回路を**直列共振回路** (series resonant circuit) といい，後述する並列共振回路と合わせて基本的な回路である．

図 3.7 の回路の微分方程式を求めてみよう．電圧則により

$$v_R+v_L+v_C = e(t) \tag{3.22}$$

また各素子について

$$v_R = Ri, \quad v_L = L\frac{\mathrm{d}i}{\mathrm{d}t}, \quad i = C\frac{\mathrm{d}v_C}{\mathrm{d}t} \tag{3.23}$$

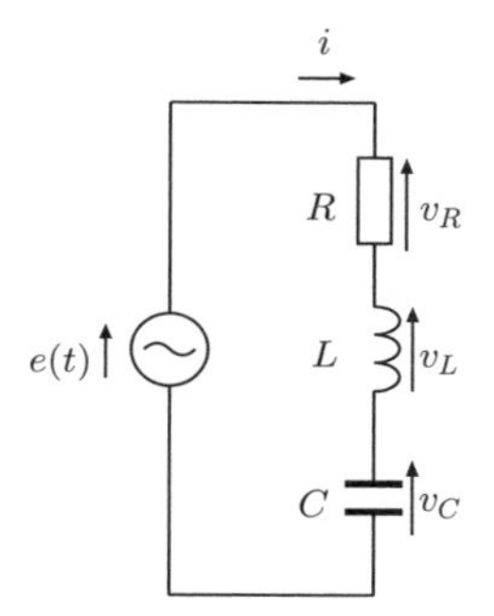

図 3.7　2 階の微分方程式で表される直列共振回路

となる．式 (3.22) と式 (3.23) から i を消去して

$$LC\frac{\mathrm{d}^2v_C}{\mathrm{d}t^2}+RC\frac{\mathrm{d}v_C}{\mathrm{d}t}+v_C = e(t) \tag{3.24}$$

が得られる．これを定数係数の 2 階の微分方程式という．ここで注意すべきことは，変数がキャパシタの端子電圧 v_C であることである．

一方，各素子に共通に流れる電流 i を変数にとると，回路の方程式は

$$Ri+L\frac{\mathrm{d}i}{\mathrm{d}t}+\frac{1}{C}\int^t i(\xi)\mathrm{d}\xi = e(t) \tag{3.25}$$

となり，電流 i の微分項と積分項が混在する．ただし，記号 $\int^t$ は不定積分において変数を t に，積分定数をゼロにおくことを意味する．すなわち，ここではキャパシタの初期電圧をゼロと仮定する．このように 1 つの式の中に変数の微分項と積分項が含まれる方程式を**微積分方程式**という．この方程式を微分方程式に直すには両辺を t で微分して

$$L\frac{\mathrm{d}^2i}{\mathrm{d}t^2}+R\frac{\mathrm{d}i}{\mathrm{d}t}+\frac{1}{C}i = e^{(1)}(t) \tag{3.26}$$

$$\text{ただし}\quad e^{(1)}(t) = \frac{\mathrm{d}e(t)}{\mathrm{d}t} \tag{3.27}$$

としなければならない．この場合，回路の方程式を微分方程式で表すと，電圧源 $e(t)$ の時間微分項が入ることに注意しよう．

b. *GCL* 並列共振回路　　図 3.8 のように，電流源，コンダクタ，インダクタとキャパシタがすべて並列に接続された回路を**並列共振回路** (parallel resonant circuit) という．この回路の方程式を求めてみる．

電流則により

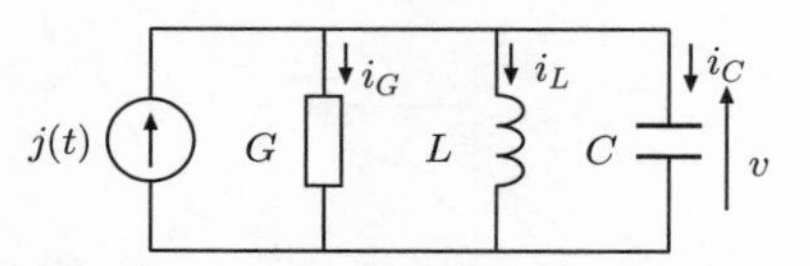

図 3.8 2 階の微分方程式で表される並列共振回路

$$i_G+i_L+i_C = j(t) \tag{3.28}$$

各素子について

$$i_G = Gv, \quad v = L\frac{\mathrm{d}i_L}{\mathrm{d}t}, \quad i_C = C\frac{\mathrm{d}v}{\mathrm{d}t} \tag{3.29}$$

が成り立つ．式 (3.28) と式 (3.29) から電流を消去し，各素子に共通の電圧 v を変数にとると

$$C\frac{\mathrm{d}v}{\mathrm{d}t}+Gv+\frac{1}{L}\int^t v(\xi)\mathrm{d}\xi \quad = j(t) \tag{3.30}$$

という微積分方程式が得られる．両辺を t で微分すると

$$C\frac{\mathrm{d}^2v}{\mathrm{d}t^2}+G\frac{\mathrm{d}v}{\mathrm{d}t}+\frac{1}{L}v = j^{(1)}(t) \tag{3.31}$$

となる．ただし

$$j^{(1)}(t) = \frac{\mathrm{d}j(t)}{\mathrm{d}t} \tag{3.32}$$

である．この場合には電流源の時間微分項が微分方程式に含まれる．一方，インダクタの電流を変数にとると，回路の方程式は

$$LC\frac{\mathrm{d}^2i_L}{\mathrm{d}t^2}+LG\frac{\mathrm{d}i_L}{\mathrm{d}t}+i_L = j(t) \tag{3.33}$$

となり，微分方程式に帰着され，電流源 $j(t)$ の時間微分項は現れない．

このようにインダクタとキャパシタが混在する回路では，1 変数で回路の微分方程式を書くとき変数の取り方の違いによって回路の微分方程式が電源の微分項を含む場合が生じることに注意しよう．

¶例 3.2¶ 図 **3.9** の回路において，キャパシタの端子電圧 v_{C_2}，v_{C_1} を変数とする微分方程式をたてよ．キャパシタが 2 個存在するが，どちらかの端子電圧で微分方程式をたてると電源の微分項が入る．

【解説】 電圧則とオームの法則により

$$v_{C_1}+R_1(i_{C_1}+i_{C_2}) = e(t) \tag{3.34}$$

$$R_2i_{C_2}+v_{C_2}-v_{C_1} = 0 \tag{3.35}$$

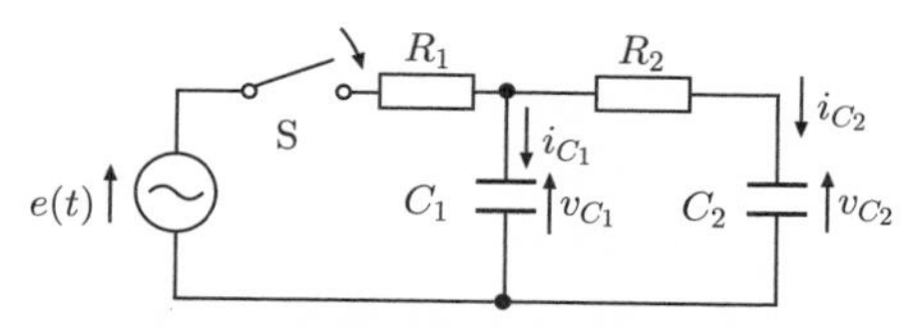

図 3.9　2 階の微分方程式で表される回路

また，各キャパシタについて

$$i_{C_1} = C_1\frac{\mathrm{d}v_{C_1}}{\mathrm{d}t}, \qquad i_{C_2} = C_2\frac{\mathrm{d}v_{C_2}}{\mathrm{d}t} \tag{3.36}$$

である．式 (3.35)，(3.36) から

$$v_{C_1} = R_2C_2\frac{\mathrm{d}v_{C_2}}{\mathrm{d}t}+v_{C_2} \tag{3.37}$$

式 (3.34) と式 (3.36) から，

$$v_{C_1}+R_1C_1\frac{\mathrm{d}v_{C_1}}{\mathrm{d}t}+R_1C_2\frac{\mathrm{d}v_{C_2}}{\mathrm{d}t} = e(t) \tag{3.38}$$

式 (3.37) を微分した式を，式 (3.38) に代入することにより，

$$R_1R_2C_1C_2\frac{\mathrm{d}^2v_{C_2}}{\mathrm{d}t^2}+(R_1C_1+R_1C_2+R_2C_2)\frac{\mathrm{d}v_{C_2}}{\mathrm{d}t}+v_{C_2} = e(t) \tag{3.39}$$

が得られる．

同様にして電圧 v_{C_1} に関する微分方程式は

$$\begin{aligned} R_1R_2C_1C_2\frac{\mathrm{d}^2v_{C_1}}{\mathrm{d}t^2}+(R_1C_1+R_1C_2+R_2C_2)\frac{\mathrm{d}v_{C_1}}{\mathrm{d}t}+v_{C_1} \\ = R_2C_2e^{(1)}(t)+e(t), \quad e^{(1)} = \frac{\mathrm{d}e(t)}{\mathrm{d}t} \end{aligned} \tag{3.40}$$

となり，電源の微分項が入る．

3.2.3　双対回路の微分方程式

第 2 章 2.5 節で双対な回路の説明をした．この節では，新たに動作が微分方程式で表される回路に対する双対回路の微分方程式について述べる．

キャパシタの電流と電荷の関係 $i = \mathrm{d}q/\mathrm{d}t = C\mathrm{d}v/\mathrm{d}t$ とインダクタの電圧と磁束の関係 $v = \mathrm{d}\phi/\mathrm{d}t = L\mathrm{d}i/\mathrm{d}t$ は互いに双対な量に入れ換えることによって，一方の式から他方の式を導くことができるから，これらの式は双対な関係式である．この関係を考慮すると式 (3.15) と式 (3.18) とが双対な式であることがわかる．

したがって，図 3.4 の回路と図 3.5 の回路とは双対であることがわかる．同様にして，式 (3.25) と式 (3.30) とが双対であり，図 3.7 と図 3.8 とが双対であることがわかる．

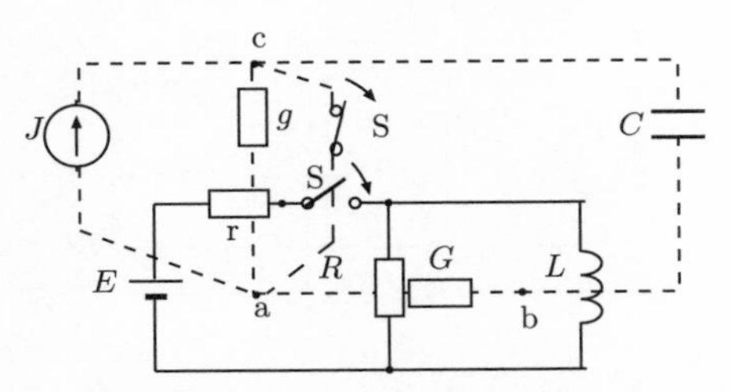

図 3.10　元の回路とそれに双対な回路

ここで双対回路を作る方法を説明しよう．**図 3.10** に示すように，元の回路図 (実線) のなかに，2 つのループ ErSGE と GLG のなかに節点 a, b を置き，もう 1 つの節点 c を ErSLE でつくるループの外におく．次に，節点 a と b, a と c, b と c の間の各素子を横切ってそれぞれの双対素子で結んだ破線の回路が，元の回路の双対回路である．この回路ではスイッチが含まれているから，その取扱いに注意しよう．スイッチ S は元の回路では開いているから，これに双対な閉じているスイッチ S に置き換えている．

¶例 3.3¶　図 3.10 において，破線の双対回路に対する微分方程式を求め，それが式 (3.21) と双対な微分方程式になっていることを確かめよう．**図 3.11** に破線の回路をかきなおしたものを示す．

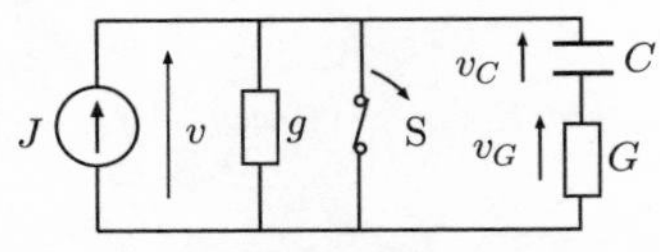

図 3.11　図 3.10 の回路の双対回路

【解説】　この双対回路ではスイッチ S が閉じているときは，電流源 J からスイッチ S を電流が流れているだけであるが，時刻 $t = 0$ にスイッチ S を開くと電流源 J から電流がコンダクタ g とキャパシタ C に分流する．

電流源 J の端子電圧を v とすると，電圧則により

$$v = v_C + v_G \tag{3.41}$$

電流則により

$$C\frac{\mathrm{d}v_C}{\mathrm{d}t} = Gv_G, \quad gv + Gv_G = J \tag{3.42}$$

が成り立つ．この式から v, v_G を消去すると

$$C\frac{\mathrm{d}v_C}{\mathrm{d}t} + \frac{gG}{g+G}v_C = \frac{GJ}{g+G}, \quad t > 0 \tag{3.43}$$

となる．この式は式 (3.21) に双対であることがわかる．

演習問題

3.1　**図 3.12** のような波形の電流 i が $L = 0.2\,\mathrm{H}$ のインダクタの中を流れる．インダクタの電圧 v_L の波形を求めよ．

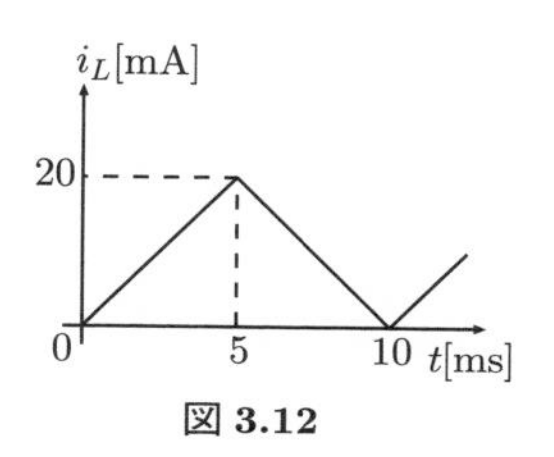

図 3.12

3.2　**図 3.13** (a) のようにインダクタを直列接続した合成インダクタンス L は，$L = L_1+L_2+L_3$ となることを示せ．また，図 (b) のように並列接続したときの合成インダクタンス L は，$L = \frac{1}{1/L_1+1/L_2+1/L_3}$ となることを示せ．ただし，コイル間の相互誘導はないものとする．

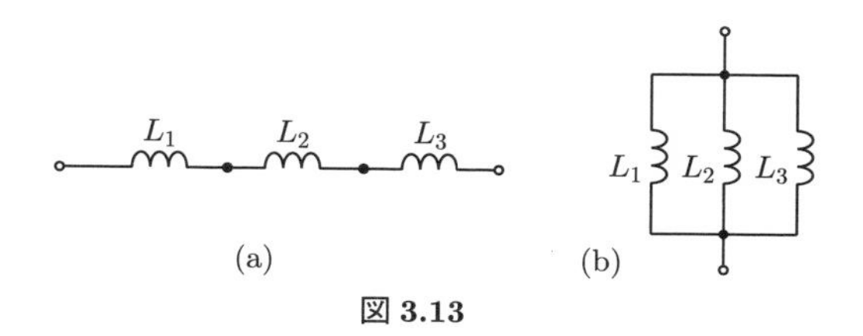

図 3.13

3.3　**図 3.14** の端子対 1-1′ から見たインダクタンス L はいくらか．ただし，コイル間の相互誘導はないものとする．

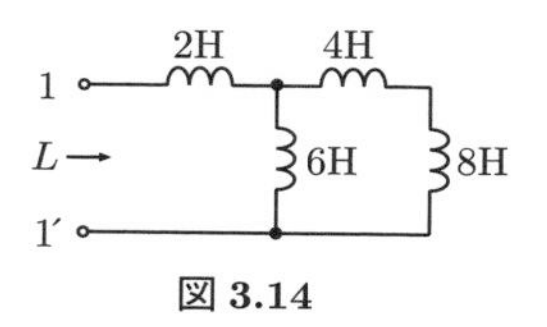

図 3.14

3.4　**図 3.15** (a) のようにキャパシタを並列接続した合成キャパシタンス C は，$C = C_1+C_2+C_3$ となることを示せ．また，図 (b) のように直列接続したときの合成キャパシタンス C は，$C = \frac{1}{1/C_1+1/C_2+1/C_3}$ となることを示せ．

3.5　**図 3.16** の端子対 1-1′ から見たキャパシタンス C はいくらか．

3.6　**図 3.17** の各回路のスイッチを，オンあるいはオフにしたときの回路の微分方程式をたてよ．とくに，(d) の回路は微分方程式で表せるかどうか検討せよ．

3.7　**図 3.17** の回路に双対な回路をつくり，その方程式を示せ．

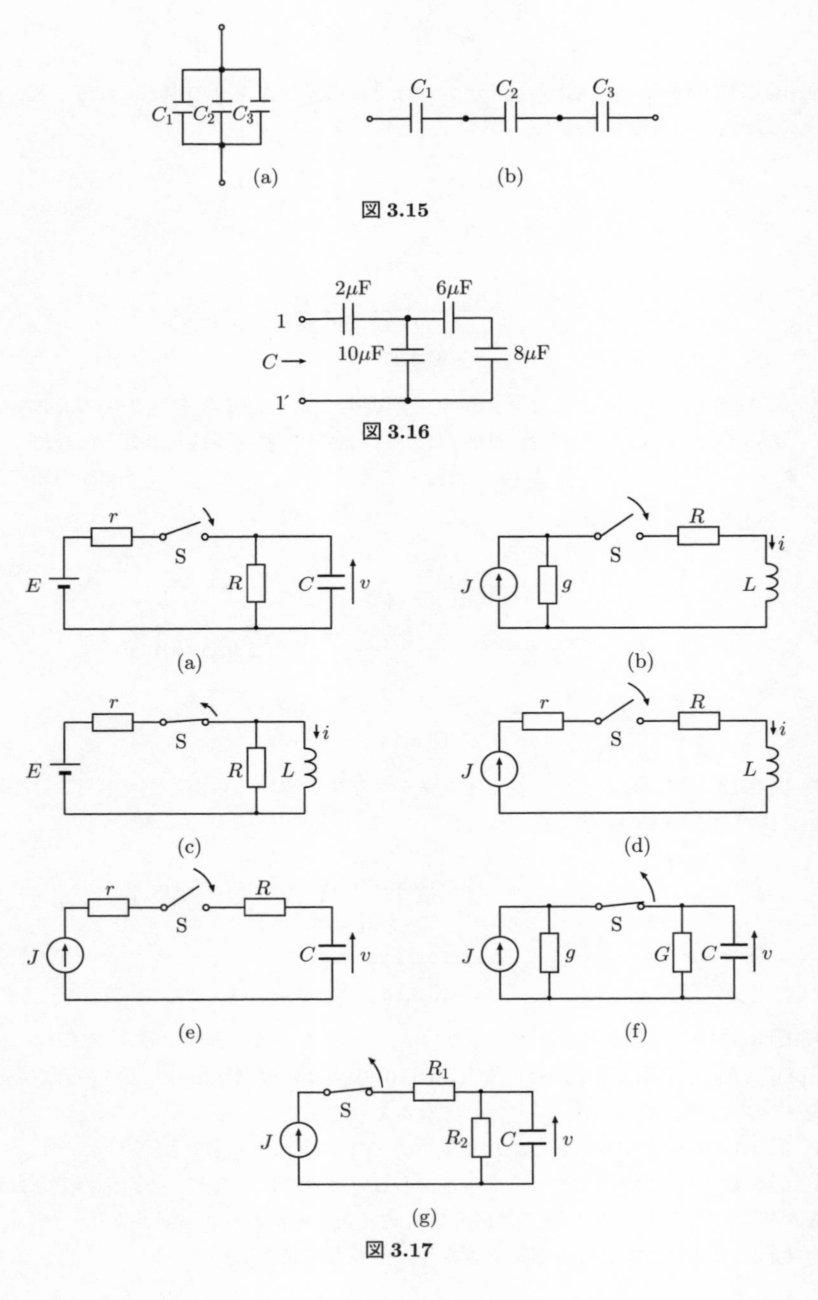

図 3.15

図 3.16

図 3.17

3.8 図 **3.18** の各回路の微分方程式をたてよ．スイッチのある回路については，図示のオンあるいはオフ以後の微分方程式をたてよ．変数には (a) のように添字を付すこと．

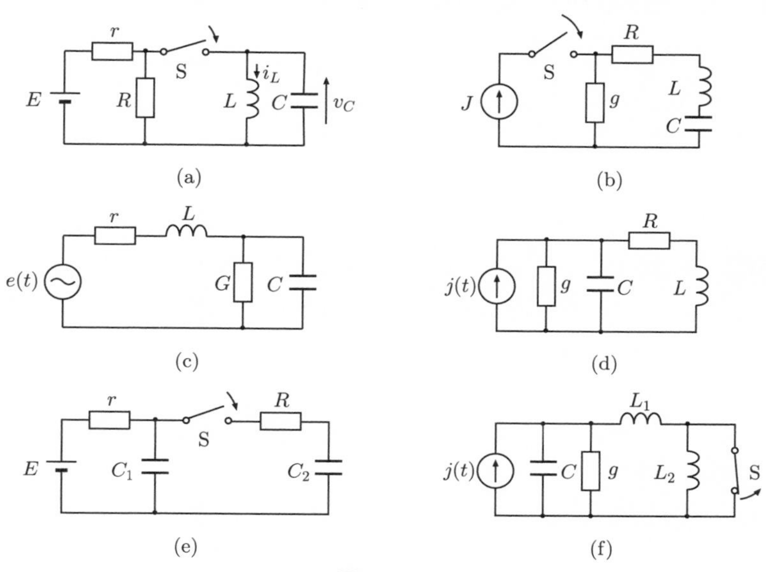

図 3.18

4. 回路理論で使う複素数の基本事項

ポイント 高等学校で既に学んだ複素数に関する知識を整理し，電気回路の理論でよく用いられるオイラーの関係式を示す．複素数は微分方程式の解法，交流理論の理解にはなくてはならないものである．

4.1 複　素　数

自乗して -1 になる数を虚数単位といい，数学では $\sqrt{-1}$，一般には i を用いるが，電気電子工学ではこれを j で表す習わしになっている．これは電流を i で表すためそれとの混同を避けるためであると思われる．虚数単位を $\mathrm{j} = \sqrt{-1}$ にとる．虚数単位 j と 2 つの**実数** (real number) x, y でつくられる $x+\mathrm{j}y$ を**複素数** (complex number) といい，x，y をそれぞれ $x+\mathrm{j}y$ の**実数部** (実部)(real part)，**虚数部** (虚部)(imaginary part) という．複素数 $x+\mathrm{j}y$ は $x = 0$ のとき，$\mathrm{j}y$ となる．これを**純虚数** (pure imaginary number) という．また，$y = 0$ のとき $x+\mathrm{j}0$ を実数 x と定めることにすれば，$0+\mathrm{j}0 = 0$ となる．すなわち，実数部と虚数部がともにゼロのとき，複素数はゼロである．

4.1.1 複素数の四則演算

2 つの複素数 $x+\mathrm{j}y$ と $u+\mathrm{j}v$ とが等しいとは，$x = u$，$y = v$ が同時に成り立つことをいう．

1. 加法と減法

$$(x+\mathrm{j}y)\pm(u+\mathrm{j}v) = x\pm u+\mathrm{j}(y\pm v) \quad (\text{複号同順})$$

すなわち，複素数の和，差は複素数である．

2. 乗法

$$(x+\mathrm{j}y)(u+\mathrm{j}v) = (xu-yv)+\mathrm{j}(xv+yu)$$

すなわち，複素数の積は複素数である．

3. 除法　$u+\mathrm{j}v \neq 0$ ならば

$$\frac{x+\mathrm{j}y}{u+\mathrm{j}v} = \frac{xu+yv}{u^2+v^2}+\mathrm{j}\frac{yu-xv}{u^2+v^2}$$

1，2，3 において $y = 0$，$v = 0$ のときは実数の四則演算と一致するから，上記の演算は実数の場合の自然な拡張になっている．a，b，c を複素数とすると，

1. 結合則：$a+(b+c) = (a+b)+c,\quad a(bc) = (ab)c$
2. 交換則：$a+b = b+a,\quad ab = ba$
3. 分配則：$(a+b)c = ac+bc$

が成り立つ．

4.1.2 共役複素数と絶対値

2 つの複素数 $x+\mathrm{j}y$ と $x-\mathrm{j}y$ は互いに**共役** (conjugate) であるという．また，一方は他方の共役複素数であるという．いま，複素数 $z = x+\mathrm{j}y$ の共役複素数を $z^* = x-\mathrm{j}y$ で表すと

$$z+z^* = 2x,\quad z-z^* = \mathrm{j}2y \tag{4.1}$$

また

$$zz^* = (x+\mathrm{j}y)(x-\mathrm{j}y) = x^2+y^2 \tag{4.2}$$

であるから，互いに共役な複素数の和と積はともに実数である．複素数 z の実数部と虚数部をそれぞれ $\mathrm{Re}(z)$，$\mathrm{Im}(z)$ で表す．したがって

$$x = \mathrm{Re}(z) = \frac{1}{2}(z+z^*),\quad y = \mathrm{Im}(z) = \frac{1}{\mathrm{j}2}(z-z^*) \tag{4.3}$$

である．また

$$(z_1 \pm z_2)^* = z_1^* \pm z_2^*,\quad (z_1 z_2)^* = z_1^* z_2^*,\quad \left(\frac{z_1}{z_2}\right)^* = \frac{z_1^*}{z_2^*} \tag{4.4}$$

である．複素数 $z = x+\mathrm{j}y$ の絶対値 $|z|$ を $\sqrt{x^2+y^2}$ で定義する．これによって

$$|z| = |z^*|,\quad zz^* = |z|^2,\quad |z_1 z_2| = |z_1||z_2|,\quad \left|\frac{z_1}{z_2}\right| = \frac{|z_1|}{|z_2|} \tag{4.5}$$

が成り立つことがわかる．

4.2 複素数の図示

図4.1のように2次元平面上に直交する軸を定め，複素数$z = x+\mathrm{j}y$をこの平面上の点$(x,\ y)$に対応させる．この平面を**複素平面**(complex number plane)あるいは**ガウス平面**(Gaussian plane)という．横軸を**実軸**(real axis)，縦軸を**虚軸**(imaginary axis)という．複素数zの$x+\mathrm{j}y$という表示の仕方を**直交形式**(rectangular form)という．

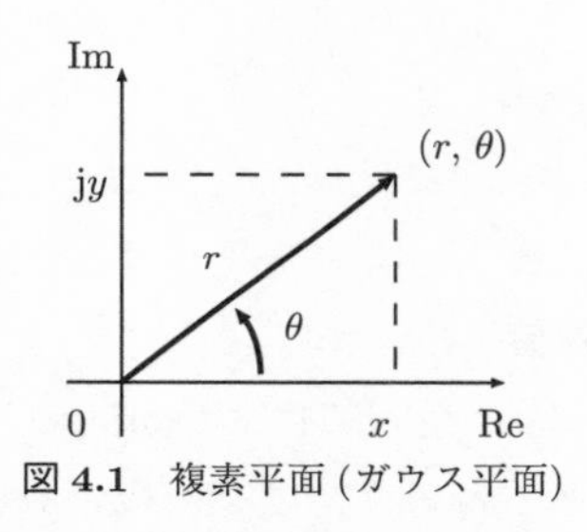

図 4.1　複素平面 (ガウス平面)

原点を極，実軸を始線とする**極座標**(polar coordinate)を用いると

$$x = r\cos\theta, \quad y = r\sin\theta \tag{4.6}$$

であるから，複素数$z = x+\mathrm{j}y$は

$$z = r(\cos\theta+\mathrm{j}\sin\theta) = r\angle\theta \tag{4.7}$$

と表すことができる．これをzの**極形式**(polar form)あるいはフェーザ形式という．ここに

$$r = \sqrt{x^2+y^2}, \quad \cos\theta = \frac{x}{r}, \quad \sin\theta = \frac{y}{r} \tag{4.8}$$

である．rをzの絶対値あるいは大きさ，θをzの**偏角**(argument)あるいは位相角といい，$\arg z$で表す．偏角θは，一般には$-180° \leq \theta \leq 180°$の範囲の値にとる．これを偏角の**主値** (principal value) という．したがって，一般の偏角の値は360° の整数倍を加えることにより，加えた結果が主値になるようにする．たとえば，$5\underline{/280°}$は主値で表すと$5\underline{/-80°}$である．

複素数zを，原点から点zに向かうベクトルと考えることができる．この場合，複素数の和，差はベクトルの和，差になり，その絶対値はベクトルの長さになる．また，積z_1z_2はベクトルz_1の長さを$|z_2|$倍し，$\arg z_2$だけ回転したベクトルになる．この複素数のベクトル表示は交流理論ではフェーザ表示と呼ばれ，交流回路

の解析や誘導モータなどの電気機器の解析によく用いられる．

4.3　オイラーの関係式

マクローリン展開 (MacLaurin's expansion) によって

$$\cos\theta = 1-\frac{\theta^2}{2!}+\frac{\theta^4}{4!}-\cdots \tag{4.9}$$

$$\sin\theta = \theta-\frac{\theta^3}{3!}+\frac{\theta^5}{5!}-\cdots \tag{4.10}$$

となる．したがって，形式的に

$$e^{\mathrm{j}\theta} = 1+\mathrm{j}\theta+\frac{(\mathrm{j}\theta)^2}{2!}+\cdots+\frac{(\mathrm{j}\theta)^n}{n!}+\cdots \tag{4.11}$$

$$= \left(1-\frac{\theta^2}{2!}+\frac{\theta^4}{4!}+\cdots\right)+\mathrm{j}\left(\theta-\frac{\theta^3}{3!}+\frac{\theta^5}{5!}-\cdots\right) \tag{4.12}$$

と表すことができるから

$$e^{\mathrm{j}\theta} = \cos\theta+\mathrm{j}\sin\theta \tag{4.13}$$

となる．これを**オイラーの関係式** (Euler's formula) という．ここで角 θ の単位はラジアンであることに注意する．これから

$$\cos\theta = \frac{1}{2}(e^{\mathrm{j}\theta}+e^{-\mathrm{j}\theta}) \tag{4.14}$$

$$\sin\theta = \frac{1}{\mathrm{j}2}(e^{\mathrm{j}\theta}-e^{-\mathrm{j}\theta}) \tag{4.15}$$

が得られる．したがって，オイラーの関係式により式 (4.7) は

$$z = re^{\mathrm{j}\theta} = |z|e^{\mathrm{j}\arg z} \tag{4.16}$$

と表すことができる．これを複素数 z の**指数関数形式** (exponential form) という．

¶例 4.1¶　次の複素数の極表示を求めよう．

(1) j2，(2) -3，(3) $\frac{1}{\sqrt{2}}+\mathrm{j}\frac{1}{\sqrt{2}}$，(4) $-\frac{1}{2}+\mathrm{j}\frac{\sqrt{3}}{2}$，(5) $-\frac{1}{2}-\mathrm{j}\frac{\sqrt{3}}{2}$

【解説】　それぞれ以下のように表される．

(1)　$\mathrm{j}2 = 0+2e^{\mathrm{j}\pi/2} = 2\underline{/\pi/2}$

(2)　$-3 = -3+\mathrm{j}0 = 3e^{\mathrm{j}\pi} = 3\angle\pi$

(3)　$r = \sqrt{(\frac{1}{\sqrt{2}})^2+(\frac{1}{\sqrt{2}})^2} = 1$，$\theta = \arctan(\frac{1}{\sqrt{2}}/\frac{1}{\sqrt{2}}) = \frac{\pi}{4}$．よって，$\frac{1}{\sqrt{2}}+\mathrm{j}\frac{1}{\sqrt{2}} = e^{\mathrm{j}\pi/4} = 1\underline{/\pi/4}$.

これと同様にして

(4)　$-\frac{1}{2}+\mathrm{j}\frac{\sqrt{3}}{2} = e^{\mathrm{j}2\pi/3} = 1\underline{/2\pi/3}$

(5)　$-\frac{1}{2}-\mathrm{j}\frac{\sqrt{3}}{2} = e^{-\mathrm{j}2\pi/3} = 1\underline{/-2\pi/3}$ となる．これら 2 つの複素数は三相交流回路の理論の理解に必要である． ■

4.4 乗算と除算

2 つの複素数

$$z_1 = r_1\angle\theta_1 = r_1 e^{\mathrm{j}\theta_1} \tag{4.17}$$

$$z_2 = r_2\angle\theta_2 = r_2 e^{\mathrm{j}\theta_2} \tag{4.18}$$

の乗算は，オイラーの関係式によって

$$z = z_1 z_2 = r_1 r_2 e^{\mathrm{j}(\theta_1+\theta_2)} = r_1 r_2\underline{/\theta_1+\theta_2} \tag{4.19}$$

となる．すなわち，2 つの複素数の積の絶対値はそれぞれの絶対値の積に，2 つの複素数の積の偏角はそれぞれの偏角の和になる．したがって，k を整数とするとき

$$z^k = (re^{\mathrm{j}\theta})^k = r^k e^{\mathrm{j}k\theta} = r^k(\cos k\theta+\mathrm{j}\sin k\theta) \tag{4.20}$$

となる．また，2 つの複素数の除算 (比) は

$$z = \frac{z_1}{z_2} = \frac{r_1}{r_2}e^{\mathrm{j}(\theta_1-\theta_2)} = \frac{r_1}{r_2}\underline{/\theta_1-\theta_2} \tag{4.21}$$

となり，比の絶対値は各絶対値の比に，比の偏角は各偏角の差になる．

¶例 4.2¶　2 つの複素数を $z_1 = 2e^{\mathrm{j}2\pi/3}$, $z_2 = 4e^{-\mathrm{j}\pi/6}$ とすると，$z_1 z_2 = 8e^{\mathrm{j}\pi/2} = 8\underline{/\pi/2} = \mathrm{j}8$，また，$z_1/z_2 = (1/2)e^{\mathrm{j}5\pi/6}$ となる．

4.5 微分と積分

変数 t の複素数 $z(t)$ を

$$z(t) = re^{\mathrm{j}\omega t} \tag{4.22}$$

とおく．複素数 $z(t)$ の変数 t に関する微分は，実数の場合と同じようにして

$$\frac{\mathrm{d}z}{\mathrm{d}t} = \mathrm{j}\omega re^{\mathrm{j}\omega t} = \mathrm{j}\omega z = \omega re^{\mathrm{j}(\omega t+\pi/2)} \tag{4.23}$$

となる．$z(t)$ の微分値は $z(t)$ より絶対値が ω 倍になり，位相が 90 度進むことがわかる．これはベクトル $z(t)$ を反時計回りに 90 度回転することに対応する．また，$z(t)$ を t で積分すると

$$\int z(t)\mathrm{d}t = \int re^{\mathrm{j}\omega t}\mathrm{d}t = \frac{r}{\mathrm{j}\omega}e^{\mathrm{j}\omega t} = \frac{1}{\mathrm{j}\omega}z(t) = \frac{r}{\omega}e^{\mathrm{j}(\omega t-\pi/2)} \tag{4.24}$$

となる．$z(t)$ の積分値は $z(t)$ より絶対値が $1/\omega$ 倍になり，位相が 90 度遅れることがわかる．これはベクトル $z(t)$ を時計回りに 90 度回転することに対応する．このような複素数の微分と積分は，交流が流れるインダクタやキャパシタの電流と電圧の関係を導くときに用いられる．

¶例 4.3¶　交流の周波数が 60 Hz のとき，その角周波数は $\omega = 2\pi f = 120\pi\mathrm{s}^{-1}$ である．複素数が $z(t) = 10e^{\mathrm{j}120\pi t}$ で表されるとき，$\frac{\mathrm{d}z}{\mathrm{d}t} = \mathrm{j}1,200\pi z = 1,200\pi e^{\mathrm{j}(120\pi t+\pi/2)}$ である．また，積分は $\int z(t)\mathrm{d}t = \frac{1}{12\pi}e^{\mathrm{j}(120\pi t-\pi/2)}$ となる．

演　習　問　題

4.1　次の複素数の極座標表示を求めよ．

(a) $1+\mathrm{j}\frac{1}{2}$，　(b) $1-\mathrm{j}2$，　(c) $-1+\mathrm{j}2$，　(d) $-1-\mathrm{j}3$

4.2　次の複素数の直交表示を求めよ．

(a) $5\underline{/30^\circ}$，　(b) $5\underline{/150^\circ}$，　(c) $4\underline{/-45^\circ}$，　(d) $3\underline{/180^\circ}$

4.3　次の複素数を直交表示と極座標表示で表せ．

(a) $\frac{\mathrm{j}(1+\mathrm{j})(1+\mathrm{j}2)}{5(1-\mathrm{j})}$，　(b) $4e^{\mathrm{j}30^\circ}-e^{-\mathrm{j}45^\circ}$

4.4　次の複素数を複素平面に極座標表示せよ．

(a) $\alpha = -\frac{1}{2}+\mathrm{j}\frac{\sqrt{3}}{2}$，　(b) $\beta = -\frac{1}{2}-\mathrm{j}\frac{\sqrt{3}}{2}$

また，これらはともに方程式

$$z^2+z+1 = 0$$

の解であることを示せ．

4.5　問 4.4 の α と β に関して $\alpha^{2n}+\alpha^n$ および $\beta^{2n}+\beta^n$ は n が 3 の倍数ならば 2 に等しくそうでなければ -1 に等しいことを示せ．

5. 簡単な回路の過渡現象

ポイント 電気回路の現象に限ったことではないが，現象がある一定の状態に落ち着いたときの状態を定常状態といい，現象が始まってから定常状態に落ち着くまでの間の現象を過渡現象，その状態を過渡状態という．キャパシタやインダクタを含む回路の過渡，定常状態を理解するには回路の微分方程式を解かなければならない．ここでは定数係数の 1 階常微分方程式と 2 階常微分方程式の解法について述べ，簡単な回路の過渡現象を解析する．

5.1 常微分方程式

既に第 3 章で微分方程式を定義したが，この章で微分方程式の理論に現れる用語を定義しておく．

変数 t の関数 $x(t)$ とその導関数 $\mathrm{d}x/\mathrm{d}t$，$\mathrm{d}^2x/\mathrm{d}t^2, \cdots$ から成り立っている方程式を，x に関する**微分方程式** (differential equation) といい，t を**独立変数** (independent variable)，x を**従属変数** (dependent variable) とよぶ．独立変数が 1 個の微分方程式を**常微分方程式** (ordinary differential equation) という．微分方程式を満たす関数 $x(t)$ をその微分方程式の**解** (solution) という．解 $x(t)$ を求めることを，微分方程式を解くあるいは**積分** (integrate) するという．定数 a, b, c と関数 $x(t)$ の 1 次と 2 次導関数からなる式 (5.1)，(5.2) のような常微分方程式をそれぞれ 1 階，2 階の**定数係数** (constant coefficient) の常微分方程式という．ここに 1 階，2 階などは常微分方程式の**階数** (order) とよばれ，それに含まれる導関数の最高の次数のことである．この章では

$$a\frac{\mathrm{d}x}{\mathrm{d}t}+bx = g(t) \tag{5.1}$$

$$a\frac{\mathrm{d}^2x}{\mathrm{d}t^2}+b\frac{\mathrm{d}x}{\mathrm{d}t}+cx = g(t) \tag{5.2}$$

の解き方を説明する．$g(t)$ を非同次項とよぶ．非同次項 $g(t) = 0$ のときの常微分方程式を**同次常微分方程式** (homogeneous ordinary differential equation) といい，$g(t) \neq 0$ のとき**非同次** (nonhomogeneous) **常微分方程式**という．電気回路理論では，$g(t)$ が定数あるいは $\sin\omega t$ や $\cos\omega t$ などの**三角関数** (trigonometric function) で与えられることが多い．以下，常微分方程式を簡単のため微分方程式あるいは方程式ということにする．

5.2 同次方程式の解法と過渡現象

5.2.1 1 階同次方程式の解法

まず 1 階同次方程式

$$a\frac{\mathrm{d}x}{\mathrm{d}t}+bx = 0, \quad a \neq 0 \tag{5.3}$$

の解法を説明する．

式 (5.3) の解が

$$x = e^{\lambda t} \tag{5.4}$$

で与えられると仮定して，λ はどのような条件を満たさなければならないかを調べる．式 (5.4) を式 (5.3) に代入して $e^{\lambda t}\neq 0$ を考慮すれば

$$f(\lambda) = a\lambda+b = 0 \tag{5.5}$$

となる．このように，元の微分方程式に $e^{\lambda t}$ を代入して得られる λ の多項式 $f(\lambda)$ をこの微分方程式の**特性多項式** (characteristic polynomial) といい，それに対応する方程式 $f(\lambda) = 0$ を**特性方程式** (characteristic equation) という．したがって，式 (5.5) の特性方程式の解は

$$\lambda = -\frac{b}{a} \tag{5.6}$$

である．特性方程式の解を**特性根** (characteristic root) とよぶ．これを式 (5.4) に代入して

$$x = e^{-(b/a)t} \tag{5.7}$$

となる．これにゼロでない定数 A をかけた

$$x = Ae^{-(b/a)t} \tag{5.8}$$

も解であることは容易にわかる．この定数 A を**任意定数** (arbitrary constant) という．式 (5.8) は 1 個の任意定数を含んでいる．このように微分方程式の階数と同じ個数の任意定数を含む解を，**一般解** (general solution) という．任意定数 A は $t = t_0$ に対する x の値 $x(t_0)$ などを与えることによって決められる．この条件を**初期条件** (initial condition) といい，$x(t_0)$ を**初期値** (initial value) という．このように一般解に含まれる任意定数の値が定められたとき，その解を**特殊解** (special solution) という．

5.2.2 簡単な回路の過渡現象 (I)

1 階同次方程式の解法を応用して，簡単な回路の**過渡現象** (transient phenomena) を解析してみよう．

¶例 5.1¶ 図 5.1 の回路で時刻 $t = 0$ においてスイッチ S を開いたとき，インダクタの電流 $i_L(t)$ はどのように変化するかを考えよう．

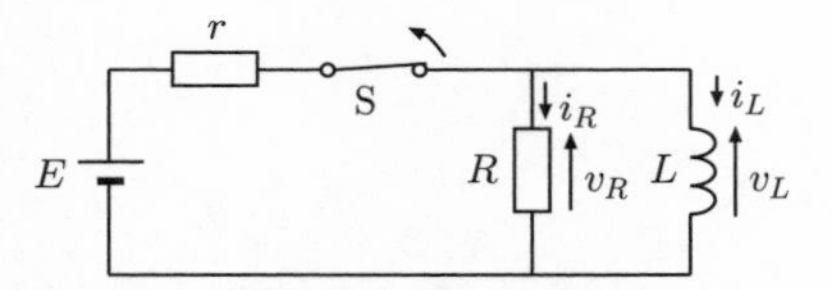

図 5.1 直流電圧源のある RL 回路

【解説】 スイッチ S が閉じている時間 $t < 0$ では抵抗 R には電流は流れず，インダクタ L に直流電流 E/r が流れている．スイッチ S を時刻 $t = 0$ に開いたときの回路図から

$$i_L + i_R = 0, \quad v_L = v_R, \quad v_L = L\frac{\mathrm{d}i_L}{\mathrm{d}t}, \quad v_R = Ri_R \tag{5.9}$$

が成り立つ．これらの式からインダクタの電流 i_L に関する微分方程式

$$L\frac{\mathrm{d}i_L}{\mathrm{d}t} + Ri_L = 0, \quad t > 0 \tag{5.10}$$

が得られる．特性根は $\lambda = -R/L$ であるから，一般解は

$$i_L(t) = Ae^{-(R/L)t}, \quad t \geq 0 \tag{5.11}$$

となる．定数 A は任意定数である．任意定数 A を決めよう．時刻 $t = 0$ においては

$$i_L(0) = \frac{E}{r} \tag{5.12}$$

であるから

$$A = \frac{E}{r} \tag{5.13}$$

となり，解は

$$i_L(t) = \frac{E}{r}e^{-t/\tau}, \quad \tau = \frac{L}{R}, \quad t \geq 0 \tag{5.14}$$

となる．これを図示すると，**図 5.2** のようになり，**定常状態** (steady state) に近づくにつれてインダクタの電流はゼロに近づいていく様子がわかる．

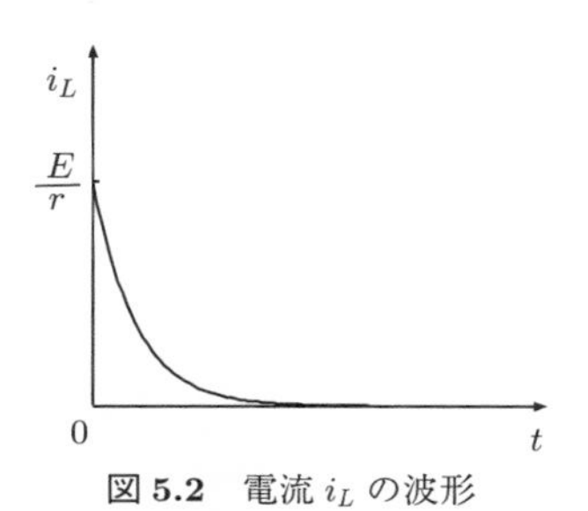

図 5.2　電流 i_L の波形

インダクタンスの単位ヘンリーと抵抗の単位オームはそれぞれ H = Vs/A，Ω = V/A である．したがって，$\tau = L/R$ という係数は H/Ω = s という時間の単位をもつので，**時定数** (time constant) とよばれる．式 (5.14) に $t = \tau$ を代入すると

$$i_L(\tau) = \frac{E}{r}\frac{1}{e} = \frac{1}{e}i_L(0)$$

となるから，時定数 τ は i_L の初期値の $1/e$ (0.38) 倍になる時刻であることがわかる．時定数 τ が大きいと i_L はゆっくりと減衰しながらゼロに近づく．■

¶例 5.2¶　**図 5.3** のようにキャパシタ C が V_0 に充電されているとき，スイッチ S を時刻 $t = 0$ で閉じる．この時刻以降の $t > 0$ に対して，抵抗 R を流れる電流 i はどのように変化するか調べてみよう．

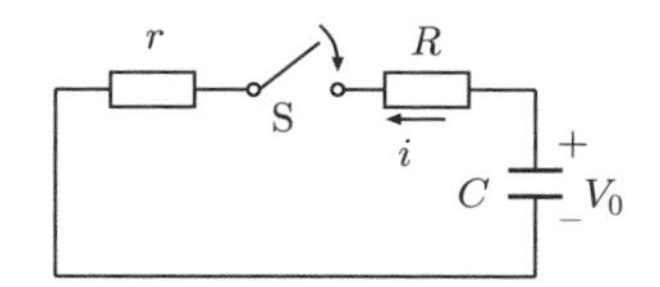

図 5.3　初期電圧のあるキャパシタをもつ CR 回路

【解説】　まずスイッチを閉じた後の回路の微分方程式をたてる．電圧則とキャパシタの電流の方向に注意して

$$v - (r+R)i = 0, \quad i = -C\frac{\mathrm{d}v}{\mathrm{d}t} \tag{5.15}$$

となる．これからキャパシタ電圧 v に関する微分方程式

$$C\frac{\mathrm{d}v}{\mathrm{d}t}+\frac{v}{r+R} = 0 \tag{5.16}$$

が得られる．特性方程式は

$$f(\lambda) = C\lambda+\frac{1}{r+R} = 0 \tag{5.17}$$

であるから，特性根は

$$\lambda = -\frac{1}{C(r+R)} \tag{5.18}$$

となる．したがって，一般解は

$$v(t) = Ae^{-t/C(r+R)} \tag{5.19}$$

となる．ここに A は任意定数である．初期条件

$$v(0) = V_0 \tag{5.20}$$

を考慮すると，解は

$$v(t) = V_0e^{-t/C(r+R)} \tag{5.21}$$

となる．したがって，抵抗 R の電流は

$$i = \frac{V_0}{r+R}e^{-t/C(r+R)} \quad (t \geq 0) \tag{5.22}$$

となる．この電流の変化の様子は**図 5.4** に示すとおりで，時間の経過とともにゼロに近づいていく様子がわかる．ここで $\tau = C(r+R)$ とおくと，キャパシタの単位ファラッド $\mathrm{F} = \mathrm{As/V}$，抵抗の単位 $\Omega = \mathrm{V/A}$ であるから $\mathrm{F\Omega} = \mathrm{s}$ となる．したがって，τ は時間の単位をもち，時定数である．∎

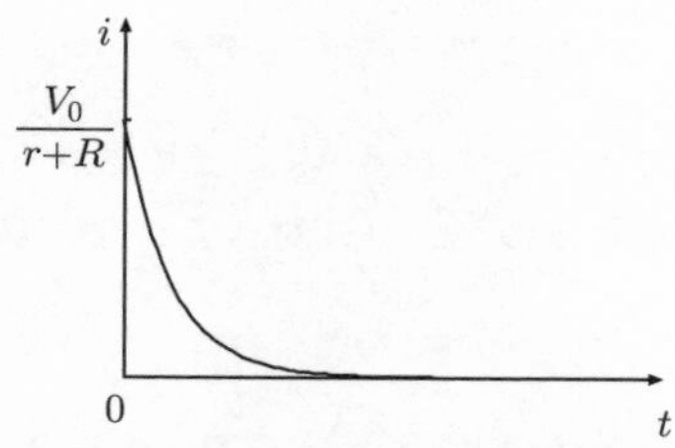

図 5.4　初期電圧による電流 i の変化の様子

5.2.3　2 階同次方程式の解法

2 階同次方程式

$$a\frac{\mathrm{d}^2x}{\mathrm{d}t^2}+b\frac{\mathrm{d}x}{\mathrm{d}t}+cx = 0 \tag{5.23}$$

の一般解を求めよう．その前に関数の独立という概念を述べる．

2 つの関数 $\phi_1(t)$，$\phi_2(t)$ があって，定数 c_1，c_2 に対して

$$c_1\phi_1(t)+c_2\phi_2(t) = 0 \tag{5.24}$$

が $c_1 \neq 0, c_2 \neq 0$ に対して成り立つとき，つまり 2 つの関数 $\phi_1(t), \phi_2(t)$ の間に比例関係があるとき，$\phi_1(t), \phi_2(t)$ は **1 次従属** (linearly dependent) であるという．また，式 (5.24) が成り立つのは $c_1 = 0, c_2 = 0$ の場合のみであるとき，$\phi_1(t), \phi_2(t)$ は **1 次独立** (linearly independent) であるという．

2 階の同次方程式の解は 1 次独立な 2 つの解の **1 次結合** (linear combination) によって表される．1 階の同次方程式と同じようにして，式 (5.23) の解が

$$x = e^{\lambda t} \tag{5.25}$$

で与えられるものと仮定すると，特性方程式は

$$f(\lambda) = a\lambda^2+b\lambda+c = 0 \tag{5.26}$$

となる．特性根は判別式

$$D = b^2-4ac \tag{5.27}$$

の値によって 3 つの場合に分かれる．

1. $D > 0$ のとき，特性根は $\lambda_1 = (-b+\sqrt{D})/2a$，$\lambda_2 = (-b-\sqrt{D})/2a$ であるから，2 つの関数 $e^{\lambda_1 t}$，$e^{\lambda_2 t}$ が得られる．これらは互いに 1 次独立で，微分方程式 (5.23) の特殊解である．このような互いに 1 次独立な特殊解の集合を**解の基本系** (fundamental system of solutions) とよび，その要素を**基本解** (fundamental solution) という．基本解の 1 次結合

$$\begin{aligned} x &= A_1e^{\lambda_1 t}+A_2e^{\lambda_2 t} \\ &= A_1e^{(-b+\sqrt{D})t/2a}+A_2e^{(-b-\sqrt{D})t/2a} \end{aligned} \tag{5.28}$$

は微分方程式 (5.23) の一般解であることは容易に示される．ただし，A_1，A_2 は任意定数である．

2. $D < 0$ のとき，$\lambda_1 = -\alpha+\mathrm{j}\omega$，$\lambda_2 = \lambda_1^*$．ただし，$\alpha = b/2a$，$\omega = \sqrt{-D}/2a$ である．したがって，基本解は

$$e^{\lambda_1 t} = e^{-\alpha t}e^{\mathrm{j}\omega t} = e^{-\alpha t}(\cos\omega t+\mathrm{j}\sin\omega t) \tag{5.29}$$

$$e^{\lambda_2 t} = e^{-\alpha t}e^{-\mathrm{j}\omega t} = e^{-\alpha t}(\cos\omega t-\mathrm{j}\sin\omega t) \tag{5.30}$$

と表すことができ，一般解は

$$\begin{aligned} x &= A_1e^{\lambda_1 t}+A_2e^{\lambda_2 t} \\ &= A_1e^{(-\alpha+\mathrm{j}\omega)t}+A_2e^{(-\alpha-\mathrm{j}\omega)t} \\ &= e^{-\alpha t}(A_1e^{\mathrm{j}\omega t}+A_2e^{-\mathrm{j}\omega t}) \end{aligned} \tag{5.31}$$

となる．ここに，A_1，A_2 は任意定数である．

3. $D = 0$ のとき $\lambda_1 = \lambda_2 = -b/2a$ である．$\lambda = \lambda_1 = \lambda_2$ とおいて基本解を求める．式 (5.23) が $x = A(t)e^{\lambda t}$ という形の解をもつと仮定して，定数 λ と関数 $A(t)$ が満たす条件式を求める．記号 $'$ で t に関する微分を表すことにして

$$x = A(t)e^{\lambda t} \tag{5.32}$$

$$x' = (A'+\lambda A)e^{\lambda t} \tag{5.33}$$

$$x'' = (A''+2\lambda A'+\lambda^2 A)e^{\lambda t} \tag{5.34}$$

を式 (5.23) に代入し，整理すると

$$aA''+(2a\lambda+b)A'+(a\lambda^2+b\lambda+c)A = 0 \tag{5.35}$$

となる．特性根 $\lambda = -b/2a$ が重根であることから

$$f(\lambda) = a\lambda^2+b\lambda+c = 0, \quad f^{(1)}(\lambda) = 2a\lambda+b = 0 \tag{5.36}$$

が成り立つ．ただし，$f^{(1)}(\lambda)$ は $f(\lambda)$ の λ に関する 1 回微分を表す．したがって，A が満足する式は

$$A'' = 0 \tag{5.37}$$

という微分方程式である．この微分方程式の基本解は 1，t であるから，式 (5.23) の基本解は $e^{\lambda t}$，$te^{\lambda t}$ であることがわかる．よって，一般解は

$$x = A_1 e^{-(b/2a)t}+A_2 te^{-(b/2a)t} \tag{5.38}$$

である．

このように一般解は 2 個の任意定数 A_1, A_2 をもつから，これらを定めるには 2 つの初期値が必要である．電気回路理論では 初期値として，時刻 $t = t_0$ における変数の値 $x(t_0)$ と微分値 $\mathrm{d}x/\mathrm{d}t|_{t=t_0}$ がよく用いられる．

5.2.4 簡単な回路の過渡現象 (II)

回路の微分方程式が 2 階の同次方程式で表される例を示そう．

¶例 5.3¶　**図 5.5** のような回路においてスイッチ S が閉じられている．時刻 $t = 0$ においてスイッチ S を開く．時刻 $t \geq 0$ に対しインダクタの電流 i_L はどのように変化するか見てみよう．

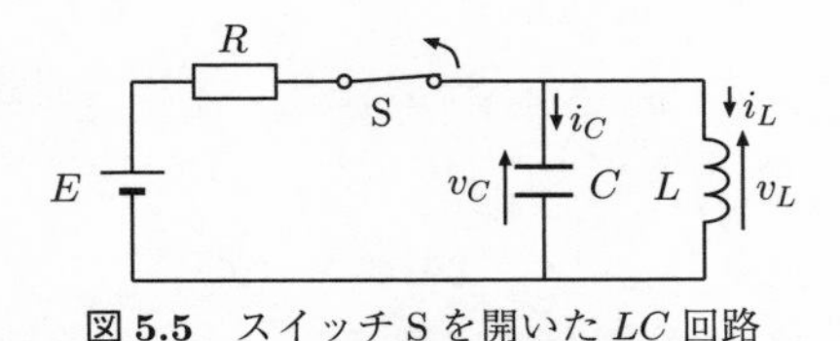

図 5.5　スイッチ S を開いた LC 回路

【解説】 スイッチSを開くと，同図の回路はキャパシタとインダクタを並列に接続した回路になり

$$i_L+i_C = 0, \quad v_L-v_C = 0, \quad v_L = L\frac{\mathrm{d}i_L}{\mathrm{d}t}, \quad i_C = C\frac{\mathrm{d}v_C}{\mathrm{d}t} \tag{5.39}$$

が成り立つ．これらの式からインダクタの電流 i_L に関する微分方程式は

$$LC\frac{\mathrm{d}^2 i_L}{\mathrm{d}t^2}+i_L = 0, \quad t > 0 \tag{5.40}$$

となる．特性方程式は

$$LC\lambda^2+1 = 0 \tag{5.41}$$

となり，特性根は $\mathrm{j}/\sqrt{LC}$,　$-\mathrm{j}/\sqrt{LC}$ であるから，基本解は $e^{(\mathrm{j}/\sqrt{LC})t}$,　$e^{(-\mathrm{j}/\sqrt{LC})t}$ となる．したがって，一般解は

$$i_L(t) = A_1 e^{\mathrm{j}\frac{t}{\sqrt{LC}}}+A_2 e^{-\mathrm{j}\frac{t}{\sqrt{LC}}} \tag{5.42}$$

となる．ここに A_1 と A_2 は任意定数である．

任意定数 A_1 と A_2 を初期条件から定めよう．時刻 $t = 0$ (厳密にはスイッチを開く直前の時刻 $t = 0-0$) においてインダクタの電流は

$$i_L(0) = \frac{E}{R} \tag{5.43}$$

であるから

$$A_1+A_2 = \frac{E}{R} \tag{5.44}$$

また，キャパシタの電圧は

$$v_C(t) = v_L(t) = L\frac{\mathrm{d}i_L}{\mathrm{d}t} = \mathrm{j}\sqrt{\frac{L}{C}}(A_1 e^{\mathrm{j}\frac{t}{\sqrt{LC}}}-A_2 e^{-\mathrm{j}\frac{t}{\sqrt{LC}}}) \tag{5.45}$$

である．キャパシタは $t = 0$ (厳密には $t = 0-0$) においてインダクタによって短絡されているからキャパシタの初期電圧はゼロである．よって

$$v_C(0) = \mathrm{j}\sqrt{\frac{L}{C}}(A_1-A_2) = 0 \tag{5.46}$$

となる．式 (5.44) と式 (5.46) から

$$A_1 = A_2 = \frac{E}{2R} \tag{5.47}$$

となる．よって，解は

$$i_L(t) = \frac{E}{R}\cos\frac{t}{\sqrt{LC}}, \quad t \geq 0 \tag{5.48}$$

で与えられる．この式はインダクタの電流 i_L が振幅 E/R，角周波数 $1/\sqrt{LC}$ で正弦波振動することを示している．したがって，インダクタの電圧は

$$v_L(t) = L\frac{\mathrm{d}i_L}{\mathrm{d}t}$$

$$= -\sqrt{\frac{L}{C}}\frac{E}{R}\sin\frac{t}{\sqrt{LC}}$$

$$= \sqrt{\frac{L}{C}}\frac{E}{R}\cos\left(\frac{t}{\sqrt{LC}}+\frac{\pi}{2}\right) \tag{5.49}$$

この式と式 (5.48) を比較すると，インダクタの電流の位相はその電圧の位相より 90 度遅れていることがわかる．

¶例 5.4¶　**図 5.6** の回路においてスイッチ S が時刻 $t = 0$ で開いた．キャパシタの端子電圧 v_C の変化を求めよう．ただし，$L = R^2C$ の関係があるものとする．

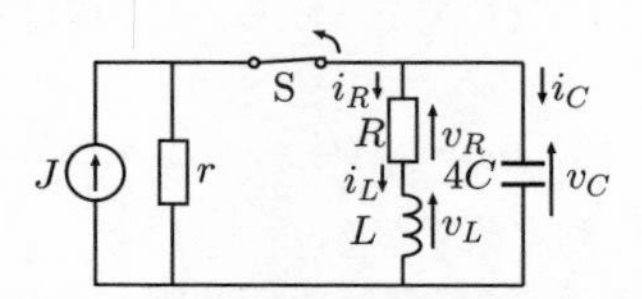

図 5.6　スイッチ S を開いた RLC 回路

【解説】　スイッチ S を開いたときの回路について

$$i_L - i_R = 0, \quad i_R + i_C = 0, \quad v_R + v_L - v_C = 0 \tag{5.50}$$

それぞれの素子について

$$v_R = Ri_R, \quad i_C = 4C\frac{\mathrm{d}v_C}{\mathrm{d}t}, \quad v_L = L\frac{\mathrm{d}i_L}{\mathrm{d}t} \tag{5.51}$$

が成り立ち，これらの式からキャパシタの電圧 v_C に関する微分方程式

$$4LC\frac{\mathrm{d}^2v_C}{\mathrm{d}t^2} + 4RC\frac{\mathrm{d}v_C}{\mathrm{d}t} + v_C = 0, \quad t > 0 \tag{5.52}$$

が得られる．特性方程式は

$$4LC\lambda^2 + 4RC\lambda + 1 = 0 \tag{5.53}$$

である．条件 $L = R^2C$ により特性根 $\lambda = -1/2CR$ は重根になる．したがって，基本解は $e^{-t/2CR}$，$te^{-t/2CR}$ となり，一般解は

$$v_C(t) = A_1e^{-t/2CR} + A_2te^{-t/2CR} \tag{5.54}$$

となる．ここに A_1，A_2 は任意定数である．

キャパシタの初期電圧は

$$v_C(0) = \frac{RrJ}{r+R} \tag{5.55}$$

およびインダクタの初期電流は電流則により

$$4C\frac{\mathrm{d}v_c}{\mathrm{d}t}\Big|_{t=0} = i_C(0) = -i_L(0) = -\frac{rJ}{r+R} \tag{5.56}$$

であるから，任意定数 A_1，A_2 は式 (5.55) と式 (5.56) から

$$A_1 = \frac{RrJ}{r+R} \tag{5.57}$$

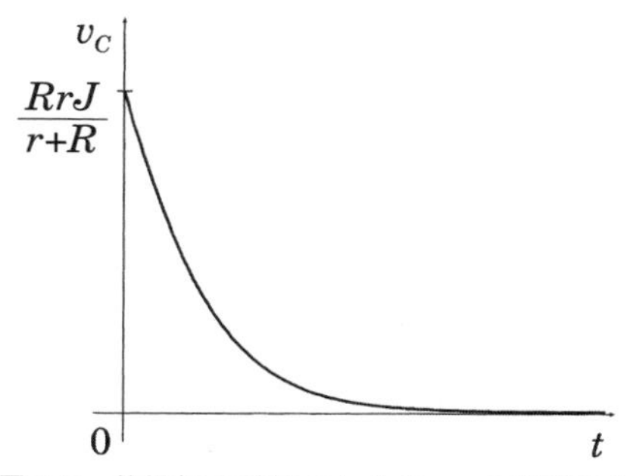

図 5.7　特性根が重根のときの v_C の時間変化

$$-\frac{1}{2RC}A_1+A_2 = -\frac{rJ}{4C(r+R)} \tag{5.58}$$

となる．これにより

$$A_2 = \frac{rJ}{4C(r+R)} \tag{5.59}$$

式 (5.52) の解は

$$v_C(t) = \frac{RrJ}{r+R}\left(1-\frac{t}{2RC}\right)e^{-t/2CR}, \quad t \geq 0 \tag{5.60}$$

となる．**図 5.7** はこの $v_C(t)$ の時間変化を示している．すなわち，キャパシタ電圧 $v_C(t)$ は時間の経過とともに振動することなくゼロに近づいていく．

5.3　非同次方程式の解法と過渡現象

第 3 章で説明したように，電源が存在する回路の方程式は非同次常微分方程式で表すことができる．非同次常微分方程式は定数変化法という方法によって解くことができる．はじめに 1 階の非同次方程式についてこの解法を説明する．

5.3.1　1 階非同次方程式の解法

非同次方程式 (5.1) を再記する．

$$a\frac{\mathrm{d}x}{\mathrm{d}t}+bx = g(t) \tag{5.61}$$

この方程式の 1 つの解を $\psi(t)$ で表す．もう 1 つの関数 $\phi(t)$ を考え

$$x(t) = \phi(t)+\psi(t) \tag{5.62}$$

が解であると仮定して，$\phi(t)$ はどのような式を満足するのか調べよう．式 (5.62)

を式 (5.61) に代入し，$\psi(t)$ が解であることから

$$a\frac{\mathrm{d}\phi}{\mathrm{d}t}+b\phi = 0 \tag{5.63}$$

が得られる．すなわち，$\phi(t)$ は同次方程式 (5.3) の解であることがわかる．よって，

$$\phi(t) = Ae^{-(b/a)t} \tag{5.64}$$

である．ここに A は任意定数である．したがって，式 (5.61) の解は

$$x(t) = \psi(t)+Ae^{-(b/a)t} \tag{5.65}$$

という形をしていることがわかる．$\phi(t)$ を**余関数** (complementary solution) とよぶ．解 $\psi(t)$ は特殊解である．特殊解 $\psi(t)$ を次のようにして定める．すなわち，同次方程式 (5.63) の一般解 $\phi(t)$ の任意定数 A の代わりに新しい関数 $y(t)$ を導入し，特殊解 $\psi(t)$ が

$$\psi(t) = y(t)e^{\lambda t}, \quad \lambda = -\frac{b}{a} \tag{5.66}$$

と表されるものと仮定して，$y(t)$ を定めよう．式 (5.66) を式 (5.61) に代入すると，$y(t)$ に関する微分方程式

$$\frac{\mathrm{d}y}{\mathrm{d}t} = \frac{1}{a}e^{-\lambda t}g(t) \tag{5.67}$$

が得られる．この微分方程式の一般解は

$$y(t) = \frac{1}{a}\int^{t} e^{-\lambda\xi}g(\xi)\mathrm{d}\xi+C \tag{5.68}$$

となる．ここに，C は任意定数である．したがって，$C = 0$ とおいて，特殊解は

$$\psi(t) = \frac{1}{a}\int^{t} e^{\lambda(t-\xi)}g(\xi)\mathrm{d}\xi, \quad \lambda = -\frac{b}{a} \tag{5.69}$$

となるから，式 (5.61) の一般解は

$$x = \frac{1}{a}\int^{t} e^{-(b/a)(t-\xi)}g(\xi)\mathrm{d}\xi+Ae^{-(b/a)t} \tag{5.70}$$

となる．このように同次方程式の解の任意定数を独立変数の関数として，別の解を導出する方法を**定数変化法** (method of variation of constants) という．すなわち，余関数の任意定数を新しい関数に置き換え，その新しい関数に関する微分方程式を導き，それを積分して新しい関数を定めて，特殊解を求める．つまり，非同次方程式の解法は，この方程式に付随している同次方程式を解くことと特殊解を求めることに帰着する．既に特性根が重根のときの基本解を求めるときに，こ

の手法を用いている．

非同次項 $g(t)$ が定数のときは，このような解法によらず，もっと直感的に特殊解が求められる．すなわち，特殊解に定数を仮定し，それを式 (5.1) の左辺に代入して，左右の両辺を比較して定めればよい．例 5.5 にその例を示す．

5.3.2 簡単な回路の過渡現象 (III)

1 階の非同次微分方程式で表される回路の過渡現象を解析してみよう．

¶例 5.5¶ **図 5.8** のように直流電圧源 E にスイッチ S を介してキャパシタ C に接続したとき，キャパシタの端子電圧はどのように変化するか．ただし，キャパシタには電荷はないものとする．

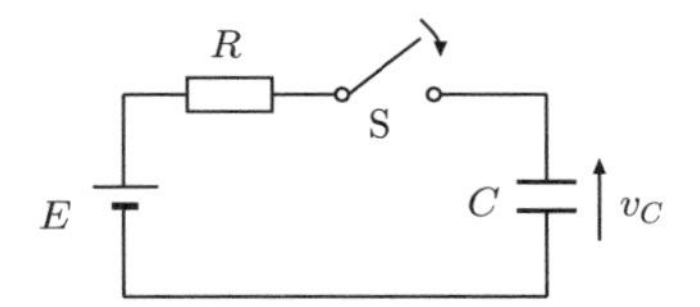

図 5.8 直流電圧源を接続する回路

【解説】 スイッチ S を時刻 $t = 0$ に閉じたとき，キャパシタの電圧 v_C を変数にとれば，回路の微分方程式は

$$RC\frac{\mathrm{d}v_C}{\mathrm{d}t}+v_C = E, \quad t > 0 \tag{5.71}$$

となる．この微分方程式の特性方程式は $CR\lambda+1 = 0$ であるから，特性根は $\lambda = -\frac{1}{CR}$ である．したがって，同次方程式の解 $v_C^{(0)}$ は

$$v_C^{(0)} = Ae^{-t/RC} \tag{5.72}$$

となる．ただし，A は任意定数である．また，式 (5.71) の特殊解を $v_C^{(s)}$ とすると

$$v_C^{(s)} = E \tag{5.73}$$

であることは容易にわかる．よって，式 (5.71) の一般解は

$$v_C(t) = Ae^{-t/RC}+E \tag{5.74}$$

となる．任意定数 A はキャパシタに初期電荷がないという条件，すなわちキャパシタの初期電圧がゼロという条件

$$v_C(0) = A+E = 0 \tag{5.75}$$

から決められる．したがって，$A = -E$ となり，式 (5.71) の解は

$$v_C = E(1-e^{-t/RC}), \quad t \geq 0 \tag{5.76}$$

となる．キャパシタの端子電圧 $v_C(t)$ は時間とともに**図 5.9** のように変化し，定常状態では $v_C = E$ となることがわかる．RC は時定数である．

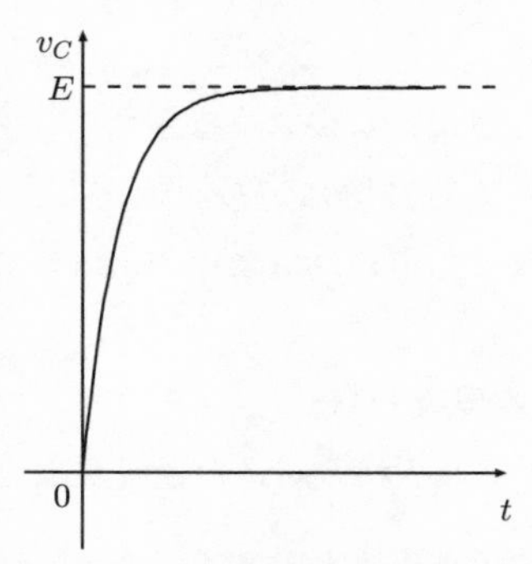

図 5.9　キャパシタ電圧 v_C の過渡状態

¶例 5.6¶　図 5.10 のように正弦波状に変化する電圧源 $e(t) = E\sin(\omega t+\varphi)$ と抵抗 R，インダクタ L からなる回路において，時刻 $t = 0$ にスイッチ S を閉じた．インダクタの電流 i はどのように変化するかを調べよう．

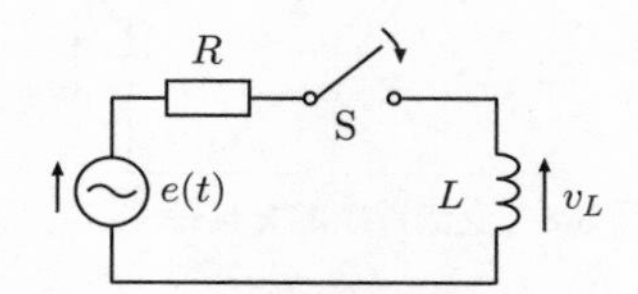

図 5.10　交流電圧源を接続する回路

【解説】　時間 $t > 0$ において

$$L\frac{\mathrm{d}i}{\mathrm{d}t}+Ri = E\sin(\omega t+\varphi) \tag{5.77}$$

が成り立つ．特性方程式は $L\lambda+R = 0$，特性根は $-R/L$ となる．したがって，同次方程式の一般解は

$$i^{(0)}(t) = Ae^{-Rt/L} \tag{5.78}$$

となる．ここに A は任意定数である．また，特殊解は式 (5.69) により

$$i^{(s)}(t) = \frac{E}{L}\int^t e^{-\frac{R}{L}(t-\xi)}\sin(\omega\xi+\varphi)\mathrm{d}\xi \tag{5.79}$$

で与えられる．これを計算すると

$$i^{(s)}(t) = \frac{E}{\sqrt{R^2+\omega^2L^2}}\sin(\omega t+\varphi-\theta) \tag{5.80}$$

となる．ただし

$$\theta = \arctan\frac{\omega L}{R} \tag{5.81}$$

である．したがって，式 (5.77) の一般解は

$$i(t) = i^{(0)}(t)+i^{(s)}(t) = Ae^{-Rt/L}+\frac{E}{\sqrt{R^2+\omega^2L^2}}\sin(\omega t+\varphi-\theta) \tag{5.82}$$

となる．初期条件は $t = 0$ おいて $i(0) = 0$ であるから，任意定数は

$$A = -\frac{E}{\sqrt{R^2+\omega^2L^2}}\sin(\varphi-\theta) \tag{5.83}$$

と定まる．したがって，式 (5.77) の解は

$$i(t) = -\frac{Ee^{-(R/L)t}}{\sqrt{R^2+\omega^2L^2}}\sin(\varphi-\theta)+\frac{E}{\sqrt{R^2+\omega^2L^2}}\sin(\omega t+\varphi-\theta) \quad t \geq 0 \tag{5.84}$$

となる．ここで定常状態では，すなわち，$t \to +\infty$ のときは，$i^{(0)}(t) \to 0$ であるから

$$i(t) \to i^{(s)}(t) = \frac{E}{\sqrt{R^2+\omega^2L^2}}\sin(\omega t+\varphi-\theta) \tag{5.85}$$

となり，同次方程式の影響は現れない．つまり，回路の定常状態のみを考えるときは非同次方程式の特殊解 $i^{(s)}(t)$ を求めればよいといえる．この意味で $i^{(0)}(t)$ を**過渡解** (transient solution)，$i^{(s)}(t)$ を**定常解** (steady state solution) ということもある．

♣ 電気主任技術者試験問題 (平成 9 年第二種) **♣**

次の文章は，LCR 回路に関する記述である．次の (　) の中に当てはまる数式を記入せよ．

R_1，R_2，L，C からなる**図 5.11** の回路において，時刻 $t = 0$ でスイッチ S を閉じた．L，C を流れる電流は，

$$i_L = (1)$$

$$i_C = (2)$$

となる．ただし，コンデンサの初期電荷はゼロとする．電源 E から供給された電流 i が時間に無関係に一定となる条件は $R_1 = (3)$，$(4) = R_1/L$ であり，このとき $i = (5)$ である．

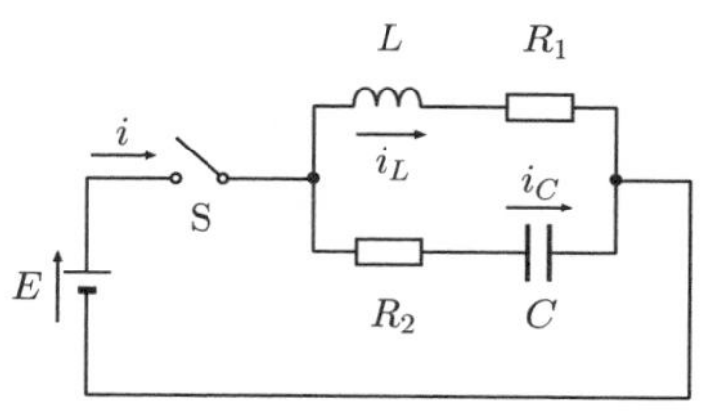

図 5.11

【解答】　スイッチ S を時刻 $t = 0$ で閉じた瞬間において，インダクタ L には電流は流れず，コンデンサ C は導通するから，インダクタ L を開放し，コンデンサ C を短絡した回路を考えると，インダクタの初期電流は $i_L(0) = 0$，キャパシタの初期電圧も $v_C(0) = 0$ である．電圧則により

$$L\frac{\mathrm{d}i_L}{\mathrm{d}t}+R_1i_L = E, \quad R_2C\frac{\mathrm{d}v_C}{\mathrm{d}t}+v_C = E$$

が成り立つから，これを解くと (1) は

$$i_L = \frac{E}{R_1}(1-e^{-R_1t/L}), \quad v_C = E(1-e^{-t/R_2C})$$

となる．よって (2) は

$$i_C = \frac{E}{R_2}e^{-t/R_2C}$$

となる．したがって

$$i = i_L+i_C = \frac{E}{R_1}(1-e^{-R_1t/L})+\frac{E}{R_2}e^{-t/R_2C}$$

であるから，時間 t に無関係に i が一定である条件は

$$\frac{\mathrm{d}i}{\mathrm{d}t} = 0 \quad \text{すなわち} \quad -\frac{E}{R_2C}e^{-t/R_2C}+\frac{E}{L}e^{-R_1t/L} = 0$$

となる．この式の両辺に e^{t/R_2C} を乗じた式が，すべての t に対して成り立つ条件を求めると $R_1 = R_2 \cdots$ (3)，(4)$\cdots$ $1/R_2C = R_1/L$ となり，このとき電流 $i = E/R_1 \cdots$ (5) となる．

5.3.3 2 階非同次方程式の解法

2 階非同次微分方程式は，回路理論の基礎になる微分方程式である．1 階非同次方程式のときと同じように，定数変化法により解を求める方法を説明する．式 (5.2) を再記する．2 階非同次微分方程式

$$a\frac{\mathrm{d}^2x}{\mathrm{d}t^2}+b\frac{\mathrm{d}x}{\mathrm{d}t}+cx = g(t) \tag{5.86}$$

の一般解を求めよう．この微分方程式の同次方程式の基本解を $\phi_1(t), \phi_2(t)$ とすると，

$$\phi_1(t) = e^{\lambda_1 t}, \quad \phi_2(t) = e^{\lambda_2 t} \tag{5.87}$$

ただし，$\lambda_1, \lambda_2(\lambda_1 \neq \lambda_2)$ は相異なる特性根である．任意定数を C_1, C_2 とすると，同次方程式の一般解は

$$\phi(t) = C_1\phi_1(t)+C_2\phi_2(t) \tag{5.88}$$

と表すことができる．ここで，定数変化法により式 (5.86) の特殊解を求めよう．式 (5.88) の任意定数 C_1，C_2 が定数でなく t の関数と考え，新しい関数 $A_1(t)$，$A_2(t)$ を導入して式 (5.86) の特殊解を式 (5.88) と同じ形

$$\psi(t) = A_1(t)\phi_1(t)+A_2(t)\phi_2(t) \tag{5.89}$$

に書いて，$A_1(t), A_2(t)$ が満足する式をまず求める．この両辺を t で微分して

$$\psi' = A_1(t)\phi_1'(t)+A_2(t)\phi_2'(t)+A_1'(t)\phi_1(t)+A_2'(t)\phi_2(t) \tag{5.90}$$

となる．ここで，

$$A_1'(t)\phi_1(t)+A_2'(t)\phi_2(t) = 0 \tag{5.91}$$

が成り立つものと仮定すると

$$\psi'' = A_1'(t)\phi_1'(t)+A_1(t)\phi(t)_1''+A_2'(t)\phi_2{}'(t)+A_2(t)\phi_2''(t) \tag{5.92}$$

となる．式 (5.92)，(5.90)，(5.89) を式 (5.86) に代入すると

$$A_1'\phi_1'+A_2'\phi_2' = \frac{1}{a}g(t) \tag{5.93}$$

となる．式 (5.91) と式 (5.93) を連立させて，A_1 と A_2 に関する微分方程式

$$A_1' = -\frac{1}{a}\frac{\phi_2}{\Delta}g(t) \tag{5.94}$$

$$A_2' = \frac{1}{a}\frac{\phi_1}{\Delta}g(t) \tag{5.95}$$

が得られる．ここに，

$$\Delta = \phi_1\phi_2'-\phi_1'\phi_2 = (\lambda_2-\lambda_1)e^{(\lambda_1+\lambda_2)t} \tag{5.96}$$

である．したがって，$\Delta \neq 0$ であるから，

$$A_1' = \frac{1}{a}\frac{e^{-\lambda_1 t}}{\lambda_1-\lambda_2}g(t) \tag{5.97}$$

$$A_2' = \frac{1}{a}\frac{e^{-\lambda_2 t}}{\lambda_2-\lambda_1}g(t) \tag{5.98}$$

となる．これらの式をそれぞれ積分して，任意定数をゼロとおくと

$$A_1 = \frac{1}{a}\int^t \frac{e^{-\lambda_1\xi}}{\lambda_1-\lambda_2}g(\xi)\mathrm{d}\xi \tag{5.99}$$

$$A_2 = \frac{1}{a}\int^t \frac{e^{-\lambda_2\xi}}{\lambda_2-\lambda_1}g(\xi)\mathrm{d}\xi \tag{5.100}$$

となる．したがって，上式を式 (5.89) に代入して，特殊解は

$$\psi(t) = \frac{1}{a}\frac{1}{\lambda_1-\lambda_2}\int^t \{e^{\lambda_1(t-\xi)}-e^{\lambda_2(t-\xi)}\}g(\xi)\mathrm{d}\xi \tag{5.101}$$

となり，非同次方程式 (5.86) の一般解は

$$x(t) = \frac{1}{a}\frac{1}{\lambda_1-\lambda_2}\int^t \{e^{\lambda_1(t-\xi)}-e^{\lambda_2(t-\xi)}\}g(\xi)\mathrm{d}\xi+C_1e^{\lambda_1 t}+C_2e^{\lambda_2 t} \tag{5.102}$$

となる．

5.3.4 簡単な回路の過渡現象 (IV)

2 階の非同次方程式で表される回路の過渡現象を解析してみよう．

¶例 5.7¶　**図 5.12** の回路において，時刻 $t = 0$ でスイッチ S を閉じる．$t \geq 0$ におけるキャパシタの端子電圧 v_C の変化を表す式を求め，定常状態の電圧 $v_C(t)$ はどのように変化するのか調べよう．ただし，$E(t) = E\cos(\omega t+\varphi)$，$L = 3CR^2/16$ である．また，キャパシタの初期電荷はないものとする．

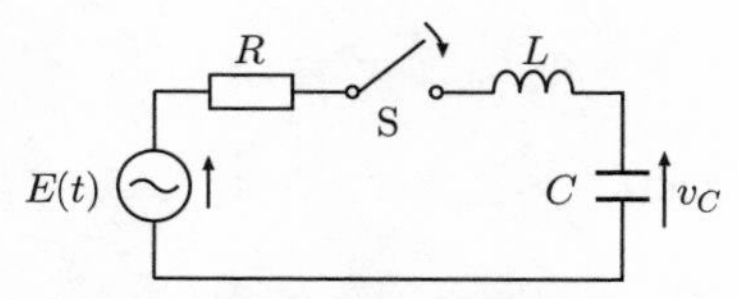

図 5.12　交流電圧源を接続する LC 回路

【解説】　キャパシタの端子電圧 v_C に関する微分方程式は

$$LC\frac{\mathrm{d}^2v_C}{\mathrm{d}t^2}+RC\frac{\mathrm{d}v_C}{\mathrm{d}t}+v_C = E\cos(\omega t+\varphi) \tag{5.103}$$

となる．この微分方程式の特性方程式は

$$f(\lambda) = LC\lambda^2+RC\lambda+1 = 0 \tag{5.104}$$

であり，特性根は $\lambda_1 = -\frac{4}{3CR}$，$\lambda_2 = -\frac{4}{CR}$ であるから，余関数は

$$\phi(t) = C_1e^{-4t/3CR}+C_2e^{-4t/CR} \tag{5.105}$$

となる．C_1, C_2 は任意定数である．特殊解は式 (5.101) から

$$\psi(t) = 16V\cos(\omega t+\varphi-\theta) \tag{5.106}$$

となる．ただし，

$$V = \frac{E}{\sqrt{(16+9\omega^2C^2R^2)(16+\omega^2C^2R^2)}}, \quad \theta = \arctan\frac{16\omega CR}{16-3\omega^2C^2R^2} \tag{5.107}$$

である．したがって，一般解は

$$v_C(t) = 16V\cos(\omega t+\varphi-\theta)+C_1e^{-4t/3CR}+C_2e^{-4t/CR} \tag{5.108}$$

となる．任意定数 C_1, C_2 は $t = 0$ においてキャパシタに電荷がないこと，ならびにインダクタ L に電流が流れないこと，したがってこの場合キャパシタに電流が流れないという初期条件

$$v_C(0) = 0, \quad C\frac{\mathrm{d}v_C}{\mathrm{d}t}\bigg|_{t=0} = 0 \tag{5.109}$$

から定められる．この条件から

$$C_1+C_2 = -16V\cos(\varphi-\theta) \tag{5.110}$$

$$\frac{4}{3CR}C_1+\frac{4}{CR}C_2 = -16\omega V\sin(\varphi-\theta) \tag{5.111}$$

これより C_1, C_2 を求め，式 (5.108) に代入し整理すると，式 (5.103) の解は

$$\begin{aligned} v_C(t) = {}& 16V\{\cos(\omega t+\varphi-\theta)-e^{-4t/CR}\cos(\varphi-\theta)\} \\ &+6V\sqrt{16+\omega^2C^2R^2}(e^{-4t/CR}-e^{-4t/3CR})\cos(\varphi-\theta+\delta) \end{aligned} \tag{5.112}$$

となる．ただし，

$$\delta = \arctan\frac{\omega CR}{4} \tag{5.113}$$

である．ここで，定常状態では $t\to\infty$ であるから，指数関数のかかっている項はすべてゼロに収束し，定常解 $v_C^{(s)}(t)$ は

$$v_C^{(s)}(t) = 16V\cos(\omega t+\varphi-\theta) \tag{5.114}$$

となる．すなわち，過渡現象が収まった後は正弦波の電圧がキャパシタの端子電圧に現れ，電源との位相差は θ となることがわかる．前にも述べたように，定常状態を考えるときには特殊解のみを求めればよいことがこの例からもわかる．

演　習　問　題

5.1　次の微分方程式の一般解を求めよ．

$$\frac{\mathrm{d}^2x}{\mathrm{d}t^2}-2\frac{\mathrm{d}x}{\mathrm{d}t}-3x = 0$$

5.2　次の微分方程式の一般解を求めよ．

$$\frac{\mathrm{d}^2x}{\mathrm{d}t^2}+2\frac{\mathrm{d}x}{\mathrm{d}t}+3x = 0$$

5.3　次の微分方程式を解け．

$$\frac{\mathrm{d}^2x}{\mathrm{d}t^2}+3\frac{\mathrm{d}x}{\mathrm{d}t}+2x = 0 \qquad \text{初期条件 } x(0) = 4,\ \left.\frac{\mathrm{d}x}{\mathrm{d}t}\right|_{t=0} = 0$$

5.4　次の微分方程式を解け．

$$\frac{\mathrm{d}x}{\mathrm{d}t}+2x = 3 \qquad \text{初期条件 } x(0) = 1$$

5.5　次の微分方程式を解け．

$$\frac{\mathrm{d}^2x}{\mathrm{d}t^2}+4x = \cos t \qquad \text{初期条件 } x(0) = 1,\ \left.\frac{\mathrm{d}x}{\mathrm{d}t}\right|_{t=0} = 0$$

5.6　**図 5.13** の回路でスイッチは十分長い時間 a の位置にあった．時刻 $t = 0$ でスイッチは b の位置に 80 ms だけあり，次いで a の位置に戻った．次の諸量を有効数字 3 桁で求めよ．

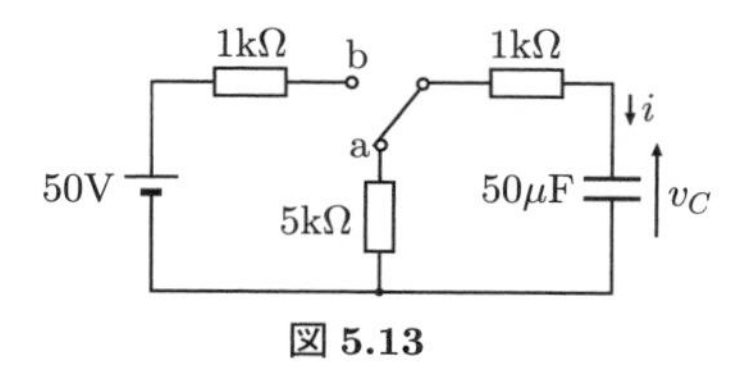

図 5.13

(a)　スイッチが a の位置にあるときの時定数

(b)　スイッチが b の位置にあるときの時定数

(c) $t = 0$ における $\dfrac{\mathrm{d}v_c}{\mathrm{d}t}$ の値

(d) $t = 80\,\mathrm{ms}$ における v_C の値

(e) v_C が $10\,\mathrm{V}$ になる時刻

(f) i が $20\,\mathrm{mA}$ になる時刻

(g) i が $-2\,\mathrm{mA}$ になる時刻

5.7　**図 5.14** の回路において，スイッチは十分長い時間 a の位置にあった．時刻 $t = 0$ において，スイッチは b の位置に移り，2 秒後に a の位置に戻りそのままの状態であった．次の諸量を求めよ．

(a) 時刻 $t = 2\,\mathrm{s}$ の電圧 v_C

(b) 電圧 v_C がゼロになる時刻

(c) 時刻 $t = 3\,\mathrm{s}$ の電流 i_C

(d) 電流 i_C が $2.25\,\mu\mathrm{A}$ になる時刻

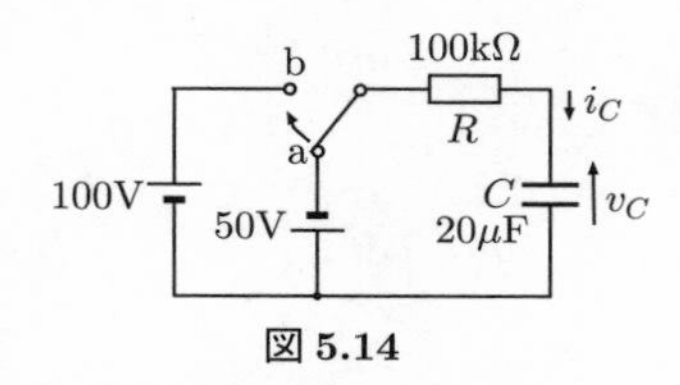

図 5.14

5.8　♣**電気主任技術者試験問題** (平成 9 年第一種)♣

次の文章は，電気回路に関する記述である．次の (　) の中に当てはまる数値を記入せよ．

図 5.15 のような回路にスイッチ S を閉じて，直流 16 V を印加する．ただし，2 つのコンデンサの初期電荷はゼロとする．

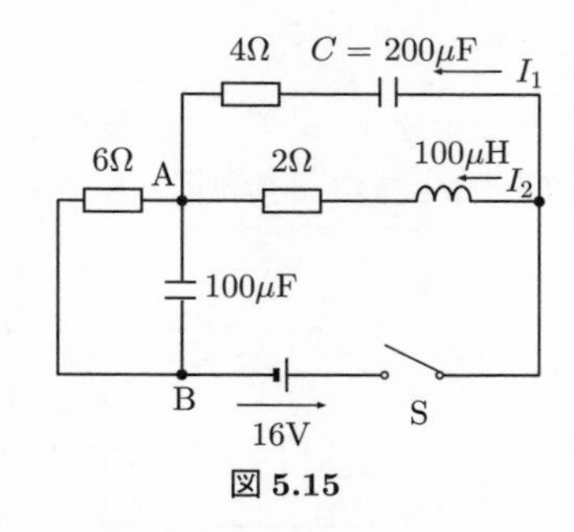

図 5.15

a. スイッチ S を投入した瞬間を $t = 0$ として，$t = 0^+$ において図の電流 I_1 の値は (1) A，電流 I_2 の値は (2) A となる．

b. スイッチ S を投入してから十分に時間が経過して定常状態に達したとき，I_2 の

値は (3) A となり，AB 間の電位差は (4) V となる．また，$C = 200\,\mu$F のコンデンサに蓄えられる電荷は (5) C となる．

5.9　**図 5.16** の回路において，時刻 $t = 0$ にスイッチ S を閉じたとき，キャパシタ C の電圧 $v(t)$ を求めよ．ただし，電流源は直流電流源である．

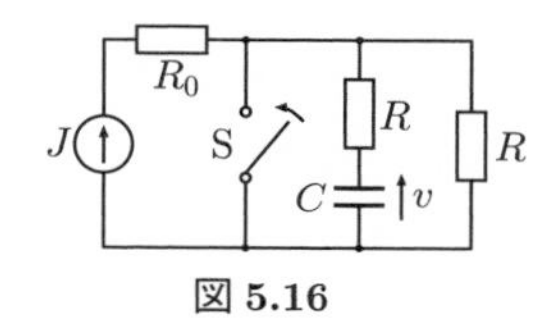

図 5.16

5.10　**図 5.17** の回路において，時刻 $t = 0$ にスイッチ S を閉じたとき，スイッチ S を流れる電流 $i(t)(t \geq 0)$ を求めよ．また，キャパシタの電圧 $v_C(t)$ を求めよ．ただし，電流源は直流電流源である．

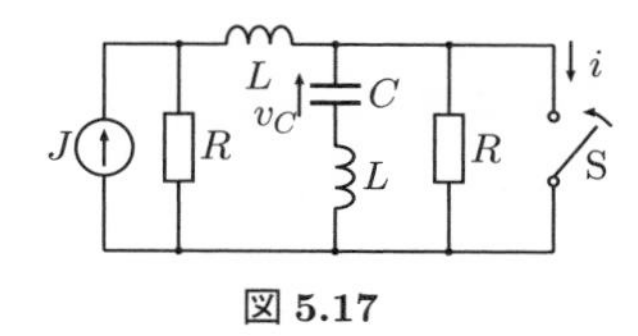

図 5.17

5.11　**図 5.18** の回路において，時刻 $t = 0$ にスイッチ S を開いた．抵抗に生じる電圧 $v(t)$ を次の各場合について求めよ．

(a) $CR^2 = 4L$, (b) $5CR^2 = 2L$

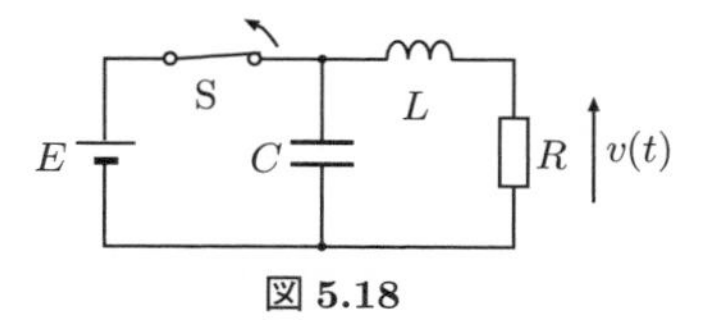

図 5.18

5.12　**図 5.19** の回路において，時刻 $t = 0$ にスイッチ S を閉じたとき，スイッチ S を流れる電流 $i(t)(t \geq 0)$ を求めよ．電流源は直流電流源である．

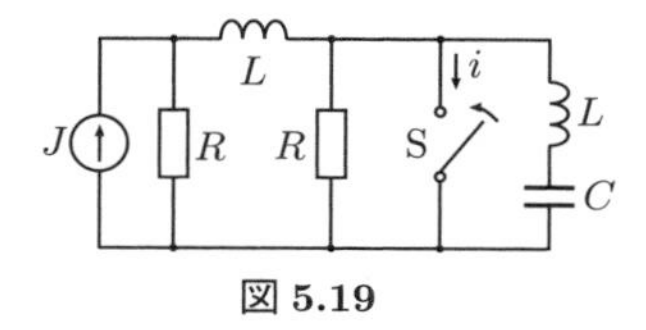

図 5.19

5.13　**図 5.20** の回路において，時刻 $t = 0$ にスイッチ S を開いたとき，キャパシタ C の電圧 $v(t)(t \geq 0)$ を求めよ．ただし，$L = 2CR^2/9$ である．

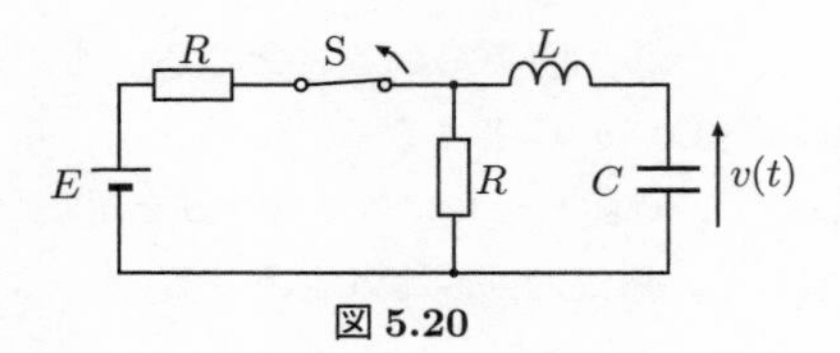

図 5.20

5.14　図 **5.21** の回路において，時刻 $t = 0$ にスイッチ S を開いたとき，キャパシタ C の電圧 $v(t)(t \geq 0)$ を求め，それを図示せよ．

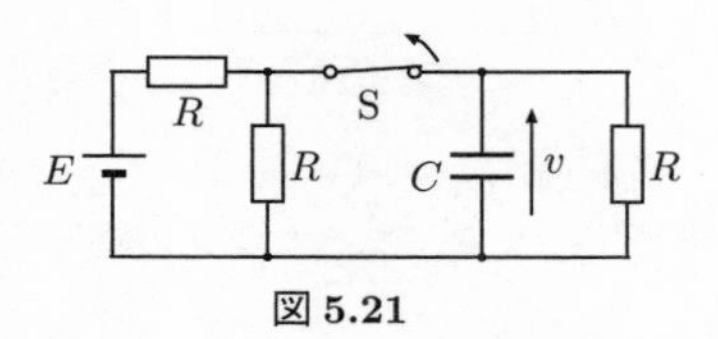

図 5.21

5.15　図 **5.22** の回路において，時刻 $t = 0$ にスイッチ S を開いたとき，インダクタ L の電流 $i(t)(t \geq 0)$ を求めよ．電流源は直流電流源である．

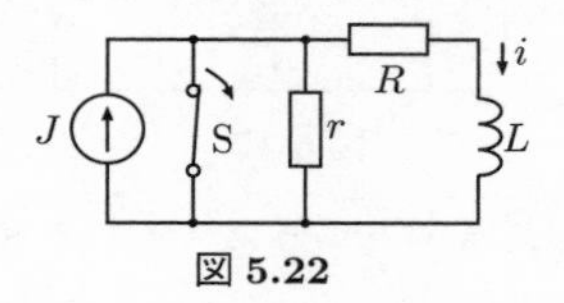

図 5.22

5.16　図 **5.23** の回路において，時刻 $t = 0$ にスイッチ S を開いたとき，キャパシタ C を流れる電流 $i(t)(t \geq 0)$ を求めよ．

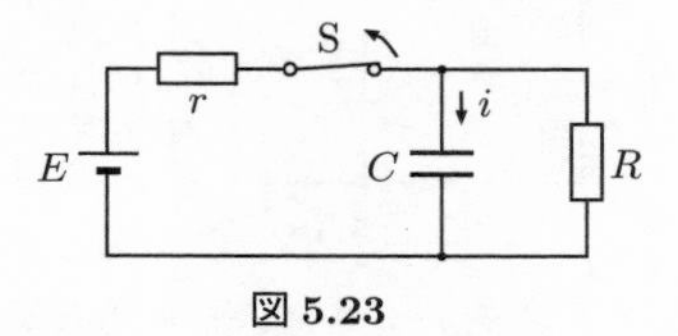

図 5.23

5.17　図 **5.24** の回路において，時刻 $t = 0$ においてスイッチ S を開く．キャパシタ C の端子電圧 v_C は $t \geq 0$ においてどのように変化するか．数式で示せ．

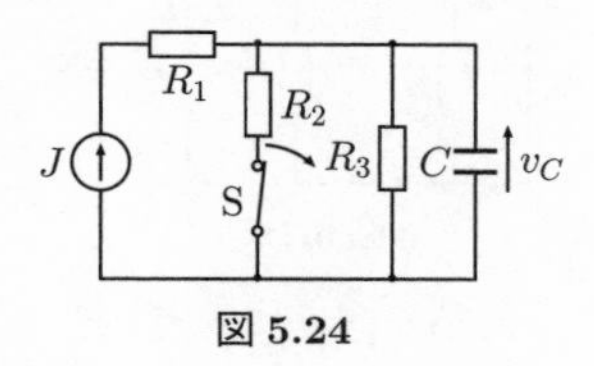

図 5.24

6. 交流回路の微分方程式

ポイント 定常状態を取り扱うときは，回路の微分方程式の特殊解（定常解）のみを求めればよいことがわかった．本章ではとくに，電源を表す項が三角関数で表される交流回路の非同次微分方程式の特殊解を，オイラーの関係式を用いて求める方法を述べる．また，微分演算子によって特殊解を求める方法についても説明する．この方法を用いると，交流回路の微積分方程式の特殊解を簡単な代数演算で求めることができる．

6.1 交流回路の微分方程式の解法

時間とともに周期的に大きさと方向が変化する電流，電圧を交流電流，交流電圧という．ここでは $E\sin\omega t$，$E\cos\omega t$ のような三角関数で表される電圧源あるいは電流源を正弦波交流電源，あるいは単に交流電源とよぶ．交流電源で駆動される回路を**交流回路** (alternating current circuit，AC circuit) という．交流回路の理論は第 7 章で詳しく述べる．この章では簡単な交流回路の微分方程式の解法を述べる．

オイラーの関係式を利用して，実変数の微分方程式を複素変数の微分方程式に直してからその特殊解を求める．このようにすると，面倒な積分の計算をすることなく，代数計算によって複素変数の微分方程式の特殊解が容易に求められ，その実数部あるいは虚数部から元の実変数の微分方程式の特殊解が計算できる．

6.1.1 複素変数の 1 階非同次方程式

係数 a, b, B および変数 x を実数とし，式 (5.1) の $g(t)$ が三角関数で与えられる微分方程式

$$a\frac{\mathrm{d}x}{\mathrm{d}t}+bx = B\cos\omega t \tag{6.1}$$

の特殊解を求める方法を以下に述べる．

この微分方程式のほかに，非同次項 $B\cos\omega t$ を $B\sin\omega t$ にしたもう 1 つの微分方程式

$$a\frac{\mathrm{d}y}{\mathrm{d}t}+by = B\sin\omega t \tag{6.2}$$

を考える．式 (6.2) の両辺に虚数単位 j を乗じて，式 (6.1) に辺々加え

$$z = x+\mathrm{j}y \tag{6.3}$$

とおくと，オイラーの関係式により複素数 z を変数とする微分方程式

$$a\frac{\mathrm{d}z}{\mathrm{d}t}+bz = Be^{\mathrm{j}\omega t} \tag{6.4}$$

が導かれる．この方程式の特性多項式は $f(\lambda) = a\lambda+b$，特性根は $\lambda = -b/a$ であるから，特殊解 $\tilde{\psi}(t)$ は第 5 章 5.3 節の式 (5.69) を用いて

$$\tilde{\psi}(t) = \frac{B}{a}\int^t e^{\lambda t}e^{(\mathrm{j}\omega-\lambda)\xi}\mathrm{d}\xi \tag{6.5}$$

$$= \frac{B}{a}\frac{e^{\mathrm{j}\omega t}}{\mathrm{j}\omega-\lambda} = \frac{Be^{\mathrm{j}\omega t}}{f(\mathrm{j}\omega)} \tag{6.6}$$

となる．この式の形からわかるように $B\cos\omega t$ の代わりに $Be^{\mathrm{j}\omega t}$ とおき，それを $f(\mathrm{j}\omega)$ で割れば，式 (6.4) の特殊解が求められる．したがって，式 (6.1) の特殊解は

$$\psi(t) = \mathrm{Re}\{\tilde{\psi}(t)\} \tag{6.7}$$

$$= \frac{B}{b^2+a^2\omega^2}(a\omega\sin\omega t+b\cos\omega t) \tag{6.8}$$

となる．このように，実数の範囲で微分方程式を扱うよりも，いったん複素変数の微分方程式に直す方が，たとえば式 (5.79) のような面倒な積分の計算の必要もなく，式 (6.5) の指数関数の積分によって特殊解が簡単に求められる．

6.1.2　2 階非同次方程式の解法

係数 a, b, c, B を実数として，微分方程式

$$a\frac{\mathrm{d}^2x}{\mathrm{d}t^2}+b\frac{\mathrm{d}x}{\mathrm{d}t}+cx = B\cos\omega t \tag{6.9}$$

の特殊解 $\psi(t)$ を求めるために，前節と同じように変数が複素数 z の微分方程式

$$a\frac{\mathrm{d}^2z}{\mathrm{d}t^2}+b\frac{\mathrm{d}z}{\mathrm{d}t}+cz \;=\; Be^{\mathrm{j}\omega t} \tag{6.10}$$

を考える．特性多項式を $f(\lambda) = a\lambda^2+b\lambda+c$，相異なる特性根を λ_1，λ_2 $(\lambda_1 \neq \lambda_2)$ とすれば，式 (5.101) を用いて式 (6.10) の特殊解は

$$\tilde{\psi}(t) \;=\; \frac{1}{a}\frac{1}{\lambda_1-\lambda_2}\int^t \{e^{\lambda_1(t-\xi)}-e^{\lambda_2(t-\xi)}\}Be^{\mathrm{j}\omega\xi}\mathrm{d}\xi \tag{6.11}$$

$$\;=\; \frac{1}{a}\frac{1}{\lambda_1-\lambda_2}\left\{\frac{1}{\mathrm{j}\omega-\lambda_1}-\frac{1}{\mathrm{j}\omega-\lambda_2}\right\}Be^{\mathrm{j}\omega t} \tag{6.12}$$

となる．根と係数の関係から，この式は

$$\tilde{\psi}(t) \;=\; \frac{Be^{\mathrm{j}\omega t}}{f(\mathrm{j}\omega)} \tag{6.13}$$

となり，1 階の非同次方程式の特殊解の式 (6.6) と同じ形で表されることがわかる．ここで

$$f(\mathrm{j}\omega) \;=\; |f(\mathrm{j}\omega)|\,e^{\mathrm{j}\theta} \tag{6.14}$$

とおくと

$$|f(\mathrm{j}\omega)| \;=\; \sqrt{(c-a\omega^2)^2+b^2\omega^2}, \quad \theta \;=\; \arctan\frac{b\omega}{c-a\omega^2} \tag{6.15}$$

であるから，微分方程式 (6.9) の特殊解は

$$\psi(t) \;=\; \mathrm{Re}(\tilde{\psi}(t)) \;=\; \frac{B}{\sqrt{(c-a\omega^2)^2+b^2\omega^2}}\cos(\omega t-\theta) \tag{6.16}$$

となる．このように非同次項を複素指数関数 $e^{\mathrm{j}\omega t}$ で表すことによって，特殊解をきわめて簡単に求めることができる．5.3.2 項や 5.3.4 項で述べた方法と比べれば，はるかに容易に特殊解が求められる．

6.1.3　交流回路の微分方程式への適用

電源が正弦波交流電源のときの簡単な交流回路の解析をしてみよう．

¶例 6.1¶　**図 6.1**(a) に示す回路のインダクタの定常状態における電流 $i^{(s)}(t)$ を計算しよう．

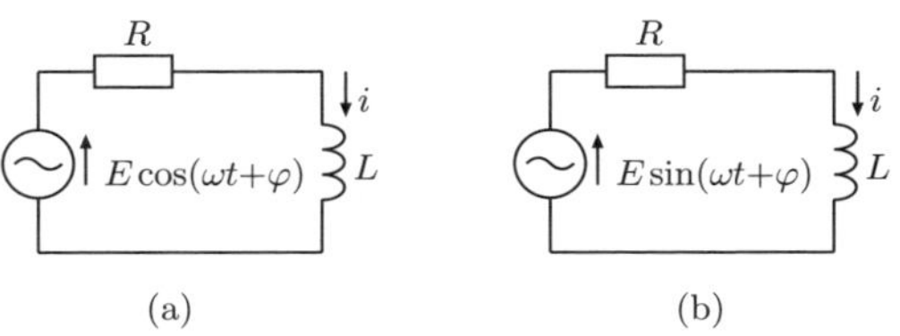

図 6.1　電圧源の位相の異なる 2 つの回路

【解説】 図 6.1(a) の交流回路は，非同次方程式

$$L\frac{\mathrm{d}i}{\mathrm{d}t}+Ri = E\cos(\omega t+\varphi) \tag{6.17}$$

で表される．この微分方程式の特殊解 $i^{(s)}$ を求めるために，交流電源 $E\sin(\omega t+\varphi)$ で励振された同図 (b) の回路を考えて，式 (6.17) に対応する複素変数 $\dot{I}$ の微分方程式

$$L\frac{\mathrm{d}\dot{I}}{\mathrm{d}t}+R\dot{I} = \dot{E}e^{\mathrm{j}\omega t}, \quad \dot{E} = Ee^{\mathrm{j}\varphi} \tag{6.18}$$

を構成する．この微分方程式の特性多項式は

$$f(\lambda) = L\lambda+R \tag{6.19}$$

であるから，特殊解 $\dot{I}$ は式 (6.6) によって

$$\dot{I} = \frac{\dot{E}e^{\mathrm{j}\omega t}}{f(\mathrm{j}\omega)} = \frac{Ee^{\mathrm{j}(\omega t+\varphi)}}{R+\mathrm{j}\omega L} \tag{6.20}$$

となる．したがって，式 (6.17) の特殊解は

$$i^{(s)}(t) = \mathrm{Re}\{\dot{I}\} = \frac{E}{\sqrt{R^2+\omega^2L^2}}\cos(\omega t+\varphi-\theta), \quad \theta = \arctan\frac{\omega L}{R} \tag{6.21}$$

となる．すなわち，電流 $i^{(s)}$ の振幅は $E/\sqrt{R^2+\omega^2L^2}$ となり，その位相は電源電圧の位相より θ だけ遅れることがわかる．例 5.6 のように電源が $E\sin(\omega t+\varphi)$ で表されるときは，式 (6.20) の虚部をとれば式 (5.85) の解が得られる．

¶例 6.2¶　**図 6.2** の回路の定常状態のキャパシタの電圧 v_C を求めてみよう．ただし $e(t) = E\cos(\omega t+\varphi)$ とする．

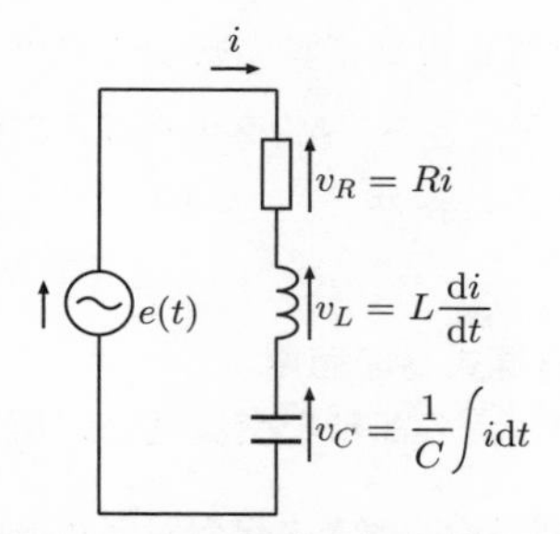

図 **6.2**　RLC 直列回路 (実数表示)

【解説】 回路の微分方程式は

$$LC\frac{\mathrm{d}^2v_C}{\mathrm{d}t^2}+RC\frac{\mathrm{d}v_C}{\mathrm{d}t}+v_C = E\cos(\omega t+\varphi) \tag{6.22}$$

となる．この式からつくられる複素変数 $\dot{V}_C$ の微分方程式は，例 6.1 と同じようにして

$$LC\frac{\mathrm{d}^2\dot{V}_C}{\mathrm{d}t^2}+RC\frac{\mathrm{d}\dot{V}_C}{\mathrm{d}t}+\dot{V}_C = \dot{E}e^{\mathrm{j}\omega t}, \quad \dot{E} = Ee^{\mathrm{j}\varphi} \tag{6.23}$$

となる．したがって，$f(\lambda)$ をこの方程式の特性多項式とすると，特殊解は

$$\dot{V}_C = \frac{\dot{E}e^{j\omega t}}{f(j\omega)} \tag{6.24}$$

と求まる．特性多項式は $f(\lambda) = LC\lambda^2+CR\lambda+1$ であるから，式 (6.22) の特殊解は

$$v_C = \mathrm{Re}\left\{\frac{\dot{E}e^{j\omega t}}{f(j\omega)}\right\} \tag{6.25}$$

$$= \frac{E}{\sqrt{(-\omega^2LC+1)^2+(\omega CR)^2}}\cos(\omega t+\varphi-\hat{\theta}) \tag{6.26}$$

となる．また，電流は

$$i = C\frac{\mathrm{d}v_C}{\mathrm{d}t}$$

$$= -\frac{\omega CE}{\sqrt{(-\omega^2LC+1)^2+(\omega CR)^2}}\sin(\omega t+\varphi-\hat{\theta}) \tag{6.27}$$

となる．ただし

$$\hat{\theta} = \arctan\frac{R}{1/\omega C-\omega L}$$

である．この 2 つの例で示したように，交流回路の定常状態を表す特殊解は，オイラーの関係式と特性多項式を用いて簡単に求められる．

6.2　微分演算子による解法

この節では，特殊解をこれまでよりもう少し簡単に求める方法を述べる．これは先に述べた微積分方程式の解法とも関連する．

6.2.1　微 分 演 算 子

関数 $x(t)$ の変数 t による微分は $\mathrm{d}x/\mathrm{d}t$ で表される．この式から，記号 $\mathrm{d}/\mathrm{d}t$ は「関数 $x(t)$ を t で微分するという作用 (操作)」を表すと考えることができる．そこで，記号 $\mathrm{d}/\mathrm{d}t$ の代わりに，変数 t により微分するという作用を p で表すことにすると，関数 $x(t)$ の t による 1 回微分は px で表される．同じようにして，2 回微分は $\mathrm{d}/\mathrm{d}t(\mathrm{d}x/\mathrm{d}t)$ と考えて，$p(px) = p^2x$ で表される．記号 $p, p^2, \cdots$ は微分演算子といわれる．すなわち，

$$px = \frac{\mathrm{d}x}{\mathrm{d}t},\quad p^2x = \frac{\mathrm{d}^2x}{\mathrm{d}t^2}$$

である．これを用いると式 (5.1) と式 (5.2) の微分方程式はそれぞれ

$$apx+bx = g(t) \tag{6.28}$$

$$ap^2x+bpx+cx = g(t) \tag{6.29}$$

と表される．ここで，

$$f(p) = ap+b, \quad f(p) = ap^2+bp+c$$

などとおくと，明らかに $f(p)$ は式 (5.1)，(5.2) の特性多項式 $f(\lambda)$ に p を代入した式であり，これらの微分方程式は

$$f(p)x = g(t) \tag{6.30}$$

で表される．この式を見ると，多項式 $f(p)$ も関数 $x(t)$ に作用した演算子であることがわかる．

＜微分演算子の性質＞

$f(p)$ を微分演算子 p の多項式とする．独立変数 t の関数 $x(t)$，$y(t)$ と定数 a，b に対し，線形性

$$f(p)(ax+by) = af(p)x+bf(p)y$$

が成り立つ．また，次の各項が成り立つことは容易に確かめられる．

1. $p(e^{\lambda t}x) = e^{\lambda t}(p+\lambda)x$
2. $p^2(e^{\lambda t}x) = e^{\lambda t}(p+\lambda)^2x$
3. $p^n(e^{\lambda t}x) = e^{\lambda t}(p+\lambda)^nx$
4. $f(p)(e^{\lambda t}x) = e^{\lambda t}f(p+\lambda)x$

6.2.2 積 分 操 作

関数 $x(t)$ に対して，$px = g(t)$ を満たす x を $\dfrac{1}{p}g(t)$ あるいは $p^{-1}g(t)$ で表すと

$$x = \frac{1}{p}g(t) = p^{-1}g(t) = \int^t g(\xi)\mathrm{d}\xi+A \tag{6.31}$$

となる．ここに A は積分定数 (任意定数) である．$A = 0$ とおけば，$\dfrac{1}{p}$ は積分操作をする演算子であることが容易にわかる．さらに，$(p-m)x = g(t)$ を満たす x を同様に $\dfrac{1}{p-m}g(t)$ あるいは $(p-m)^{-1}g(t)$ で表すことにすると，A を任意定数として

$$x = e^{mt}\left\{\int^t e^{-m\xi}g(\xi)\mathrm{d}\xi+A\right\} \tag{6.32}$$

となるから，

$$\frac{1}{p-m}g(t) = (p-m)^{-1}g(t) = e^{mt}\left\{\int^t e^{-m\xi}g(\xi)\mathrm{d}\xi+A\right\} \tag{6.33}$$

と表される．

6.2.3 $g(t) = e^{\lambda t}$ の場合

電気回路の理論では，既に見たように $g(t) = e^{\lambda t}$ のように表されることが多い．このときは式 (6.33) の積分は

$$x = e^{mt}\left\{\int^t e^{(\lambda-m)\xi}\mathrm{d}\xi+A\right\} = \frac{1}{\lambda-m}e^{\lambda t}+Ae^{mt} \tag{6.34}$$

となる．特殊解を求めるために $A = 0$ とおくと，式 (6.33)，(6.34) から

$$\psi(t) = \frac{1}{p-m}e^{\lambda t} = \frac{1}{\lambda-m}e^{\lambda t} \tag{6.35}$$

となる．これを用いて，微分方程式

$$f(p)x = (ap^2+bp+c)x = e^{\lambda t} \tag{6.36}$$

の特殊解を求める．有理関数 $1/f(p)$ を p の部分分数に展開すると

$$\frac{1}{f(p)} = \frac{1}{a}\left(\frac{K_1}{p-\alpha}+\frac{K_2}{p-\beta}\right) \tag{6.37}$$

となる．ここに α と β は特性方程式 $f(\lambda) = 0$ の相異なる特性根，K_1, K_2 は定数である．したがって，特殊解は式 (6.35)，(6.37) によって

$$\psi(t) = \frac{1}{f(p)}e^{\lambda t} \tag{6.38}$$

$$= \frac{1}{a}\left(\frac{K_1}{\lambda-\alpha}+\frac{K_2}{\lambda-\beta}\right)e^{\lambda t} \tag{6.39}$$

$$= \frac{1}{f(\lambda)}e^{\lambda t} \tag{6.40}$$

となる．したがって，$1/f(p)$ も演算子であって

$$\frac{1}{f(p)}e^{\lambda t} = \frac{1}{f(\lambda)}e^{\lambda t} \tag{6.41}$$

が成り立つことがわかる．

¶例 6.3¶　図 5.8 の回路の微分方程式の演算子表示は

$$(CRp+1)v_C = E \tag{6.42}$$

であるから，特殊解は

$$v_C^{(s)} = \frac{E}{CRp+1} = E \tag{6.43}$$

となる．

¶例 6.4¶ 図 6.1(a) の交流回路の微分方程式の定常解を求めてみよう．式 (6.18) の演算子表示は

$$(Lp+R)\dot{I} = \dot{E}e^{\mathrm{j}\omega t} \tag{6.44}$$

であるから，これを解いて式 (6.41) により

$$\dot{I} = \frac{\dot{E}}{Lp+R}e^{\mathrm{j}\omega t} = \frac{\dot{E}e^{\mathrm{j}\omega t}}{\mathrm{j}\omega L+R} \tag{6.45}$$

となる．したがって，この実数部から定常解は式 (6.21) に示したように求められる．

6.3 微積分方程式の解法

第 3 章で，直列共振回路が微積分方程式

$$Ri+L\frac{\mathrm{d}i}{\mathrm{d}t}+\frac{1}{C}\int^t i(\xi)\mathrm{d}\xi = e(t) \tag{6.46}$$

で表されることを示した．電源電圧を $e(t) = E\cos(\omega t+\varphi)$ として，複素電圧 $Ee^{\mathrm{j}(\omega t+\varphi)}$ を考え，変数 i も複素数と解釈して，式 (6.46) に対応する微積分方程式

$$Ri+L\frac{\mathrm{d}i}{\mathrm{d}t}+\frac{1}{C}\int^t i(\xi)\mathrm{d}\xi = Ee^{\mathrm{j}(\omega t+\varphi)} \tag{6.47}$$

の特殊解を求めよう．微分演算子 p により，この式は

$$\left(R+Lp+\frac{1}{Cp}\right)i = \dot{E}e^{\mathrm{j}\omega t}, \quad \dot{E} = Ee^{\mathrm{j}\varphi} \tag{6.48}$$

と表される．この式の係数

$$f(p) = R+Lp+\frac{1}{Cp} \tag{6.49}$$

は p の多項式ではないが，有理関数 $1/f(p)$ を p の部分分数式の和として表し，式 (6.41) を用いれば，特殊解 $i^{(s)}(t)$ は

$$i^{(s)}(t) = \frac{1}{R+Lp+\dfrac{1}{Cp}}\dot{E}e^{\mathrm{j}\omega t} \tag{6.50}$$

$$= \frac{1}{R+\mathrm{j}\omega L+\dfrac{1}{\mathrm{j}\omega C}}\dot{E}e^{\mathrm{j}\omega t} \tag{6.51}$$

となることが示される．この式の実数部をとれば式(6.27)と一致する．すなわち，電流 i を $\dot{I}e^{\mathrm{j}\omega t}$ と仮定し，式(6.47)の左辺に代入して複素振幅 $\dot{I}$ を求めることになる．

この計算方法を省みると，微積分方程式をたてることなく，それぞれの素子の電流と電圧を

$$i \to \dot{I}, \quad v_R \to \dot{V}_R, \quad v_L \to \dot{V}_L, \quad v_c \to \dot{V}_C$$

のように複素数に置き換え，またインダクタンスとキャパシタンスを

$$L \to \mathrm{j}\omega L, \quad C \to 1/\mathrm{j}\omega C$$

と置き換え，抵抗 R はそのままにする．こうすることによって

$$\dot{V}_R = R\dot{I}, \quad \dot{V}_L = \mathrm{j}\omega L\dot{I}, \quad \dot{V}_C = \frac{1}{\mathrm{j}\omega C}\dot{I}$$

が成り立つ．これはオームの法則の拡張とみなせる．複素数の電圧についても電圧則が成り立つ (複素数の電流，電圧についても電流則，電圧則が成り立つことは次章で示される) として

$$\dot{V}_R+\dot{V}_L+\dot{V}_C = \dot{E} \tag{6.52}$$

と表すと

$$\left(R+\mathrm{j}\omega L+\frac{1}{\mathrm{j}\omega C}\right)\dot{I} = \dot{E} \tag{6.53}$$

となる．これより，

$$\dot{I} = \frac{1}{R+\mathrm{j}\omega L+\dfrac{1}{\mathrm{j}\omega C}}\dot{E} \tag{6.54}$$

となる．回路図でいえば，図 6.2 を**図 6.3** のように素子の値を複素数に，電流，電圧も複素数に置き換えれば，あたかも直流回路と同じように取り扱うことができる．

したがって，式(6.46)の定常解は

$$i = \mathrm{Re}(\dot{I}e^{\mathrm{j}\omega t}) = \frac{E\cos(\omega t+\varphi-\theta)}{\sqrt{R^2+\left(\omega L-\dfrac{1}{\omega C}\right)^2}} \tag{6.55}$$

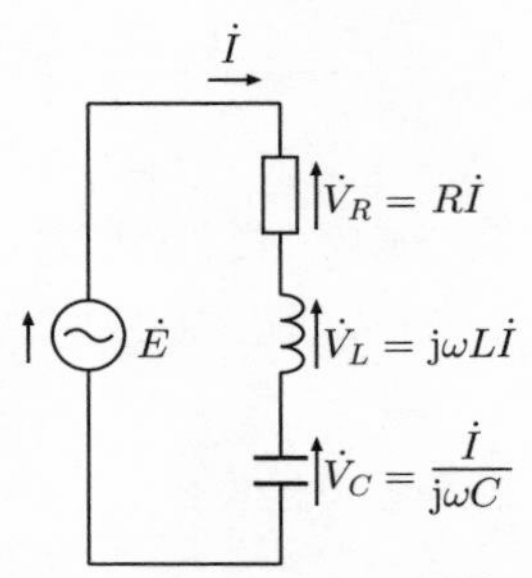

図 6.3　RLC 直列共振回路 (複素数表示)

のようにきわめて簡単に求められる．ここに，$\theta = \arctan\dfrac{\omega L - 1/\omega C}{R}$ である．

演　習　問　題

6.1　微分方程式

$$\frac{\mathrm{d}^2x}{\mathrm{d}t^2} - 2\frac{\mathrm{d}x}{\mathrm{d}t} + 4x = f(t)$$

について次の問いに答えよ．

(a)　$f(t) = 0$ のとき，上の微分方程式の一般解を求めよ．

(b)　$f(t) = \sin t$ のとき，初期条件 $x(0) = 0,\quad \dot{x}(0) = 0$ のもとに，上の微分方程式を解け．

6.2　次の微分方程式を与えられた初期条件で解け．

$$\frac{\mathrm{d}^2x}{\mathrm{d}t^2} + 3\frac{\mathrm{d}x}{\mathrm{d}t} + 2x = 10\cos t.\ \text{ただし，}\ x(0) = 3,\quad \left.\frac{\mathrm{d}x}{\mathrm{d}t}\right|_{t=0} = 0$$

6.3　次の微分方程式を与えられた初期条件で解け．

$$4\frac{\mathrm{d}^2x}{\mathrm{d}t^2} + 12\frac{\mathrm{d}x}{\mathrm{d}t} + 9x = 24\cos 2t - 7\sin 2t.\ \text{ただし，}\ x(0) = 4,\quad \left.\frac{\mathrm{d}x}{\mathrm{d}t}\right|_{t=0} = -5$$

6.4　次の微分方程式を与えられた条件で解け．

$$\frac{\mathrm{d}^2x}{\mathrm{d}t^2} + 6\frac{\mathrm{d}x}{\mathrm{d}t} + 13x = 5\cos 2t.\ \text{ただし，}\ x(0) = 1,\ x(\pi/4) = 0$$

6.5　**図 6.4** の回路において，インダクタンスに流れる電流 i を i に関する回路の微分方程式を解くことによって求めよ．ただし，時刻 $t = 0$ において $i = 1$，$t = \pi$ において $i = e^{-\pi}$ であるとする．また $R = 1$，$LC = 1$，$L = 2$ とする．

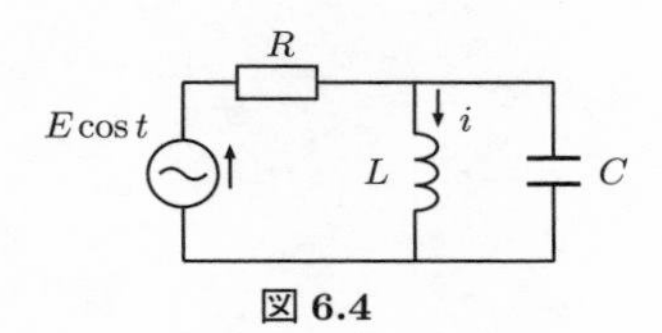

図 6.4

7. 交 流 理 論

ポイント 我々の日常生活で使う電気エネルギーの大部分は，正弦波交流電源から伝送されている．正弦波交流の流れる回路を交流回路とよび，これを取り扱う理論を交流理論という．この理論は周期性のある電源を含む線形回路の解析にも応用できる．この章では正弦波交流，歪波交流，実効値，フェーザ表示など交流理論の基本的な事項を説明し，交流回路のキルヒホフの法則，オームの法則を述べた後，インピーダンス，アドミタンスの概念を説明する．さらに，交流理論の応用例として共振回路，ブリッジ回路などを考察し，交流の電力，整合についても言及する．

7.1 正 弦 波 交 流

回路の現象がある一定の状態に落ち着いた定常状態には，直流のような**不変の状態** (permanent state) と同じ現象を繰り返す**周期的状態** (periodic state) とがある．ここでは，周期状態の中で最も基本的な**正弦波交流** (sinusoidal alternating current) の理論を述べる．いま，周期的に変化する電流を

$$i(t) = I_m \cos(\omega t + \varphi) \tag{7.1}$$

で表す．ここで，I_m を交流の**振幅** (amplitude)，φ を**初期位相角** (initial phase angle)，$\omega t+\varphi$ を位相 (phase angle)，

$$T = 2\pi/\omega \tag{7.2}$$

を電流 $i(t)$ の**周期** (period)，T の逆数

$$f = 1/T \tag{7.3}$$

を**周波数** (frequency) とよぶ．図 **7.1** にこれらの関係を示す．周波数 f は単位時間に現象が繰り返す回数を表し，単位はヘルツ (記号 Hz) である．日本では 2 つ

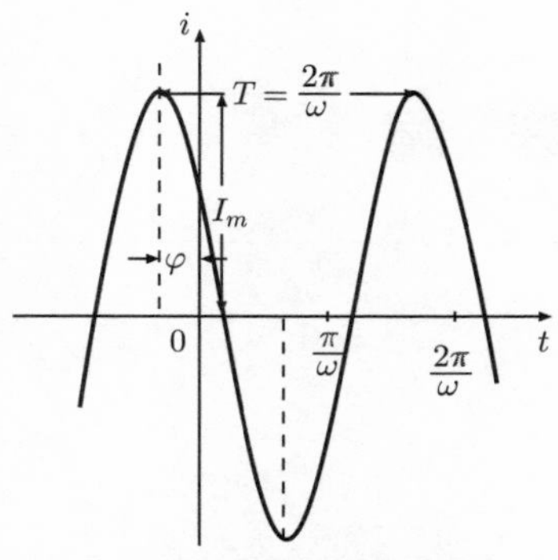

図 7.1 交流電流の波形

の周波数が採用され，関西方面では周波数は 60 Hz で周期はおおよそ 0.017 s，関東方面では 50 Hz で周期は 0.020 s である．これに対して，ω を**角周波数** (angular frequency) とよぶ．角周波数 ω と周波数 f との間には

$$\omega = 2\pi f \tag{7.4}$$

の関係がある．角周波数の単位は rad/s である．

回路に正弦波電流を流す**駆動力** (driving force) は，**正弦波電圧源** (sinusoidal voltage source) あるいは**正弦波電流源** (sinusoidal current source) である．正弦波電圧源の起電力を**正弦波交流起電力** (sinusoidal alternating electromotive force) という．

7.2 実効値と平均電力

いま，**図 7.2** のように電流と電圧を定め，抵抗 R にかかる交流電圧を $v(t) = E_m \cos(\omega t+\varphi)$ とすれば，R を流れる電流は $i(t) = I_m \cos(\omega t+\varphi)$(ただし，$I_m = E_m/R$) であるから，**瞬時電力** $p(t)$(instantaneous electric power) は

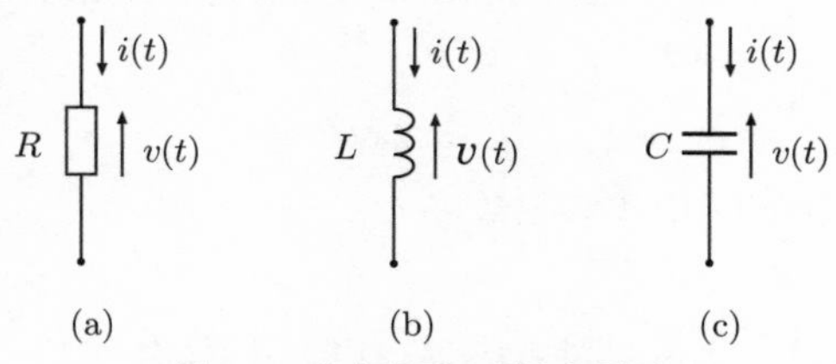

図 7.2 基本素子の電流と電圧

$$p(t) = v(t)i(t) = RI_m^2\cos^2(\omega t+\varphi) \tag{7.5}$$

となる．これより 1 周期の**平均電力** P (average power) は

$$P = \frac{1}{T}\int_0^T p(t)\mathrm{d}t = \frac{1}{2}RI_m^2 = \frac{1}{2}E_mI_m \tag{7.6}$$

となる．ここで，

$$E = \frac{E_m}{\sqrt{2}}, \quad I = \frac{I_m}{\sqrt{2}} \tag{7.7}$$

をそれぞれ電圧，電流の**実効値** (effective value) とよぶ．したがって，実効値により

$$P = RI^2 = EI \tag{7.8}$$

と書けるから，平均電力 P はあたかも直流 I が抵抗 R に流れているとき，抵抗 R で消費される電力とみなすことができる．このように，実効値を用いると交流が直流のように取り扱えるので，交流理論では実効値で電流値と電圧値を表す．通常，交流の 100 V というとき，実効値が 100 V のことであり最大値は約 141 V である．

電流 $i(t)$ と電圧 $v(t)$ が一般の周期波形のときは，電流と電圧の実効値はそれぞれ

$$I = \sqrt{\frac{1}{T}\int_0^T i^2(t)\mathrm{d}t} \tag{7.9}$$

$$V = \sqrt{\frac{1}{T}\int_0^T v^2(t)\mathrm{d}t} \tag{7.10}$$

によって定義される．これを使って電流波形が

$$i(t) = \sum_{k=1}^{N} I_{mk}\cos(k\omega t+\varphi_k) \tag{7.11}$$

と表されるとき，この実効値 I は

$$I = \sqrt{\sum_{k=1}^{N} I_k^2}, \quad I_k = \frac{I_{mk}}{2} \tag{7.12}$$

となる．つまり，式 (7.11) の実効値は，それぞれの**調波成分** (harmonic component) の実効値の自乗和の平方根になる．このように基本になる角周波数とその自然数倍の角周波数をもつ電流を**高調波電流** (higher harmonic current) という．高調波電流を含んだ電流を**歪波交流**という．たとえば**図 7.3** の電流波形が

$$i(t) = I_{m1}\cos(\omega t+\varphi_1)+I_{m3}\cos(3\omega t+\varphi_3) \tag{7.13}$$

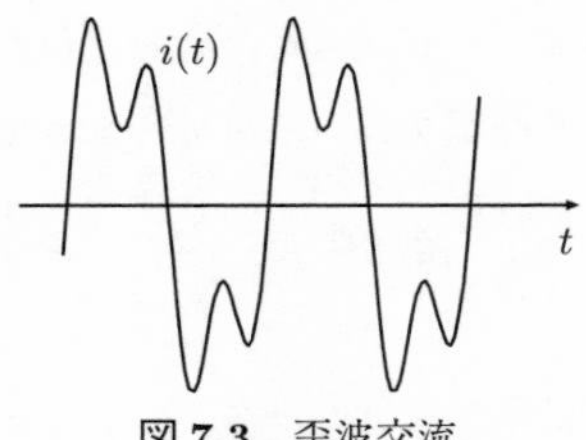

図 7.3 歪波交流

で表されるとして，この実効値を計算すると，

$$I = \sqrt{\frac{I_{m1}^2}{2}+\frac{I_{m3}^2}{2}} = \sqrt{I_1^2+I_3^2} \tag{7.14}$$

ただし

$$I_1 = \frac{I_{m1}}{\sqrt{2}}, \quad I_3 = \frac{I_{m3}}{\sqrt{2}} \tag{7.15}$$

となる．

平均電力が定義されたので，インダクタ L とキャパシタ C の平均電力を求めてみよう．前述の図 7.2(b) のインダクタ L では，$v(t) = E_m\cos(\omega t+\varphi)$ とすれば，$v(t) = L\dfrac{\mathrm{d}i}{\mathrm{d}t}$ であるから，$v(t)$ を積分して

$$i(t) = \frac{E_m}{\omega L}\sin(\omega t+\varphi) = \sqrt{2}I\cos\left(\omega t+\varphi-\frac{\pi}{2}\right), \quad I = \frac{1}{\omega L}\frac{E_m}{\sqrt{2}} \tag{7.16}$$

となる．したがって，瞬時電力は $E_m = \sqrt{2}E$ であるから

$$p(t) = v(t)i(t) = EI\sin(2\omega t+2\varphi) \tag{7.17}$$

となり，電源の 2 倍の角周波数で変化していることがわかる．したがって，この平均電力は

$$P = \frac{1}{T}\int_0^T EI\sin(2\omega t+2\varphi)\mathrm{d}t = 0 \tag{7.18}$$

となる．つまり，瞬時電力 $p(t)$ は，はじめの 1/4 周期 $(T/4 = \pi/2\omega)$ で $p(t) > 0$ であるからインダクタに電力が供給され，つづく 1/4 周期で $p(t) < 0$ となるからインダクタから電源の方に電力が送り返されている．つまり，1/2 周期の平均としてインダクタは電力を消費していないことになる．したがって，インダクタの 1 周期の平均電力はゼロになる．

次に図 7.2(c) のキャパシタ C の平均電力を求めよう．キャパシタの端子電圧を $v(t) = E_m\cos(\omega t+\varphi)$ とすれば，$i(t) = C\dfrac{\mathrm{d}v}{\mathrm{d}t}$ であるから，$v(t)$ を微分して

$$i(t) = -\omega C E_m \sin(\omega t+\varphi) = \sqrt{2} I \cos\left(\omega t+\varphi+\frac{\pi}{2}\right), \quad I = \omega C \frac{E_m}{\sqrt{2}} \tag{7.19}$$

となる．したがって，瞬時電力は

$$p(t) = v(t)i(t) = -EI\sin(2\omega t+2\varphi) = EI\cos\left(2\omega t+2\varphi+\frac{\pi}{2}\right) \tag{7.20}$$

となるから，キャパシタの瞬時電力も電源の 2 倍の角周波数で変化していることがわかる．この平均電力も

$$P = \frac{1}{T}\int_0^T \{-EI\sin(2\omega t+2\varphi)\}\mathrm{d}t = 0 \tag{7.21}$$

となり，キャパシタの場合もインダクタの場合と同様のことがいえ，キャパシタでは電力の消費はないことになる．

7.3 フェーザ表示

交流電流，交流電圧の瞬時値を余弦関数 $g(t) = A_m \cos(\omega t+\theta)$ で表す．関数 $g(t)$ はオイラーの関係式によって

$$g(t) = \mathrm{Re}[A_m e^{\mathrm{j}(\omega t+\theta)}] = \mathrm{Re}[\dot{A}e^{\mathrm{j}\omega t}], \quad \dot{A} = A_m e^{\mathrm{j}\theta} \tag{7.22}$$

と表せる．したがって，$A = |\dot{A}| = A_m$ とおくと，**図 7.4** のように複素数 $\dot{A}e^{\mathrm{j}\omega t}$ の実軸上の成分として，$g(t)$ を表すことができる．複素数 $\dot{A}e^{\mathrm{j}\omega t}$ は複素平面上において原点 O を中心として一定の角速度 ω で反時計回りに回転している．複素数 $\dot{A}$ を**フェーザ** (phasor) という．ベクトルとよぶこともある．正弦波をフェーザを用いて表すことを，**フェーザ表示** (phaser representation) という．フェーザ $\dot{A}$ に $e^{\mathrm{j}\omega t}$ をかけることは $\dot{A}$ を原点を中心として角 ωt だけ反時計回りに回転させることを意味するから，フェーザ $\dot{A}$ は $2\pi/\omega$ ごとに原点の回りを 1 回転することがわかる．

フェーザから逆に元の波形を生成できる．たとえば，フェーザ $100e^{\mathrm{j}2\pi/3}$ に $e^{\mathrm{j}\omega t}$

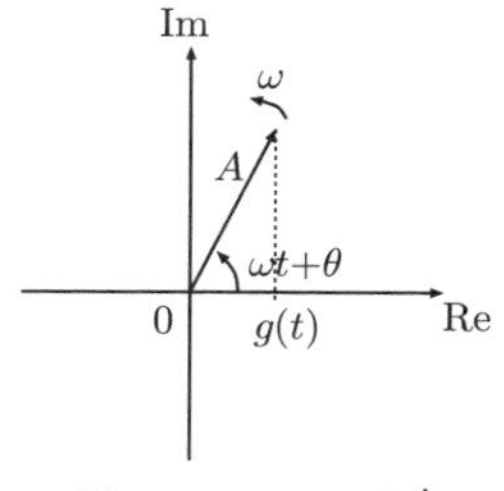

図 **7.4** フェーザ $\dot{A}$

をかけて実数部をとることにより，$\mathrm{Re}[100e^{\mathrm{j}(\omega t+2\pi/3)}] = 100\cos(\omega t+2\pi/3)$ として元の瞬時値の表現式が得られる．フェーザは複素数であるから，複素数としての性質をもっているのは当然である．

¶例 7.1¶　次の電圧と電流の瞬時値のフェーザ表示を求めよう．ここに t の係数 377 は角周波数で，単位は rad/s である．

(a)　$v(t) = (170\ \mathrm{V})\cos\{(377\ \mathrm{rad/s})t+30°\}$

(b)　$v(t) = (-141.4\ \mathrm{V})\cos\{(377\ \mathrm{rad/s})t+60°\}$

(c)　$i(t) = (6\ \mathrm{A})\sin\{(377\ \mathrm{rad/s})t-30°\}$

【解説】　以下のようにして求めればよい．

(a) は定義そのもので，$\dot{V} = 170\underline{/30°}\ \mathrm{V}$

(b) は，$v(t) = (-141.4\ \mathrm{V})\cos\{(377\ \mathrm{rad/s})t+60°\} = (141.4\ \mathrm{V})\cos\{(377\ \mathrm{rad/s})t+60°+180°\} = (141.4\ \mathrm{V})\cos\{(377\ \mathrm{rad/s})t+240°\}$ と変形すれば，$\dot{V} = 141.4\underline{/240°}\ \mathrm{V} = 141.4\underline{/-120°}\ \mathrm{V}$．

(c) は $i(t) = (6\ \mathrm{A})\sin\{(377\ \mathrm{rad/s})t-30°\} = (6\ \mathrm{A})\cos\{(377\ \mathrm{rad/s})t-30°-90°\} = (6\ \mathrm{A})\cos\{(377\ \mathrm{rad/s})t-120°\}$ であるから，$6\underline{/-120°}\ \mathrm{A}$ となる．角周波数 377 rad/s は周波数約 60 Hz に対応する．

¶例 7.2¶　フェーザ $\dot{V} = 70\underline{/-45°}\ \mathrm{V}$ を周波数 $f = 50\ \mathrm{Hz}$ の瞬時値に直す．

【解説】　例 7.1 と逆の操作で瞬時値は $v(t) = (70\ \mathrm{V})\cos\{(314\ \mathrm{rad/s})t-45°\}$ となる．

ここで，交流回路の解析によく用いられる複素数の実数部をとる記号 Re の性質をまとめておく．

1. 複素数 $z_1(t)$，$z_2(t)$ に対して，

$$\mathrm{Re}[z_1(t)+z_2(t)] = \mathrm{Re}[z_1(t)]+\mathrm{Re}[z_2(t)]$$

2. 複素数 $z(t)$，実数 a に対して，

$$\mathrm{Re}[az(t)] = a\mathrm{Re}[z(t)]$$

3. 複素数 $\dot{A}$ とすべての実数 t に対して

$$\frac{\mathrm{d}}{\mathrm{d}t}\mathrm{Re}[\dot{A}e^{\mathrm{j}\omega t}] = \mathrm{Re}\left[\frac{\mathrm{d}}{\mathrm{d}t}\dot{A}e^{\mathrm{j}\omega t}\right] = \mathrm{Re}[\mathrm{j}\omega\dot{A}e^{\mathrm{j}\omega t}]$$

4. 複素数 $\dot{A}_1$，$\dot{A}_2$ とすべての実数 t に対して

$$\mathrm{Re}[\dot{A}_1e^{\mathrm{j}\omega t}] = \mathrm{Re}[\dot{A}_2e^{\mathrm{j}\omega t}]$$

ならば

$$\dot{A}_1 = \dot{A}_2$$

である．逆も成り立つ．

これらの性質は実数部に関するものであるが，虚数部についても同様のことがいえる．

7.4　キルヒホフの法則

キルヒホフの電流則がフェーザ表示においても成り立つことを示そう．**図 7.5** のように，点 P に流れ込む電流を $i_k = I_{mk}\cos(\omega t+\theta_k)(k = 1, 2, 3)$ とする．点 P について電流則はすべての t に対して

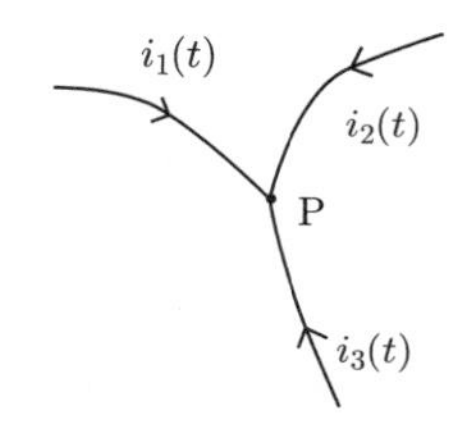

図 7.5　キルヒホフの電流則

$$i_1(t)+i_2(t)+i_3(t) = 0 \tag{7.23}$$

となる．これは

$$I_{1m}\cos(\omega t+\theta_1)+I_{2m}\cos(\omega t+\theta_2)+I_{3m}\cos(\omega t+\theta_3) = 0 \tag{7.24}$$

のことであるから，

$$\mathrm{Re}[\dot{I}_1 e^{\mathrm{j}\omega t}]+\mathrm{Re}[\dot{I}_2 e^{\mathrm{j}\omega t}]+\mathrm{Re}[\dot{I}_3 e^{\mathrm{j}\omega t}] = 0 \tag{7.25}$$

ただし，

$$\dot{I}_1 = I_{1m}e^{\mathrm{j}\theta_1}, \quad \dot{I}_2 = I_{2m}e^{\mathrm{j}\theta_2}, \quad \dot{I}_3 = I_{3m}e^{\mathrm{j}\theta_3} \tag{7.26}$$

である．したがって，上記の性質 1. により

$$\mathrm{Re}[(\dot{I}_1+\dot{I}_2+\dot{I}_3)e^{\mathrm{j}\omega t}] = 0 \tag{7.27}$$

となり，性質 4. により，すべての t に対して

$$\dot{I}_1+\dot{I}_2+\dot{I}_3 = 0 \tag{7.28}$$

が成り立ち，フェーザ表示の電流則が成り立つことがわかる．式 (7.25) からもわかるように，どの電流も同一の角周波数 ω の正弦波であるから式 (7.28) が導かれたことに注意しなければならない．同様にして電圧則もフェーザ表示において成り立つことは明らかである．

7.5　素子の電流と電圧の関係

7.5.1　基本的な素子の電流と電圧の位相関係

抵抗，インダクタ，キャパシタなどの基本的な素子を交流電圧源に接続して，素子の電流と電圧の関係を調べてみよう．交流電圧を

$$v(t) = \sqrt{2}V\cos(\omega t+\varphi) = \sqrt{2}\mathrm{Re}[\dot{V}e^{\mathrm{j}\omega t}], \quad \dot{V} = Ve^{\mathrm{j}\varphi} \tag{7.29}$$

で表し，素子の電流を

$$i(t) = \sqrt{2}I\cos(\omega t+\varphi-\theta) = \sqrt{2}\mathrm{Re}[\dot{I}e^{\mathrm{j}\omega t}], \quad \dot{I} = Ie^{\mathrm{j}(\varphi-\theta)} \tag{7.30}$$

で表す．$\dot{V}$ を**電圧フェーザ** (voltage phasor)，$\dot{I}$ を**電流フェーザ** (current phasor) という．

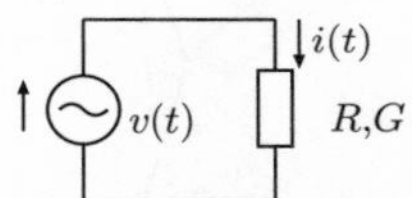

図 7.6　交流の流れる抵抗素子

図 7.6 の R, または G 抵抗素子の場合には $v(t) = Ri(t)$ あるいは $i(t) = Gv(t)$ であるから，これらの式に式 (7.29)，(7.30) を代入すると，性質 2. により

$$\mathrm{Re}[\dot{V}e^{\mathrm{j}\omega t}] = \mathrm{Re}[R\dot{I}e^{\mathrm{j}\omega t}] \tag{7.31}$$

あるいは

$$\mathrm{Re}[\dot{I}e^{\mathrm{j}\omega t}] = \mathrm{Re}[G\dot{V}e^{\mathrm{j}\omega t}] \tag{7.32}$$

となる．したがって，性質 4. によって，式 (7.31)，(7.32) は

$$\dot{V} = R\dot{I}, \quad \dot{I} = G\dot{V} \tag{7.33}$$

となる．この式から $\theta = 0$ となり，電流と電圧は**同位相** (in phase) であることがわかる．同じようにして**図 7.7** のインダクタ L の電流と電圧の関係をフェーザ表

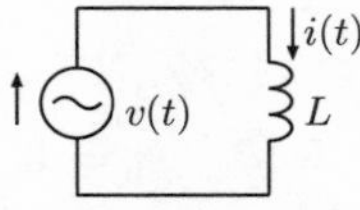

図 7.7　交流の流れるインダクタ (コイル)

示する．瞬時値の関係は $v(t) = L\mathrm{d}i(t)/\mathrm{d}t$ であるから，これに式 (7.29)，(7.30) を代入し，性質 2.，3. を用いると

$$\mathrm{Re}[\sqrt{2}\dot{V}e^{\mathrm{j}\omega t}] = L\frac{\mathrm{d}}{\mathrm{d}t}\mathrm{Re}[\sqrt{2}\dot{I}e^{\mathrm{j}\omega t}] = \sqrt{2}\mathrm{Re}[\mathrm{j}\omega L\dot{I}e^{\mathrm{j}\omega t}] \tag{7.34}$$

となる．さらに，性質 4. により，式 (7.34) から

$$\dot{V} = \mathrm{j}\omega L\dot{I} = \omega L e^{\mathrm{j}\frac{\pi}{2}}\dot{I} \tag{7.35}$$

となる．フェーザ $\dot{V}$, $\dot{I}$ を直流の電圧と電流のように，$\mathrm{j}\omega L$ を抵抗のように解釈すると，この式は直流のオームの法則に類似している．インダクタ L の電流は

$$\dot{I} = \frac{1}{\mathrm{j}\omega L}\dot{V} = \frac{1}{\omega L}\dot{V}e^{-\mathrm{j}\frac{\pi}{2}} = \frac{V}{\omega L}e^{\mathrm{j}(\varphi-\frac{\pi}{2})} \tag{7.36}$$

と表され，$1/\omega L$ はコンダクタンスに対応することがわかる．この式から電流の大きさは $V/\omega L$, 電圧との位相差は $\theta = \pi/2$ となることがわかる．一般に電圧の位相を基準にとるから，インダクタ L の電流は 90 度の**遅れ位相** (lagging phase) であるという．なお，ωL の単位はオーム (記号 Ω) である．

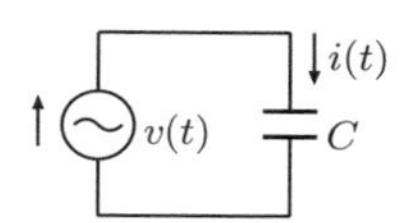

図 7.8 交流の流れるキャパシタ (コンデンサ)

次に**図 7.8** のキャパシタ C の電流と電圧の関係をフェーザ表示する．瞬時値の関係は $i(t) = C\mathrm{d}v(t)/\mathrm{d}t$ であるから，インダクタの場合と同様フェーザ表示は

$$\dot{I} = \mathrm{j}\omega C\dot{V} = \omega C\dot{V}e^{\mathrm{j}\frac{\pi}{2}} = \omega CVe^{\mathrm{j}(\varphi+\frac{\pi}{2})} \tag{7.37}$$

となり，$\theta = -\pi/2$ が得られる．この式から，キャパシタ C の電流の大きさは ωCV, その位相は電圧の位相より 90 度進むことがわかる．キャパシタ C の電流は 90 度の**進み位相** (leading phase) である．ωC の単位はジーメンス (記号 S) である．

電流・電圧フェーザ $\dot{I}$, $\dot{V}$ を直流の電流と電圧のように考え，$\mathrm{j}\omega L$, $\mathrm{j}\omega C$ をそれぞれ抵抗，コンダクタンスのように考えると，式 (7.35) と式 (7.37) は，オームの法則と同じ形をしている．つまり，正弦波交流が流れるインダクタとキャパシタはフェーザを用いることによって，あたかも直流抵抗のように取り扱えることがわかる．このことから交流回路は直流回路のように扱うことができる．以下，電流フェーザ，電圧フェーザを混同のないかぎり，単に電流，電圧とよぶことにする．

7.5.2 インピーダンスとアドミタンス

図 7.9(a) のように二端子素子に電流 $\dot{I}$ を流したとき，端子電圧が $\dot{V}$ になったとする．このとき，電圧と電流の比

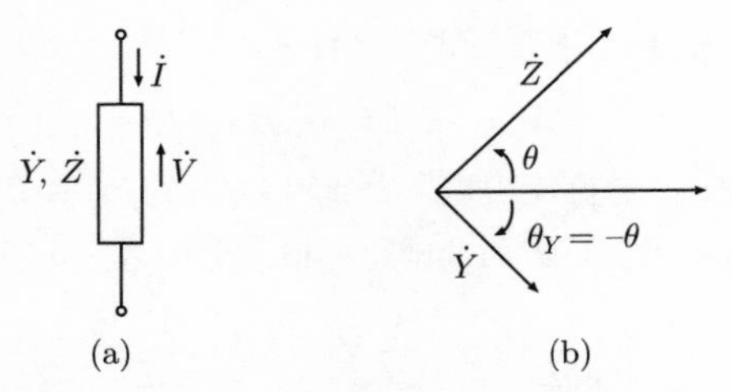

図 7.9 インピーダンスとアドミタンスおよびそれらのフェーザ図の関係

$$\dot{Z} = |\dot{Z}|e^{\mathrm{j}\theta} = \frac{\dot{V}}{\dot{I}} \tag{7.38}$$

を二端子素子の**複素インピーダンス** (complex impedance) という．あるいは，単にインピーダンスともいう．複素インピーダンスの大きさは

$$Z = |\dot{Z}| = \frac{|\dot{V}|}{|\dot{I}|} \tag{7.39}$$

である．複素インピーダンスの偏角は

$$\theta = \angle\dot{Z} = \angle\dot{V} - \angle\dot{I} \tag{7.40}$$

であり，電圧の位相角から電流の位相角を引いた角である．

複素インピーダンス $\dot{Z}$ の逆数

$$\dot{Y} = \frac{\dot{I}}{\dot{V}} = \frac{1}{\dot{Z}} \tag{7.41}$$

を**複素アドミタンス** (complex admittance) とよぶ．単にアドミタンスともいう．したがって

$$\dot{Y} = \frac{1}{\dot{Z}} = |\dot{Y}|e^{\mathrm{j}\theta_Y} = \frac{1}{|\dot{Z}|}e^{-\mathrm{j}\theta} \tag{7.42}$$

から

$$Y = |\dot{Y}| = \frac{1}{|\dot{Z}|}, \quad \theta_Y = -\theta \tag{7.43}$$

となる．したがって，インピーダンス $\dot{Z}$ とアドミタンス $\dot{Y}$ の関係は図 7.9(b) に示すようになり，$\dot{Z}$ の虚数部と $\dot{Y}$ の虚数部は互いに異符号であることがわかる．インピーダンスとアドミタンスを

$$\dot{Z} = R + \mathrm{j}X, \quad \dot{Y} = G + \mathrm{j}B \tag{7.44}$$

と表し，R, X をそれぞれインピーダンスの抵抗(分)，**リアクタンス**(分)(reactance)，また G, B をそれぞれアドミタンスのコンダクタンス(分)，**サセプタンス**

(分)(susceptance) という．

アドミタンスを $\dot{Y} = G - \mathrm{j}B$ と表す流儀もあるので，注意が必要である．また，インピーダンスとアドミタンスは交流回路の解析では同じように取り扱うことができるので，両方を合わせた**イミタンス** (immittance) という用語が用いられることもある．

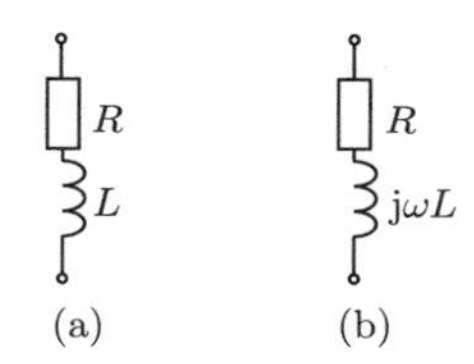

図 7.10　(a) インダクタンスと抵抗と (b) 複素インピーダンス

図 7.10(a) の回路の複素インピーダンス $\dot{Z}$ は，同図 (b) のようにインダクタンス L を $\mathrm{j}\omega L$ に書き換えて

$$\dot{Z} = \frac{\dot{V}}{\dot{I}} = R + \mathrm{j}\omega L \tag{7.45}$$

となる．したがって，インピーダンスの大きさと位相角 θ は

$$|\dot{Z}| = \sqrt{R^2 + (\omega L)^2}, \quad \theta = \tan^{-1}\frac{\omega L}{R} \tag{7.46}$$

となる．このようにインピーダンスは交流電源の角周波数 ω の関数になる．

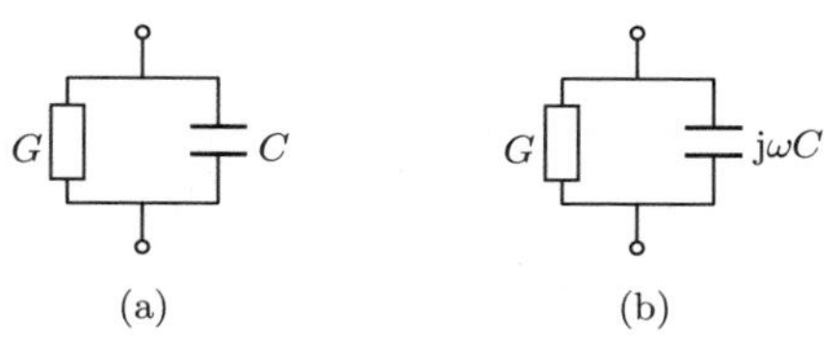

図 7.11　(a) キャパシタンスとコンダクタンスと (b) 複素アドミタンス

図 7.11(a) のアドミタンスも，同図 (b) のようにキャパシタンス C を $\mathrm{j}\omega C$ に書き換えて

$$\dot{Y} = \frac{\dot{I}}{\dot{V}} = G + \mathrm{j}\omega C = |\dot{Y}|e^{\mathrm{j}\theta} \tag{7.47}$$

となる．したがって，アドミタンスの大きさと位相角 θ は

$$|\dot{Y}| = \sqrt{G^2 + (\omega C)^2}, \quad \theta = \tan^{-1}\frac{\omega C}{G} \tag{7.48}$$

となる．インピーダンスとアドミタンスは互いに双対な量である．

7.6 直列接続と並列接続

図 7.12 のように，N 個のインピーダンスが直列に接続されている．それぞれの節点において，電流則は

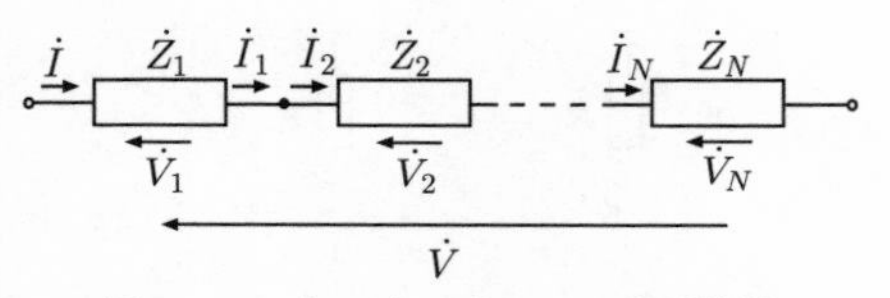

図 7.12 インピーダンスの直列接続

$$\dot{I} = \dot{I}_1 = \cdots = \dot{I}_N \tag{7.49}$$

である．また，電圧則により

$$\dot{V} = \dot{V}_1 + \dot{V}_2 + \cdots + \dot{V}_N \tag{7.50}$$

となる．各インピーダンスについて

$$\dot{V}_k = \dot{Z}_k \dot{I}_k, \quad k = 1, \cdots, N \tag{7.51}$$

であるから，合成インピーダンスは

$$\dot{Z} = \frac{\dot{V}}{\dot{I}} = \dot{Z}_1 + \cdots + \dot{Z}_N \tag{7.52}$$

となる．

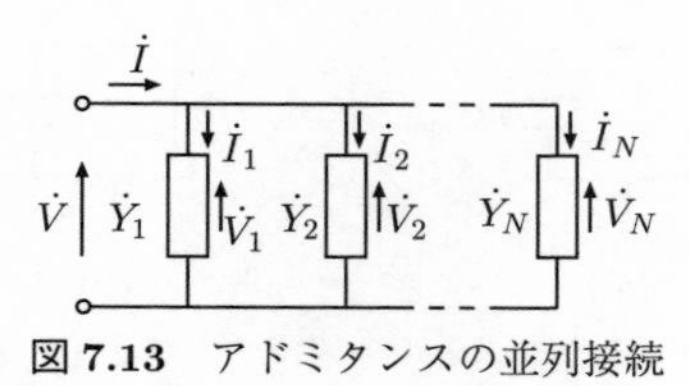

図 7.13 アドミタンスの並列接続

同様にして，**図 7.13** のようにアドミタンスが並列に接続されているときは，それぞれのアドミタンスの端子電圧は等しいから，電圧則によって

$$\dot{V} = \dot{V}_1 = \cdots = \dot{V}_N \tag{7.53}$$

さらに，電流則によって

$$\dot{I} = \dot{I}_1 + \dot{I}_2 + \cdots + \dot{I}_N \tag{7.54}$$

が成り立つ．各アドミタンスについて

$$\dot{I}_k = \dot{Y}_k \dot{V}_k, \quad k = 1, \cdots, N \tag{7.55}$$

であるから，合成アドミタンスは

$$\dot{Y} = \frac{\dot{I}}{\dot{V}} = \dot{Y}_1 + \cdots + \dot{Y}_N \tag{7.56}$$

となる．

より複雑な回路のインピーダンスやアドミタンスを直列接続と並列接続の式を繰り返すことにより求めることができる．**図 7.14** の回路は，**はしご型回路** (ladder circuit) といわれる．この回路のインピーダンス $\dot{Z}$ を求めると，

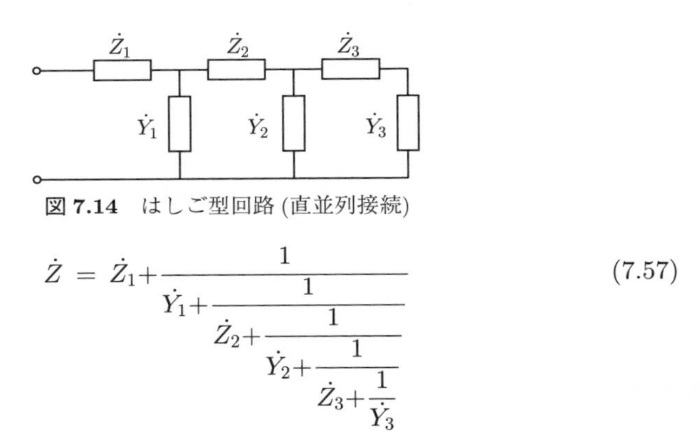

図 7.14　はしご型回路 (直並列接続)

$$\dot{Z} = \dot{Z}_1 + \cfrac{1}{\dot{Y}_1 + \cfrac{1}{\dot{Z}_2 + \cfrac{1}{\dot{Y}_2 + \cfrac{1}{\dot{Z}_3 + \cfrac{1}{\dot{Y}_3}}}}} \tag{7.57}$$

となる．このように，素子の**直並列接続** (series-paralell connection) で構成される回路では，直列に接続されている素子をインピーダンスとして加え，並列に接続されている素子をアドミタンスとして加えることにより連分数をつくることによって，回路のインピーダンスやアドミタンスが求められる．

¶例 7.3¶　**図 7.15** の回路において，電流 $\dot{I}$ の位相が電源 $\dot{E}$ と同位相になるように，電源の角周波数 ω を定めてみよう．また，そのときの電流 $\dot{I}$ を求めてみよう．

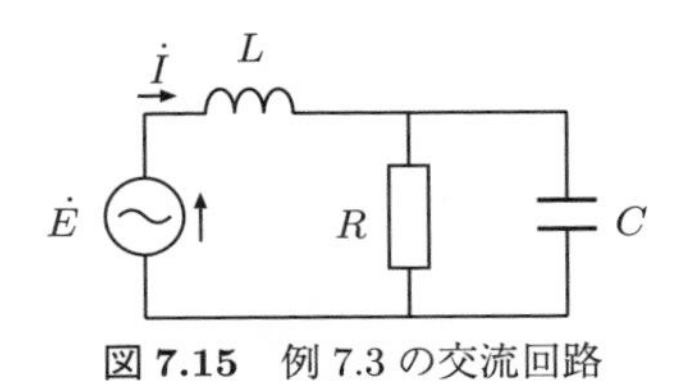

図 7.15　例 7.3 の交流回路

【解説】　電圧源 $\dot{E}$ から右側の回路のインピーダンス $\dot{Z}$ は

$$\dot{Z} = \mathrm{j}\omega L + \frac{1}{\frac{1}{R} + \mathrm{j}\omega C} \tag{7.58}$$

であるから，電流 $\dot{I}$ は

$$\dot{I} = \frac{\dot{E}}{\mathrm{j}\omega L + \cfrac{1}{\cfrac{1}{R} + \mathrm{j}\omega C}} \tag{7.59}$$

となる．この式の分母のインピーダンス $\dot{Z}$ は

$$\dot{Z} = \frac{R}{1+\omega^2 C^2 R^2} + \mathrm{j}\left\{\omega L - \frac{\omega C R^2}{1+\omega^2 C^2 R^2}\right\} \tag{7.60}$$

となるから，リアクタンス部がゼロになればインピーダンスは純抵抗になる．すなわち，

$$\omega L(1+\omega^2 C^2 R^2) - \omega C R^2 = 0 \tag{7.61}$$

から角周波数

$$\omega = \frac{1}{CR}\sqrt{\frac{CR^2 - L}{L}} \tag{7.62}$$

が得られる．ただし，$CR > L/R$ である．この条件は時定数 CR が時定数 L/R より大きいことを示している．この場合，電流は

$$\dot{I} = \frac{CR}{L}\dot{E} \tag{7.63}$$

となることは容易に確かめられる．

♣電気主任技術者試験問題 (平成 8 年第二種) ♣

次の文章は，交流回路に関する記述である．次の (　) の中に当てはまる式または数値を記入せよ．

図 7.16 のような回路において，端子 a, b 間に 100V の交流電圧を加え，スイッチ S を開いた状態のとき，コンデンサに流れる電流 $\dot{I}_1$ は (1)A となり，電源から供給される電

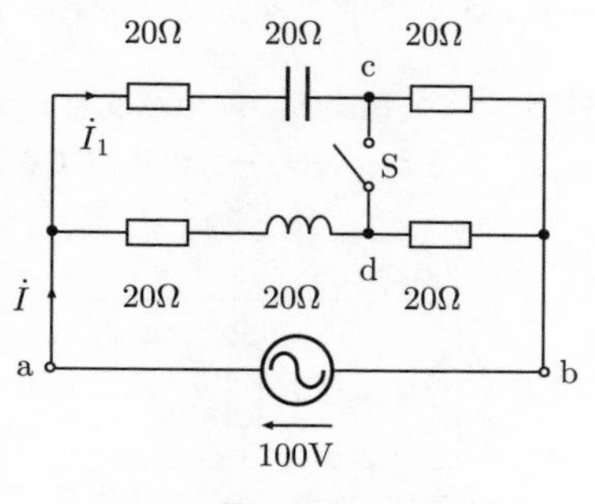

図 7.16

流 $\dot{I}$ は (2)A となる．また，端子 c, d 間の電圧 V_{cd} は (3)V となる．いま，スイッチ S を閉じたとき，電流 $\dot{I}_1$ は (4)A となり，電流 $\dot{I}$ は (5)A となる．

【解答】　電流 $\dot{I}_1$ が流れる回路のインピーダンスは (40−j20) Ω であるから，(1) $\dot{I}_1$ =

$100/(40-\mathrm{j}20) = (2+\mathrm{j})$ A となる．インダクタを含む回路の直列インピーダンスは $(40+\mathrm{j}20)\,\Omega$ であるから，インダクタを流れる電流は $100/(40+\mathrm{j}20) = (2-\mathrm{j})$ A．したがって，電源から供給される電流 $\dot{I}$ はこれらの和であり，(2) 4 A である．また，端子 c, d 間の電圧 V_{cd} は右側の $20\,\Omega$ の抵抗の両端の電圧降下から $20(2+\mathrm{j})-20(2-\mathrm{j}) = \mathrm{j}40$ V となる．

スイッチ S を閉じたときは並列回路が 2 つできて，S より左側の並列回路のインピーダンスは $(20-\mathrm{j}20)(20+\mathrm{j}20)/(20-\mathrm{j}20+20+\mathrm{j}20) = 20\,\Omega$，右側は $20/2 = 10\,\Omega$ であるから，合成インピーダンスはこれらが直列接続なので，$20+10 = 30\,\Omega$ である．これより，左側の並列インピーダンスの電圧降下は $100\times20/30$ となるから，(4) 電流 $\dot{I}_1 = 100\times(20/30)/(20-\mathrm{j}20) = 5(1+\mathrm{j})/3$ A，(5) 電流 $\dot{I}$ は 10/3 A となる．

♣ **電気主任技術者試験問題** (平成 10 年第一種) ♣

次の文章は，交流回路に関する記述である．次の (　) の中に当てはまる式または数値を記入せよ．

図 7.17 のように内部インピーダンス $R+\mathrm{j}\omega L$(ω：電源の角周波数) をもつ電圧源 $\dot{E}$ に，負荷インピーダンス $\dot{Z}$ を接続した．$\dot{Z}$ はその位相角を θ とすれば極座標形式では (1) と表され，そのリアクタンス分は (2) となる．負荷の端子電圧 $\dot{V}$ は (3) であるから，負荷インピーダンスの大きさを一定にして位相角 θ のみを変えると，θ が (4) のとき $\dot{V}$ の大きさは最小となり，その値は (5) になる．

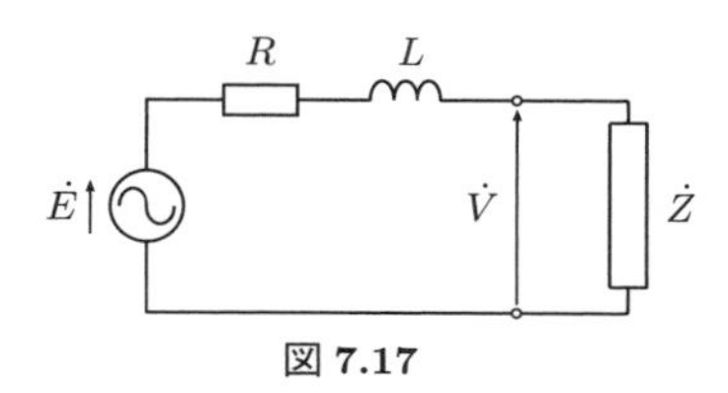

図 7.17

【解答】 複素インピーダンスの定義により，容易に (1) は $|\dot{Z}|e^{\mathrm{j}\theta}$ である．これはオイラーの関係式により $|\dot{Z}|\cos\theta+\mathrm{j}|\dot{Z}|\sin\theta$ と書けるから，リアクタンス分は (2)$|\dot{Z}|\sin\theta$ である．負荷の端子電圧 $\dot{V}$ は (3) $\dot{E}|\dot{Z}|e^{\mathrm{j}\theta}/(|\dot{Z}|e^{\mathrm{j}\theta}+R+\mathrm{j}\omega L) = \dot{E}/\{1+(R+\mathrm{j}\omega L)|\dot{Z}|^{-1}e^{-\mathrm{j}\theta}\}$ と表される．$R+\mathrm{j}\omega L = \sqrt{R^2+\omega^2L^2}e^{\mathrm{j}\theta_1}$，$\theta_1 = \arctan(\omega L/R)$ のように極座標形式で表すことができるから，$\dot{V}$ の分母は，θ が変わるとき，実軸上の点 $(1, 0)$ を中心として半径 $\sqrt{R^2+\omega^2L^2}|\dot{Z}|^{-1}$ の円を描く．よって，(4) $\theta = \theta_1$ のとき分母は最大になり，したがって，負荷の端子電圧 $\dot{V}$ の最小値は (5) $|\dot{E}||\dot{Z}|/(|\dot{Z}|+\sqrt{R^2+\omega^2L^2})$ となる．

7.7 共 振 回 路

7.7.1 直列共振回路と並列共振回路

a. 直列共振回路 **図 7.18**(a) の回路は**直列共振回路** (series resonant circuit) である．回路の方程式は既に第 6 章で示したように

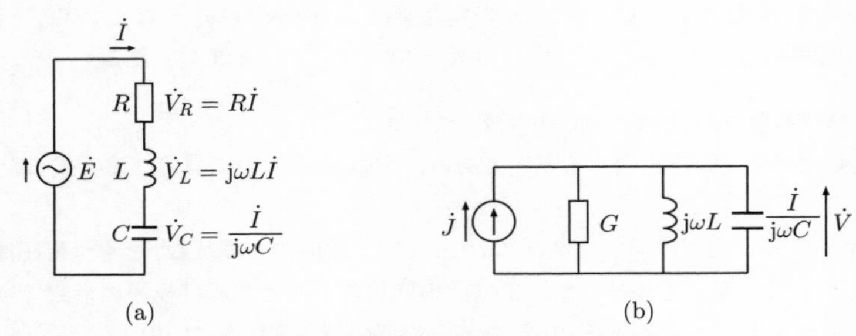

図 7.18 (a) 直列共振回路と (b) 並列共振回路

$$\left(R+\mathrm{j}\omega L+\frac{1}{\mathrm{j}\omega C}\right)\dot{I} = \dot{E}, \quad \dot{E} = Ee^{\mathrm{j}\varphi}, \quad E = |\dot{E}| \tag{7.64}$$

となる．これより

$$\dot{I} = \frac{\dot{E}}{R+\mathrm{j}\omega L+\dfrac{1}{\mathrm{j}\omega C}} \tag{7.65}$$

となる．ここで

$$\begin{aligned}\dot{Z} &= R+\mathrm{j}\omega L+\frac{1}{\mathrm{j}\omega C}\\ &= R+\mathrm{j}\left(\omega L-\frac{1}{\omega C}\right)\end{aligned} \tag{7.66}$$

は，電圧源から右側を見た回路のインピーダンスである．ここで

$$\dot{Z} = |\dot{Z}|e^{\mathrm{j}\theta} \tag{7.67}$$

$$|\dot{Z}| = \sqrt{R^2+\left(\omega L-\frac{1}{\omega C}\right)^2} \tag{7.68}$$

$$\theta = \arctan\frac{\omega L-\dfrac{1}{\omega C}}{R} \tag{7.69}$$

と表すと，電流は

$$\dot{I} = \frac{\dot{E}}{\dot{Z}} = \frac{E}{|\dot{Z}|}e^{\mathrm{j}(\varphi-\theta)} \tag{7.70}$$

となる．この式から電流の大きさは $E/|\dot{Z}|$，電流と電源電圧との位相差は θ であることがわかる．ここで，

1. $\theta > 0$ すなわち，$\omega L > 1/\omega C$ ならば，電流の位相が電源電圧の位相より位相角 θ だけ遅れ，
2. $\theta < 0$ すなわち，$\omega L < 1/\omega C$ ならば電流の位相が進み，
3. $\theta = 0$ すなわち，$\omega L = 1/\omega C$ ならば電流と電圧は同位相である．

電流と電源電圧が同位相のときは，電流は最大値 E/R に達し，そのときの角周波数は $\omega = \omega_0 = 1/\sqrt{LC}$ である．このとき回路は**直列共振状態** (series resonant state) にあるといい，$\omega_0 = 1/\sqrt{LC}$ を共振角周波数，$f_0 = 1/2\pi\sqrt{LC}$ を**共振周波数** (resonant frequency) という．リアクタンス部分 $X(w) = \mathrm{Im}(\dot{Z}) = \omega L - 1/\omega C$ を図示すると，**図 7.19** のようになる．共振角周波数 ω_0 を境に，$\omega > \omega_0$ では $X(\omega) > 0$ でインピーダンス $\dot{Z}$ は**誘導性** (inductive) となり，$\omega < \omega_0$ では $X(\omega) < 0$ で**容量性** (capacitive) となる．

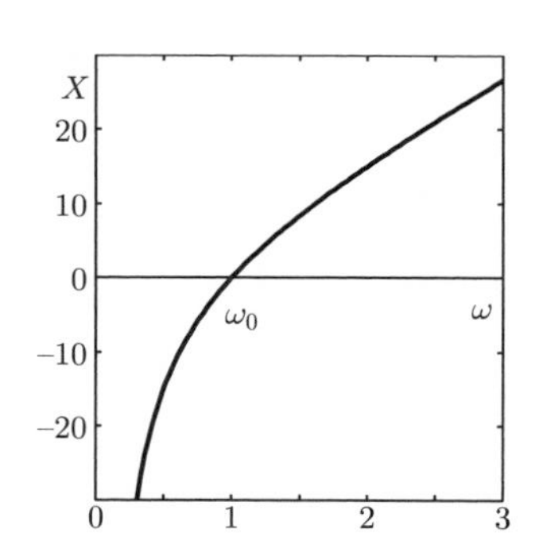

図 7.19 リアクタンス部分 X の変化の様子

b. 並列共振回路　図 7.18(b) のように電流源，インダクタ，キャパシタと抵抗を並列に接続した回路は**並列共振回路** (parallel resonant circuit) である．この回路の方程式は

$$\left(G + \mathrm{j}\omega C + \frac{1}{\mathrm{j}\omega L}\right)\dot{V} = \dot{J}, \quad \dot{J} = Je^{\mathrm{j}\varphi}, \quad J = |\dot{J}| \tag{7.71}$$

となる．したがって，

$$\dot{V} = \frac{\dot{J}}{G+\mathrm{j}\omega C+\dfrac{1}{\mathrm{j}\omega L}} \tag{7.72}$$

となる．この式の分母

$$\dot{Y} = G+\mathrm{j}\omega C+\frac{1}{\mathrm{j}\omega L} = G+\mathrm{j}\left(\omega C-\frac{1}{\omega L}\right) \tag{7.73}$$

は，電流源 $\dot{J}$ から右側を見た回路のアドミタンスである．ここで，

$$\dot{Y} = |\dot{Y}|e^{\mathrm{j}\theta} \tag{7.74}$$

$$|\dot{Y}| = \sqrt{G^2+\left(\omega C-\frac{1}{\omega L}\right)^2} \tag{7.75}$$

$$\theta = \arctan\frac{\omega C-\dfrac{1}{\omega L}}{G} \tag{7.76}$$

と表すと，各素子の端子電圧 $\dot{V}$ は

$$\dot{V} = \frac{\dot{J}}{\dot{Y}} = \frac{J}{|\dot{Y}|}e^{\mathrm{j}(\varphi-\theta)} \tag{7.77}$$

となり，電圧の大きさは $J/|\dot{Y}|$，電圧と電流源との位相差は θ である．ここで電源の角周波数を変化させると

$$\mathrm{Im}(\dot{Y}) = \omega C-\frac{1}{\omega L} = 0 \tag{7.78}$$

のとき，すなわち電流源の角周波数 ω が $\omega = \omega_0 = 1/\sqrt{LC}$ のとき，各素子の端子電圧 $|\dot{V}|$ が最大値 J/G をとることがわかる．明らかに直列共振回路は並列共振回路と双対をなしている．

7.7.2 共振回路の Q

この項では電子回路でよく用いられる並列共振回路の Q について述べるが，直列共振回路も同様に扱うことができる．

素子の端子電圧 $|\dot{V}|$ の最大値 $|\dot{V}|_{\max} = J/G$ に対する比は，式 (7.72) により

$$F(\omega) = \frac{|\dot{V}|}{|\dot{V}|_{\max}} = \frac{G}{\sqrt{G^2+(\omega C-1/\omega L)^2}}$$

$$= \frac{1}{\sqrt{1+Q^2\left(\frac{\omega}{\omega_0}-\frac{\omega_0}{\omega}\right)^2}} \tag{7.79}$$

ただし，$\omega_0 = 1/\sqrt{LC}$であり

$$Q = \frac{\omega_0 C}{G} = \frac{1}{\omega_0 LG} \tag{7.80}$$

となる．**図 7.20** は角周波数 ω の変化に対する $F(\omega)$ の変化の様子を示した曲線であり，**共振曲線** (resonance curve) という．ここに Q はこの並列共振回路の**鋭さの尺度** (quality factor) ともいえる量で，Q(キュー) とよばれている．Q の値が大きいほど共振時の電圧は顕著に鋭く尖ってくるので，Q は並列共振回路の良さを表している．

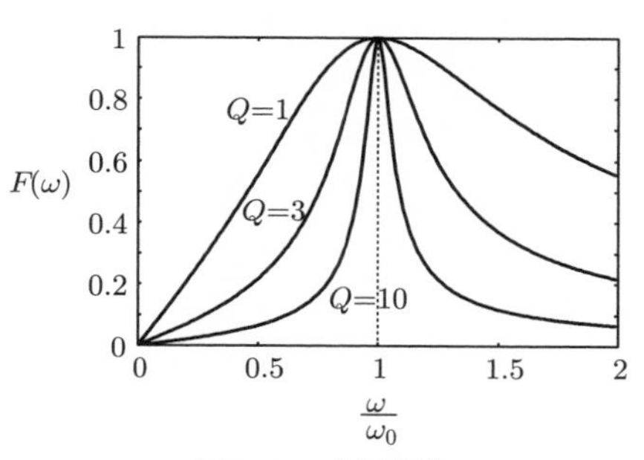

図 7.20 共振曲線

アドミタンスの最大値で元のアドミタンスの値を割ったり，あるいは電源角周波数 ω を共振角周波数 ω_0 で割ることによって，キロオームやメガヘルツなどの大きな値が，単位のない扱いやすい小さな数値で置き換えられる．このように物理的な量の比をとることにより一般性をもった次元のない量にすることを**正規化** (normalize) するといい，比 $\dot{Y}/G$，ω/ω_0 などをそれぞれ正規化されたアドミタンス，正規化された角周波数などという．$F(\omega)$ も $|\dot{V}|_{\max}$ で正規化された端子電圧の大きさである．

ここで，再び式 (7.72) を用いて

$$\dot{F}(\omega) = F(\omega)e^{j\theta} = \frac{\dot{V}}{|\dot{V}|_{\max}}$$

$$= \frac{1}{1+jQ\left(\frac{\omega}{\omega_0}-\frac{\omega_0}{\omega}\right)} \tag{7.81}$$

ただし，

$$\theta = -\arctan\left\{Q\left(\frac{\omega}{\omega_0}-\frac{\omega_0}{\omega}\right)\right\}$$

とおき，位相角 θ と角周波数 ω の関係を**図 7.21** に示す．共振角周波数 ω_0 を境にして位相角は正から負に変化し，共振のとき，ゼロになることがわかる．

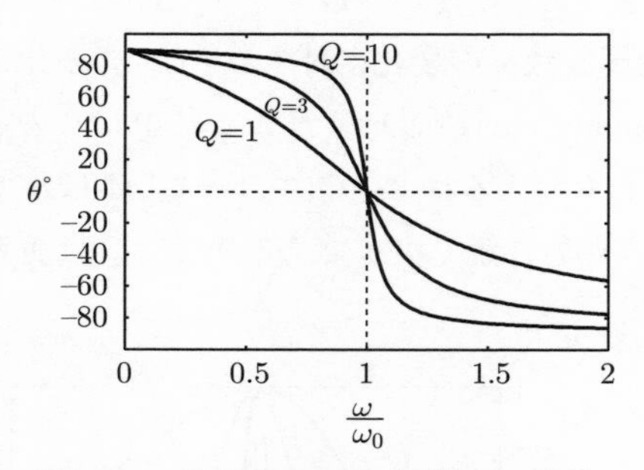

図 7.21　位相角 θ と角周波数 ω の関係

次に，$|\dot{V}|$ が $|\dot{V}|_{\max}$ の $1/\sqrt{2}$ 倍となる周波数を求めてみよう．すなわち，

$$|\dot{F}(\omega)| = \frac{1}{\sqrt{2}} \tag{7.82}$$

から

$$Q\left(\frac{\omega}{\omega_0}-\frac{\omega_0}{\omega}\right) = \pm 1 \tag{7.83}$$

となる．ここで $\omega/\omega_0 > 0$ を考慮すると

$$\frac{\omega}{\omega_0} = \sqrt{1+\frac{1}{4Q^2}}\pm\frac{1}{2Q} \tag{7.84}$$

が得られる．ここで

$$\frac{\omega_1}{\omega_0} = \sqrt{1+\frac{1}{4Q^2}}-\frac{1}{2Q}, \quad \frac{\omega_2}{\omega_0} = \sqrt{1+\frac{1}{4Q^2}}+\frac{1}{2Q} \tag{7.85}$$

とおくと

$$\frac{\Delta\omega}{\omega_0} = \frac{\omega_2-\omega_1}{\omega_0} = \frac{1}{Q} \tag{7.86}$$

となる．この式は，Q が大きくなると共振曲線が鋭く尖ってくることを意味している．ここで，共振周波数を f_0 で表すと $\omega_0 = 2\pi f_0$ である．$\omega_1 = 2\pi f_1$, $\omega_2 = 2\pi f_2$, $\Delta\omega = 2\pi\Delta f$ とおくと

$$\frac{\Delta f}{f_0} = \frac{1}{Q}, \quad f_0 = \frac{1}{2\pi\sqrt{LC}} \tag{7.87}$$

となる．Δf を**帯域幅**，$\Delta f/f_0$ を**比帯域幅**という．

共振しているときのキャパシタの電流 $\dot{I}_{C_0}$，インダクタの電流を $\dot{I}_{L_0}$ で表すと

$$\dot{I}_{C_0} = \mathrm{j}\frac{\omega_0 C}{G}\dot{J} = \mathrm{j}Q\dot{J}, \quad \dot{I}_{L_0} = \frac{1}{\mathrm{j}\omega_0 LG}\dot{J} = -\mathrm{j}Q\dot{J} \tag{7.88}$$

となるから，キャパシタを流れる電流とインダクタを流れる電流は互いに逆向きであることがわかる．つまり，共振時には電流源の電流の Q 倍の電流がキャパシタとインダクタを循環し，Q が大きいほどこの循環電流は大きいといえる．並列共振回路と双対な直列共振回路でも，同様の取扱いができる．

7.8 ブリッジ回路

図 7.22 に示すような回路を，**交流ブリッジ** (AC bridge) とよぶ．インピーダンス $\dot{Z}_5$ に電流が流れないとき，ブリッジは平衡がとれているという．図 7.22 の回路では

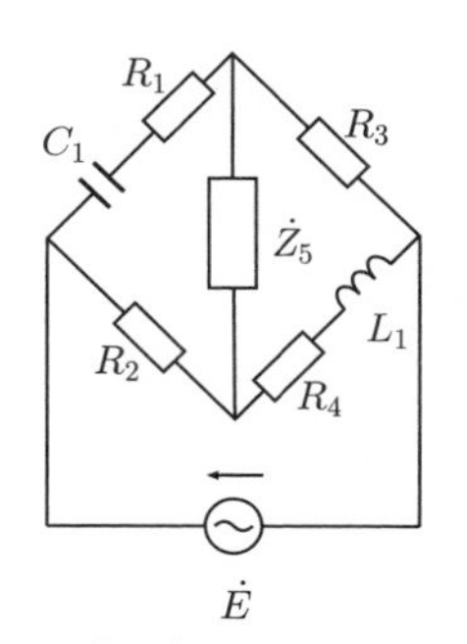

図 7.22 交流ブリッジ回路

$$\dot{Z}_1 = R_1 + \frac{1}{\mathrm{j}\omega C_1}, \quad \dot{Z}_2 = R_2, \quad \dot{Z}_3 = R_3, \quad \dot{Z}_4 = R_4 + \mathrm{j}\omega L_4 \tag{7.89}$$

とおくと，平衡条件は直流の平衡条件と同じように

$$\frac{\dot{Z}_1}{\dot{Z}_2} = \frac{\dot{Z}_3}{\dot{Z}_4} \tag{7.90}$$

すなわち

$$\left(R_1+\frac{1}{\mathrm{j}\omega C_1}\right)(R_4+\mathrm{j}\omega L_4) = R_2R_3 \tag{7.91}$$

となる．この式は

$$R_1R_4+\frac{L_4}{C_1}+\mathrm{j}\left(\omega L_4R_1-\frac{R_4}{\omega C_1}\right) = R_2R_3 \tag{7.92}$$

となり，両辺の実数部と虚数部を比較して平衡条件は

$$R_2R_3-R_1R_4 = \frac{L_4}{C_1}, \quad \omega = \frac{\sqrt{R_4}}{\sqrt{R_1L_4C_1}} \tag{7.93}$$

となる．この2つの式は互いに独立した式であり，交流ブリッジ回路の平衡をとるには素子の値の関係と電源の角周波数とを定めなければならないことに注意しよう．

7.9 交流の電力

7.9.1 複素電力，有効電力，無効電力

抵抗，インダクタおよびキャパシタの単一素子の電力については7.2節で既に説明した．ここでは瞬時電力 $p(t)$ の波形を見ながらインピーダンスやアドミタンスで消費される電力を考える．**図7.23** に示すように，インピーダンス $\dot{Z}$ に電圧 $\dot{V}$ がかかり，電流 $\dot{I}$ が流れている．交流電源 $\dot{E}$ に対しインピーダンス $\dot{Z}$ を**負荷** (load) という．負荷に供給されている電力を計算しよう．いまの場合 $\dot{V} = \dot{E}$ である

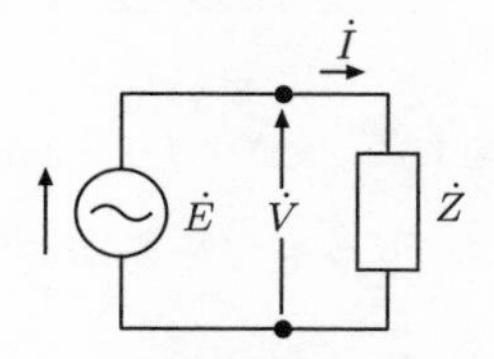

図7.23 交流電源と負荷

から，インピーダンスの電圧と電流の瞬時値をそれぞれ $v(t) = \sqrt{2}E\cos(\omega t+\varphi)$, $i(t) = \sqrt{2}I\cos(\omega t+\varphi-\theta)$, $E = |\dot{E}|$, $I = |\dot{I}|$ とすると，瞬時電力 $p(t)$ は

$$p(t) = v(t)i(t) \tag{7.94}$$

$$= 2EI\cos(\omega t+\varphi-\theta)\cos(\omega t+\varphi) \tag{7.95}$$

$$= EI\cos\theta+EI\cos(2\omega t+2\varphi-\theta) \tag{7.96}$$

となり，電源角周波数 ω の2倍で変化する電力と，時間に無関係な一定の電力と

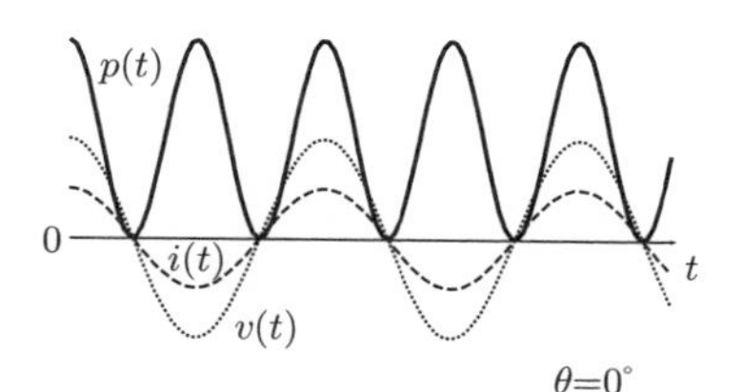

図 **7.24** 抵抗負荷における瞬時電力

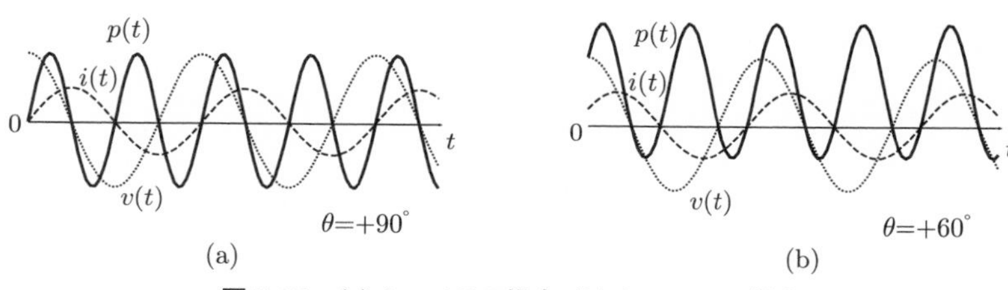

図 **7.25** (a) $\theta = 90°$ の場合, (b) $\theta = 60°$ の場合

に分けられる．**図 7.24** の波形は，$\theta = 0°$ の場合の瞬時電力 $p(t)$ の波形を示している．この場合は抵抗のみの負荷であるから，電流と電圧との間に位相差がなく，瞬時電力が負になることはない．しかし，**図 7.25**(a) では $\theta = 90°$ であり，瞬時電力 $p(t)$ の 1 周期の平均値はゼロであることがわかる．瞬時電力 $p(t)$ が正になる 1/4 サイクルの時間では電力が電源から負荷に供給され，負になる 1/4 サイクルの時間では負荷から電源に送り返されている．また，同図 (b) では $\theta = 60°$ であり，1 周期の $p(t)$ の平均値は正であることがわかる． このように瞬時電力 $p(t)$ の 1 周期 T の平均値は，式 (7.96) から

$$P = \frac{1}{T}\int_0^T p(t)dt = EI\cos\theta \tag{7.97}$$

で表され，これが負荷で消費される電力である．平均値 P を**平均電力** (average power) あるいは**有効電力** (effective power) とよび，その単位はワット (記号は W) である．また，$\cos\theta$ を負荷の**力率** (power factor)，θ を力率角という．また，$\sin\theta$ を**リアクタンス率** (reactance factor) という．さらに，

$$S = EI \tag{7.98}$$

という電力を定義し，これを**皮相電力** (apparent power) という．単位はボルトアンペア (記号は VA) である．インピーダンスを $\dot{Z} = R+\mathrm{j}X$ とすると

$$\dot{E} = \dot{Z}\dot{I}, \quad E = |\dot{Z}|\,I \tag{7.99}$$

が成り立ち

$$\dot{Z} = |\dot{Z}|e^{j\theta}, \quad |\dot{Z}| = \sqrt{R^2+X^2}, \quad \cos\theta = \frac{R}{|\dot{Z}|}, \quad \sin\theta = \frac{X}{|\dot{Z}|} \tag{7.100}$$

などから

$$P = EI\cos\theta = S\cos\theta = RI^2 \tag{7.101}$$

となるから，有効電力はインピーダンスの抵抗分で消費される電力であることがわかる．

フェーザ表示を用いて

$$\dot{S} = \dot{E}^*\dot{I} \tag{7.102}$$

あるいは，

$$\dot{S} = \dot{E}\dot{I}^* \tag{7.103}$$

を定義し，$\dot{S}$ を**複素電力** (complex power) という．どちらの定義に従っても有効電力は

$$P = \mathrm{Re}[\dot{S}] \tag{7.104}$$

で与えられる．これに対して，

$$Q = \mathrm{Im}[\dot{S}] = S\sin\theta \tag{7.105}$$

を**無効電力** (reactive power) という．単位は**バール** (volt-ampere-reactive)(記号は Var) である．皮相電力と無効電力で単位を使い分けるのは良い習慣とはいえないが，実際には使い分けられている．無効電力は複素電力の定義の仕方の違いにより，符号が変わることに注意しよう．式 (7.102) の定義によれば，負荷が誘導性のときは，$\dot{E} = \dot{Z}\dot{I}$，$\dot{Z} = R+\mathrm{j}X$，$X > 0$ を考慮すると

$$\dot{S} = \dot{E}^*\dot{I} = P+\mathrm{j}Q = R|\dot{I}|^2-\mathrm{j}X|\dot{I}|^2 \tag{7.106}$$

となるから，$Q = -X|\dot{I}|^2 < 0$ により無効電力は負になる．一方，式 (7.103) の定義では

$$\dot{S} = \dot{E}\dot{I}^* = P+\mathrm{j}Q = R|\dot{I}|^2+\mathrm{j}X|\dot{I}|^2 \tag{7.107}$$

となるから，$Q = X|\dot{I}|^2 > 0$ により無効電力は正になる．

負荷をアドミタンスで表したときには，容量性負荷では $\dot{I} = \dot{Y}\dot{E}$，$\dot{Y} = G+\mathrm{j}B$，$B > 0$ であるから，式 (7.102) の定義では

$$\dot{S} = \dot{E}^*\dot{I} = P+\mathrm{j}Q = G|\dot{E}|^2+\mathrm{j}B|\dot{E}|^2 \tag{7.108}$$

となるから，$Q = B|\dot{E}|^2 > 0$ により無効電力は正になる．一方，式 (7.103) の定義では

$$\dot{S} = \dot{E}\dot{I}^* = P+\mathrm{j}Q = G|\dot{E}|^2-\mathrm{j}B|\dot{E}|^2 \tag{7.109}$$

となるから，$Q = -B|\dot{E}|^2 < 0$ により無効電力は負になる．

したがって，複素電力の定義式 (7.102) によれば，無効電力の符号は負荷が誘導性のときマイナス，容量性のときプラスである．また，定義式 (7.103) によれば，負荷が誘導性のとき符号はプラス，容量性のときマイナスになる．このように複素電力の定義の違いにより符号が逆になるが，ふつう式 (7.102) の定義式が用いられる．しかし，式 (7.103) ではインピーダンスの位相角の符号と複素電力の位相角の符号とが一致するので，これもよく用いられる．要するに，無効電力が問題となるときには，複素電力がどちらの式で定義されているかに注意することである．

7.9.2 交流回路の最大電力

直流電圧源のときと同じように，交流電圧源から取り出すことのできる最大の電力，つまり負荷にとっては消費する最大の電力はどのような条件のもとで得られるのかを調べてみよう．

図 7.26 の回路において，抵抗 R のみが可変のときは負荷の有効電力は

$$P = \mathrm{Re}\{\dot{V}^*\dot{I}\} = R|\dot{I}|^2 = \frac{R|\dot{E}|^2}{R^2+X^2} \tag{7.110}$$

となるから，$R = X$ のとき最大値 $|\dot{E}|^2/2R$ をとる．また，リアクタンス X が可変のときは $X = 0$ で最大値 E^2/R をとる．実際上 $X = 0$ ということはないから，リアクタンス X をできるだけ小さくすればよいことになる．

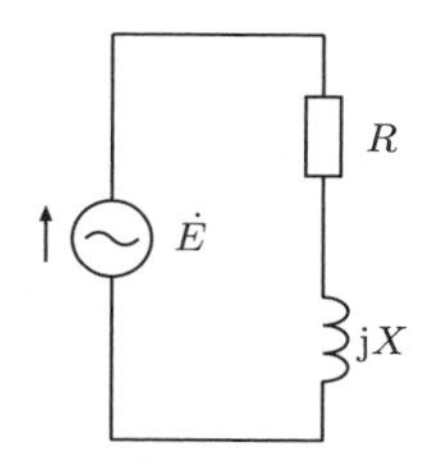

図 7.26　交流回路の最大電力

¶例 **7.4**¶　**図 7.27** の回路において，抵抗 R で消費される電力が最大になる条件と最大電力を求めよう．

【解説】　抵抗 R から見た左側の回路をテブナンの等価電圧源に置き換えることにより，抵抗 R を流れる電流 $\dot{I}_R$ は，

$$\dot{I}_R = \frac{\dot{E}/2}{R+\mathrm{j}3X/2} \tag{7.111}$$

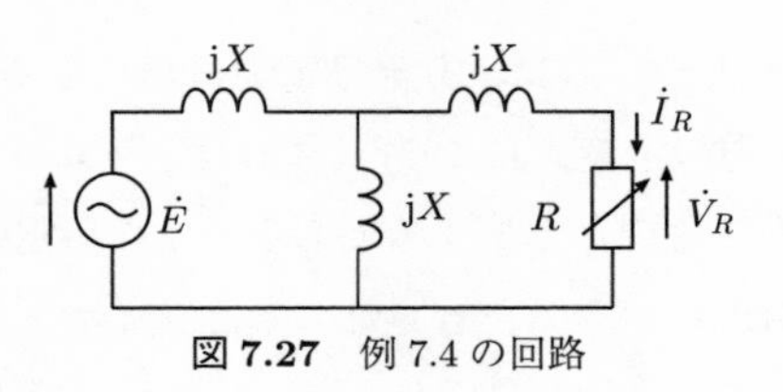

図 7.27　例 7.4 の回路

であるから，抵抗 R の有効電力は

$$P = \mathrm{Re}(\dot{V}_R^* \dot{I}_R) = R|\dot{I}_R|^2 = \frac{R}{4R^2+9X^2}|\dot{E}|^2 \leq \frac{|\dot{E}|^2}{12X} \tag{7.112}$$

となり，$R = 3X/2$ のとき最大値 $|\dot{E}|^2/12X$ をとる．

この最大電力は電源から回路に流入する最大電力でもあることを確かめておこう．電源 $\dot{E}$ から右側を見た回路のインピーダンス $\dot{Z}$ は

$$\dot{Z} = \mathrm{j}X + \frac{\mathrm{j}X(R+\mathrm{j}X)}{(R+\mathrm{j}X)+\mathrm{j}X} = \frac{-3X^2+\mathrm{j}2RX}{R+\mathrm{j}2X} \tag{7.113}$$

であるから

$$P = \mathrm{Re}(\dot{E}^* \dot{I}) = |\dot{E}|^2 \mathrm{Re}\left\{\frac{R+\mathrm{j}2X}{-3X^2+\mathrm{j}2RX}\right\} = \frac{R}{4R^2+9X^2}|\dot{E}|^2 \tag{7.114}$$

となり，式 (7.112) と同一の式が得られる．このことから流入する最大電力が消費される最大電力であることがわかる．

図 7.28(a) のように，負荷インピーダンス $\dot{Z}_L$，内部インピーダンス $\dot{Z}_i$ の交流電圧源 $\dot{E}$ に接続する．このとき，負荷インピーダンス $\dot{Z}_L$ を変化させて負荷で消費される電力を最大にする条件とその最大値を求めよう．ここに負荷インピーダンスを変化させるとは，抵抗分とリアクタンス分の両方を変化させることを意味する．

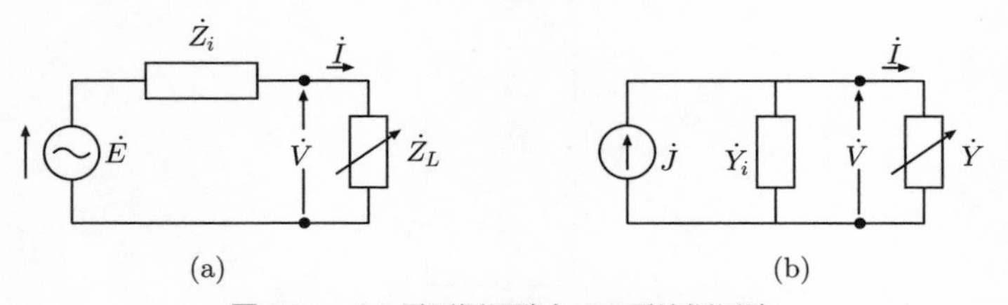

図 7.28　(a) 電圧源回路と (b) 電流源回路

接続点の電圧を $\dot{V}$ として，接続点から電源側について，

$$\dot{V} = \dot{E} - \dot{Z}_i \dot{I} \tag{7.115}$$

が成り立つ．また，負荷側については

$$\dot{V} = \dot{Z}_L \dot{I} \tag{7.116}$$

が成り立つ．この 2 つの式から電流 $\dot{I}$ を求め，負荷インピーダンスで消費される有効電力 P_L を計算すると

$$P_L = \mathrm{Re}(\dot{V}^*\dot{I}) = \frac{R_L}{|\dot{Z}_i+\dot{Z}_L|^2}|\dot{E}|^2 \tag{7.117}$$

$$= \frac{R_L}{(R_L+R_i)^2+(X_L+X_i)^2}|\dot{E}|^2 \tag{7.118}$$

となる．ここで，X_L を独立に変えて，P_L が最大になるのは $X_L = -X_i$ のときである．次に抵抗 R_L を変えると

$$P_L = \frac{R_L}{(R_L+R_i)^2}|\dot{E}|^2 \tag{7.119}$$

$$= \frac{|\dot{E}|^2}{R_L+\dfrac{R_i^2}{R_L}+2R_i} \leq \frac{|\dot{E}|^2}{4R_i} \tag{7.120}$$

が成り立つから，$R_L = R_i$ のとき，P_L の最大値は $|\dot{E}|^2/4R_i$ となる．したがって，負荷インピーダンスを

$$\dot{Z}_L = R_i-\mathrm{j}X_i = \dot{Z}_i^* \tag{7.121}$$

にとれば，そこでの消費電力が最大になる．すなわち，負荷インピーダンスが内部インピーダンスの複素共役値 $\dot{Z}_i^*$ になるようにとればよい．これを**最大電力伝送の定理** (maximum power transfer theorem) という．この条件は直流の場合の条件を交流の場合へ拡張した条件と考えられる．

図 7.28(b) の回路についても同様に

$$\dot{I} = \dot{J}-\dot{Y}_i\dot{V}, \quad \dot{I} = \dot{Y}_L\dot{V} \tag{7.122}$$

であるから，負荷の有効電力は

$$P_L = \mathrm{Re}(\dot{V}^*\dot{I}) = \frac{G_L}{|\dot{Y}_i+\dot{Y}_L|^2}|\dot{J}|^2 \tag{7.123}$$

$$= \frac{G_L}{(G_L+G_i)^2+(B_L+B_i)^2}|\dot{E}|^2 \tag{7.124}$$

となる．したがって，

$$G_L = G_i, \quad B_L = -B_i \tag{7.125}$$

のときに，すなわち $\dot{Y}_L = \dot{Y}_i^*$ のとき有効電力は最大値 $|\dot{J}|^2/4G_i$ をとる．　■

♣ 電気主任技術者試験問題 (平成 9 年第一種) **♣**

次の文章は理想変圧器を含む交流回路に関する記述である．(　) の中に当てはまる数式を記入せよ．

理想電流源 (大きさ $|\dot{I}_0|$，角周波数 ω) と理想変成器 (巻数比 1 : n) から構成された図 **7.29** のような回路において，電流源の大きさをゼロとしたとき，理想変圧器の 1 次端子対 a, b から左側を見た複素アドミタンスは (1)，また，負荷の端子対 c, d から左側を見た複素アドミタンスは (2) である．負荷アドミタンス $\dot{Y}$ が (3) のとき，負荷で消費される電力が最大値 (4) をとり，このとき，理想変圧器の 1 次側電流は (5) となる．

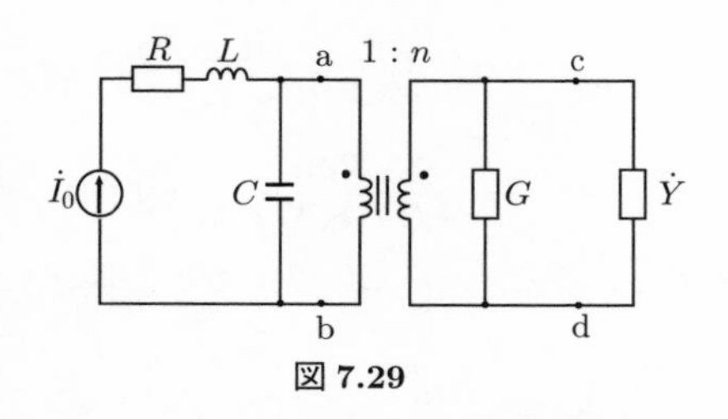

図 7.29

【解答】 電流源 $\dot{I}_0$ のインピーダンスが無限大であることを考慮すると (1) は jωC である．したがって，端子対 c, d から左側を見た複素アドミタンスはコンダクタンス G と変成器の 2 次側から見たアドミタンス j$\omega C/n^2$ の和であり，(2) は G+j$\omega C/n^2$ となる．負荷アドミタンス $\dot{Y}$ で消費電力が最大になるのは負荷側から電源側を見たアドミタンスの複素共役値を $\dot{Y}$ がとればよいから，(3) は G−j$\omega C/n^2$ となる．このとき，端子対 c, d の電圧を $\dot{V}$ とおけば，キャパシタの端子電圧は $\dot{V}/n$ であるから，キャパシタには j$\omega C\dot{V}/n$ の電流が流れ，変成器の 1 次側には $\dot{I}_0$−j$\omega C\dot{V}/n$ の電流が流れる．したがって，負荷アドミタンス $\dot{Y}$ に流れる電流は $(\dot{I}_0-\mathrm{j}\omega C\dot{V}/n)/n-G\dot{V}$ であり，これが $(G-\mathrm{j}\omega C/n^2)\dot{V}$ に等しいことから，$\dot{V} = \dot{I}_0/2Gn$ を得る．したがって最大電力は (4)$|\dot{I}_0^2|/4Gn^2$ となる．また，この場合の変成器の 1 次側に流れる電流は，(5)$(1-\mathrm{j}\omega C/2Gn^2)\dot{I}_0$ である．

演 習 問 題

7.1 実効値がそれぞれ V_1=50 V，V_2=100 V で，V_2 は V_1 より位相が 30 度進んでいる．合成電圧 V はいくらか．

7.2 2 つの電圧源の起電力が $\dot{E}_1 = 200\angle 0^\circ$ V，$\dot{E}_2 = 400\angle 60^\circ$ V である．合成起電力 $\dot{E}$ を求めよ．

7.3 回路の端子電圧の瞬時値が $v(t) = 141.4\cos((377\ \mathrm{rad/s})t+\pi/4)$ V，電流の瞬時値が $i(t) = 5\cos((377\ \mathrm{rad/s})t)$ A であった．電圧と電流の実効値に対するフェーザ表示を求め，回路の複素インピーダンス $\dot{Z}$ を求めよ．

7.4 周波数 60 Hz，実効値 100 V の電圧がインピーダンス (15+j20)Ω の回路にかけられている．インピーダンスに流れる電流のフェーザ表示と瞬時値を計算し，かつ起電力と電流の関係を示すフェーザ図を描け．

7.5 抵抗 40 Ω，インダクタンス 10 mH，キャパシタンス 10 μF の直列共振回路のインピーダンスの大きさ，アドミタンスの大きさおよび力率を計算せよ．ただし，周波数は 60 Hz である．

7.6 実効値 200 V の電圧が回路にかけられている．この回路の複素電力は (400+j500) VA であった．この回路のインピーダンスを求めよ．

7.7 **図 7.30** の回路でキャパシタの静電容量はすべて C，インダクタンスはすべて L で

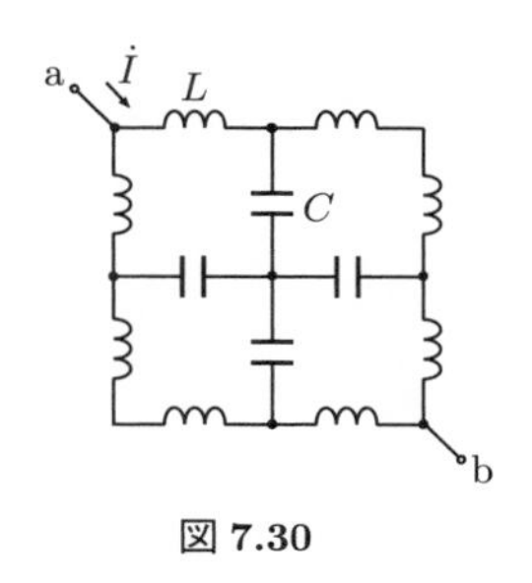

図 7.30

ある．端子対 a–b に起電力 E，角周波数 ω の交流電圧を印加しているとき，電流 $\dot{I}$ を求めよ．

7.8 　**図 7.31** のような回路に一定電圧 E の交流電源を接続し，抵抗 r_0，リアクタンス x_0 の伝送線を経て抵抗負荷 R に電力を供給する．供給電力を最大にする R の値を定めよ．また，そのときの a, b 間の力率を求めよ．

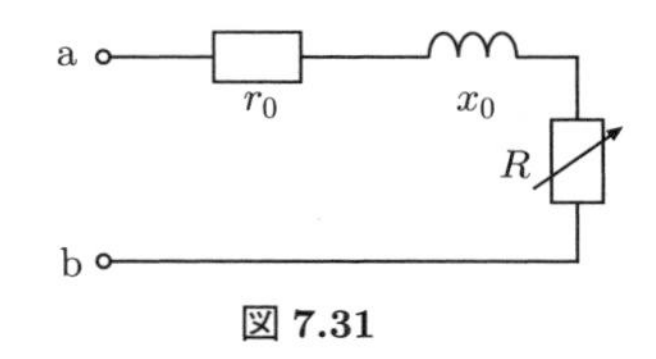

図 7.31

7.9 　**図 7.32** において，負荷の力率 $\cos\varphi$ は一定，端子対 a–b にかかる電圧 E も一定であるとき，負荷インピーダンス Z で消費される電力を最大にするための負荷の端子電圧 V を定めよ．

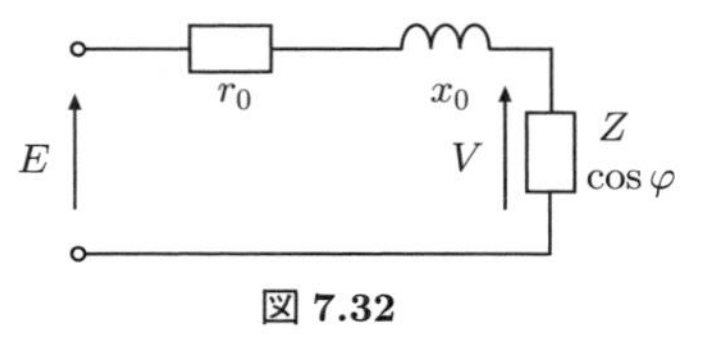

図 7.32

7.10 　抵抗 r，リアクタンス x の 2 つのコイルがある．**図 7.33** のようにその一方に抵抗 r_1，リアクタンス x_C をもつインピーダンスを直列に接続し，2 つのコイルに 90 度の位相差をもつ大きさの等しい電流を流そうとする．この場合の r_1, x_C の値を定めよ．ただし，$x > r$ とする．

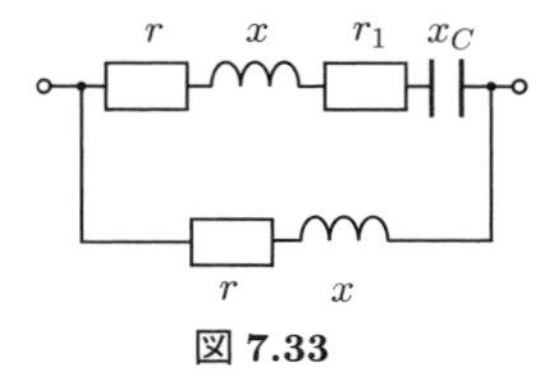

図 7.33

7.11　図 **7.34** の交流回路において，電流 $\dot{I}_1$ と $\dot{I}_2$ の大きさが等しく，かつ端子 a, b 間の力率を 0.8 とするには，r_1, x の値を r_2 の何倍にとればよいか．

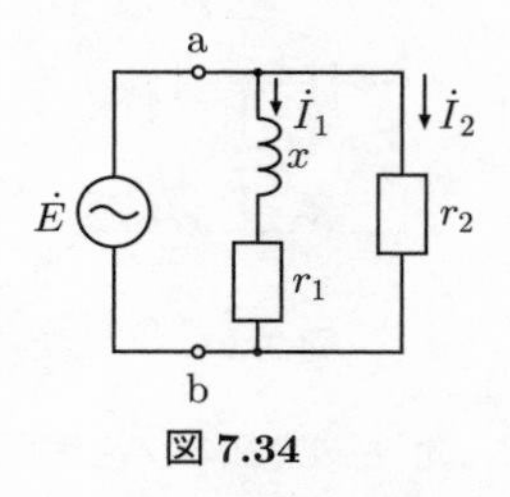

図 **7.34**

7.12　図 **7.35** の回路において，電圧 $\dot{E}$ と電流 $\dot{I}$ が同位相になるように電圧源の角周波数 ω を定めよ．また，同位相になるための条件を求めよ．ただし，$\mathrm{j} = \sqrt{-1}$ である．

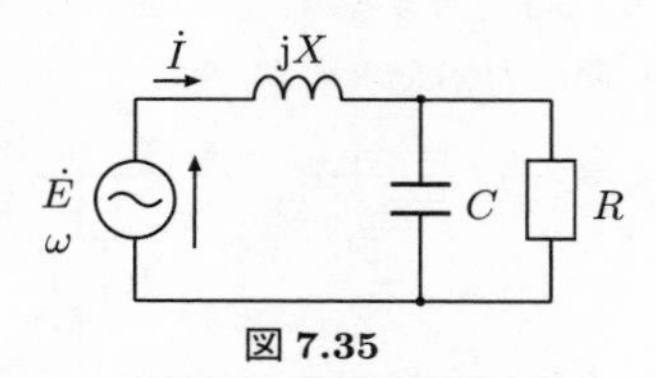

図 **7.35**

7.13　図 **7.36** の回路において，複素インピーダンス $\dot{Z} = |\dot{Z}|e^{\mathrm{j}\varphi}$ の大きさ $|\dot{Z}|$ は一定，位相角 φ は可変である．端子電圧 $|\dot{V}|$ が最小となるように φ を定めよ．ただし，ω は電源の角周波数である．

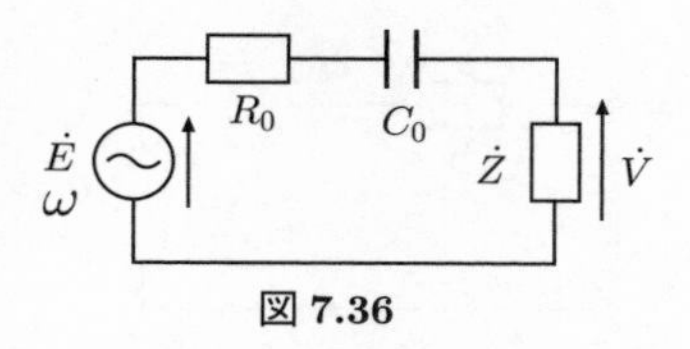

図 **7.36**

7.14　図 **7.37** において，$|\dot{V}|$ が R の値に関係しないように k を定めよ．ただし，$X \neq 0$, $k \neq 0$ とする．

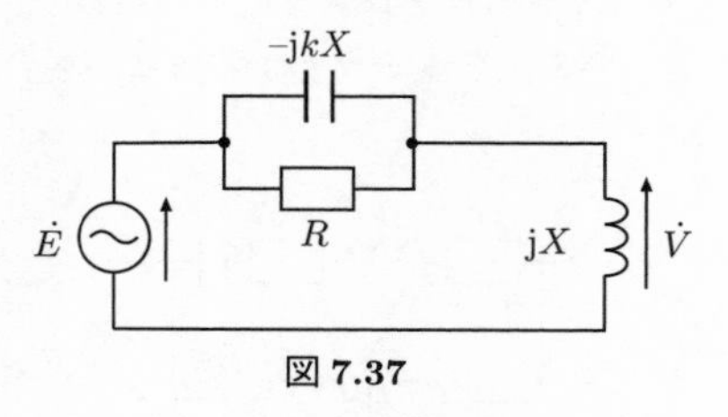

図 **7.37**

7.15 図 **7.38** の回路において，電圧 $\dot{E}$ と電流 $\dot{I}$ が同位相となるための条件を求めよ．ただし，ω は電源の角周波数である．

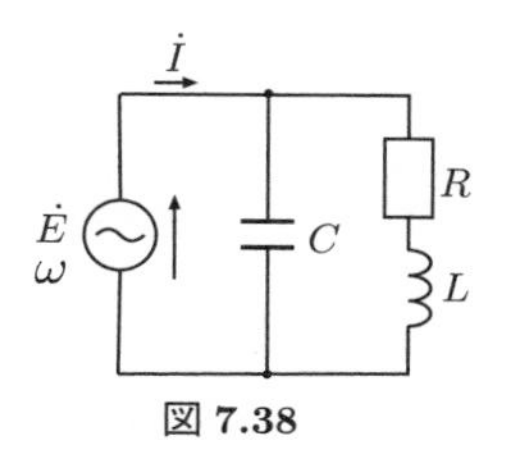

図 **7.38**

7.16 図 **7.39** のような交流回路において，インダクタ L_2 を流れる電流 $\dot{I}$ が L_2 と R の値に関係なく常に一定になるための条件を求めよ．ω は電源の角周波数である．

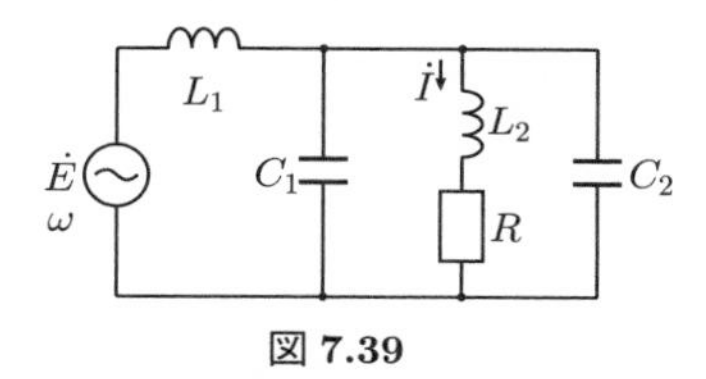

図 **7.39**

7.17 ♣ 電気主任技術者試験問題 (平成 8 年第二種)♣

次の文章は，交流回路の電力に関する記述である．次の (　) の中に当てはまる式を記入せよ．

図 **7.40** のような回路において，負荷 R_L に供給される電力を最大にするように静電容量 C とインダクタンス L を定めることを考える．負荷の端子対 a–b から左側を見たときの等価電源のアドミタンス $\dot{Y}$ は (1) となる．そのコンダクタンス分とサセプタンス分とを考えて，電力が最大になる条件式は (2) および (3) $=0$ となる．これらにより，$L=$ (4)，$C=$ (5) が求まる．ただし，$R_L > R_0$ である．また，ω は電源の角周波数である．

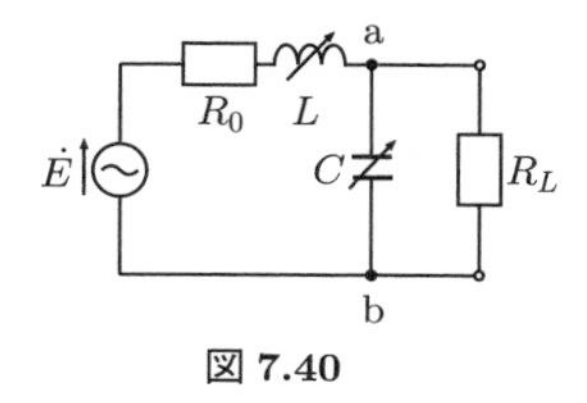

図 **7.40**

7.18 ♣ 電気主任技術者試験問題 (平成 10 年第二種)♣

次の文章は，歪波交流回路に関する記述である．文中の (　) の中に当てはまる数値を記入せよ．

図 **7.41** のように抵抗 R とインダクタンス L が直列に接続された回路に，次式で表される歪波電圧 e を加える．

$$e = (100+50\sin\omega t+20\sin 3\omega t)\mathrm{V}$$

このとき，回路に流れる電流 i は

$$i = \left\{(1)+(2)\sin\left(\omega t-\frac{\pi}{4}\right)+(3)\sin(3\omega t-\phi_3)\right\}\ \mathrm{A}$$

である．ここで，

$$\phi_3 = \tan^{-1}(4)$$

である．また，この回路で消費される有効電力 P は (5)W である．

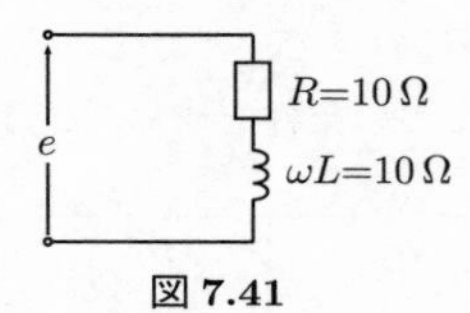

図 **7.41**

8. 二端子対回路

ポイント 多くの回路は，エネルギーや信号が入ってくる端子とそれが出ていく端子をもっている．本章では２つの端子が対になり，一方の対は入力側に，他方の対は出力側になる二端子対回路の取扱い方を説明する．すなわち，２行２列の行列を用いて，インピーダンス行列，アドミタンス行列，ハイブリッド行列，縦続行列による二端子対回路の表示法，これらの行列の構成法，性質などを述べ，さらに応用例を示す．

8.1 二端子対回路の定義

図 8.1 に示す回路 N に，4 個の端子 1，$1'$，2，$2'$ が出ている．端子の電流と端子間の電圧を同図のように定めると，

$$i_1+i_1'+i_2+i_2' = 0 \tag{8.1}$$

$$v_{11'}+v_{21}-v_{22'}-v_{2'1'} = 0 \tag{8.2}$$

となる．一端子対回路と同じように考えて，端子 1 から流れ込んだ電流 i_1 は端子 $1'$ から流れ出る，さらに端子 2 から流れ込んだ電流 i_2 は端子 $2'$ から流れ出るという条件

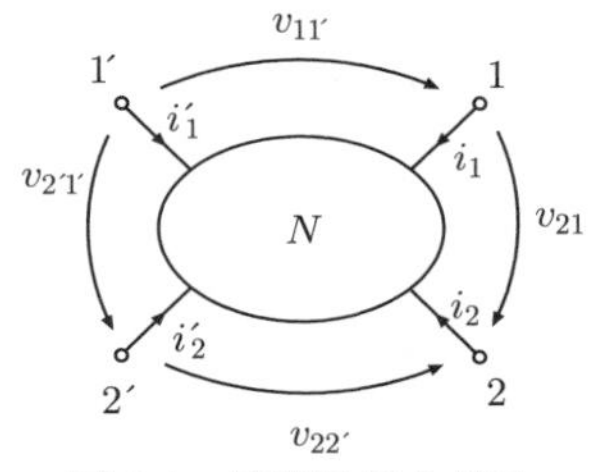

図 8.1 回路網 N と端子

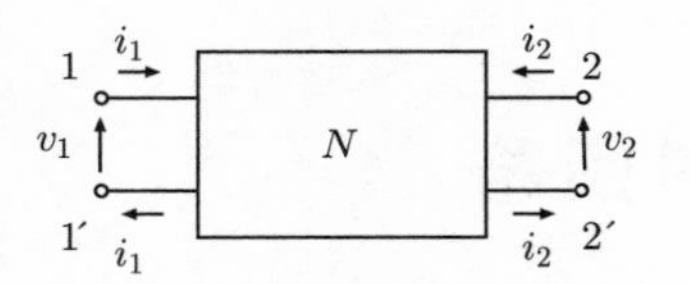

図 8.2 二端子対回路

$$i'_1 = -i_1, \quad i'_2 = -i_2 \tag{8.3}$$

を満たすとき，端子 1 と 1′，2 と 2′ は対をなし，それぞれ**端子対** (port)，回路 N を**二端子対回路** (two-port) あるいは**四端子回路** (four-terminal circuit) とよび，図 **8.2** のように表す．端子 1′ に向かう電流 i_1 および端子 2′ に向かう電流 i_2 の記号とその矢印は省略して書かれないこともある．矩形部分を**ブラックボックス** (black box) という．ここで

1. ブラックボックス内の素子は線形素子であり
2. その内部に電源を含まない

と仮定する．エネルギーや信号は通常左側の端子対から右側の端子対に進むと考えることが多いので，端子対 1-1′ を**入力端子対** (input port)，端子対 2-2′ を**出力端子対** (output port) とよぶ．

8.2 表 示 法

8.2.1 インピーダンス行列による表示

図 **8.3**(a) のようなはしご型回路で，破線で囲んだ部分の外側に 2 個の端子対がある．図のように端子対の電圧 v_1, v_2，電流 i_1, i_2，ブラックボックス内の電流 i_3 をとると，電圧則により連立方程式

$$v_1 = R_1 i_1 - R_1 i_3 \tag{8.4}$$

$$R_1(i_3 - i_1) + R_3 i_3 + R_2(i_2 + i_3) = 0 \tag{8.5}$$

$$v_2 = R_2 i_2 + R_2 i_3 \tag{8.6}$$

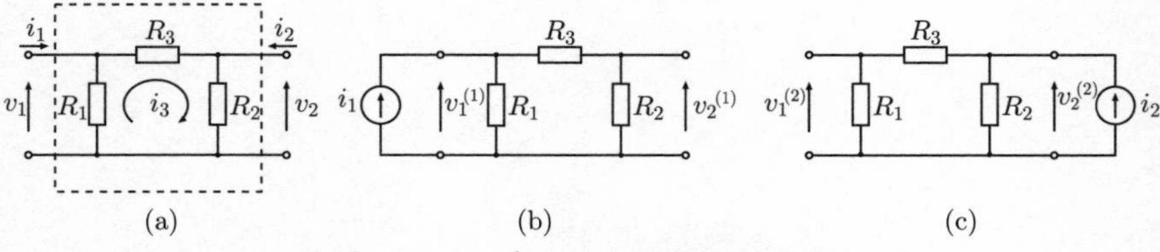

図 8.3 インピーダンス行列表示の説明

が成り立つ．この式から i_3 を消去すると

$$v_1 = r_{11}i_1 + r_{12}i_2 \tag{8.7}$$

$$v_2 = r_{21}i_1 + r_{22}i_2 \tag{8.8}$$

となる．ただし，

$$r_{11} = R_1//(R_2+R_3) = \frac{R_1(R_2+R_3)}{R_1+R_2+R_3}$$

$$r_{12} = r_{21} = \frac{R_1R_2}{R_1+R_2+R_3}$$

$$r_{22} = R_2//(R_1+R_3) = \frac{R_2(R_1+R_3)}{R_1+R_2+R_3}$$

ここに，$a//b = ab/(a+b)$ である．式 (8.7)，(8.8) は，破線で囲んだボックスの端子対 1-1′ と端子対 2-2′ の電流と電圧の関係を示す式であり，ボックス内部の変数 i_3 は現れていない．

式 (8.7) の意味を考えよう．図 8.3(a) の回路は重ね合わせの原理によって同図 (b) と (c) とが重ね合わされた回路と考えられるから，式 (8.7) の第 1 項は出力側の電流源を開放 ($i_2 = 0$) したときの入力側の端子電圧 $v_1^{(1)}$ である．同じく第 2 項は入力側の電流源を開放 ($i_1 = 0$) したときに現れる入力側の端子電圧 $v_1^{(2)}$ である．同様に式 (8.8) の第 1 項は $i_2 = 0$ のときの出力側の端子電圧 $v_2^{(1)}$，第 2 項は $i_1 = 0$ のときの出力側の端子電圧 $v_2^{(2)}$ である．したがって，式 (8.7)，(8.8) は重ね合わせの原理により

$$v_1 = v_1^{(1)} + v_1^{(2)} \tag{8.9}$$

$$v_2 = v_2^{(1)} + v_2^{(2)} \tag{8.10}$$

となっている．同図 (b)，(c) からもわかるように，抵抗 r_{ij} $(i, j = 1, 2)$ は

$$\begin{aligned} r_{11} &= \frac{v_1^{(1)}}{i_1} = \left.\frac{v_1}{i_1}\right|_{i_2=0}, \quad r_{12} = \frac{v_1^{(2)}}{i_2} = \left.\frac{v_1}{i_2}\right|_{i_1=0} \\ r_{21} &= \frac{v_2^{(1)}}{i_1} = \left.\frac{v_2}{i_1}\right|_{i_2=0}, \quad r_{22} = \frac{v_2^{(2)}}{i_2} = \left.\frac{v_2}{i_2}\right|_{i_1=0} \end{aligned} \tag{8.11}$$

となる．記号 $|_{i_k=0}$ は $i_k = 0 (k = 1, 2)$ のときの値を示す．このようにして，ブラックボックスの中の回路を知らなくても，4 個の変数の関係が明らかになる．

ここで 1 つの重要な定理を証明なしに述べる．例えば，**図 8.4**(a) のように，端子対 1-1′ に電流源 $i_1 = J$ を接続したとき，端子対 2-2′ に現れる電圧 $v_2^{(1)}$ と，同図 (b) のように同じ回路の端子対 2-2′ に同じ電流源 J を接続したとき端子対

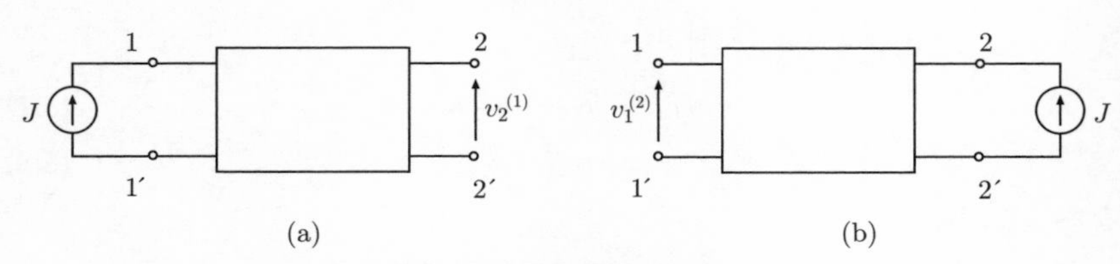

図 8.4　相反定理の説明

1-1′ に現れる電圧 $v_1^{(2)}$ とは等しくなるとき，回路は**相反定理** (reciprocity theorem) が成り立つという．そしてこの定理が成り立つ回路を**相反回路** (reciprocal circuit) といい，回路には**相反性** (reciprocity) があるという．式 (8.8) から図 8.4(a) について

$$v_2^{(1)} = r_{21}J \tag{8.12}$$

が成り立ち，図 8.4(b) について

$$v_1^{(2)} = r_{12}J \tag{8.13}$$

が成り立つ．相反性の条件は $v_2^{(1)} = v_1^{(2)}$ であるから，相反性とは

$$r_{12} = r_{21} \tag{8.14}$$

が成り立つことである．

これまで述べたことは交流の場合にも拡張できて，二端子対の電流と電圧をベクトル $\dot{\boldsymbol{I}} = [\dot{I}_1, \dot{I}_2]^T$，$\dot{\boldsymbol{V}} = [\dot{V}_1, \dot{V}_2]^T$ で表し，抵抗の代わりにインピーダンス $\dot{z}_{ij}$ を使って，行列 $\dot{\boldsymbol{Z}}$ を

$$\dot{\boldsymbol{Z}} = \begin{bmatrix} \dot{z}_{11} & \dot{z}_{12} \\ \dot{z}_{21} & \dot{z}_{22} \end{bmatrix}, \quad \dot{z}_{12} = \dot{z}_{21} \tag{8.15}$$

で定義すると，式 (8.7)，(8.8) は

$$\dot{\boldsymbol{V}} = \dot{\boldsymbol{Z}}\dot{\boldsymbol{I}} \tag{8.16}$$

と表される．行列 $\dot{\boldsymbol{Z}}$ を二端子対回路の**インピーダンス行列** (impedance matrix)，要素が抵抗のときは**抵抗行列** (resistance matrix) という．行列 $\dot{\boldsymbol{Z}}$ は相反性の条件によって**対称行列** (symmetric matrix) である．行列の要素 $\dot{z}_{ij}$ を**インピーダンスパラメータ** (impedance parameters) という．パラメータ $\dot{z}_{11}$，$\dot{z}_{22}$ を**開放駆動点インピーダンス** (open-circuit driving-point impedance)，$\dot{z}_{12}$，$\dot{z}_{21}$ を**開放伝達インピーダンス** (open-circuit transfer impedance) とよぶ．

¶例 8.1¶　図 **8.5** のインピーダンスパラメータを求めよう．

【解説】

$$\dot{z}_{11} = \left.\frac{\dot{V}_1}{\dot{I}_1}\right|_{\dot{I}_2=0} = \mathrm{j}\omega L_1 + \frac{1}{\mathrm{j}\omega C}$$

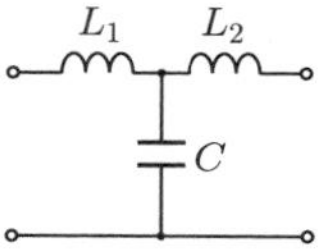

図 **8.5**　例 8.1 の回路

$$\dot{z}_{21} = \left.\frac{\dot{V}_2}{\dot{I}_1}\right|_{\dot{I}_2=0} = \frac{1}{\mathrm{j}\omega C}$$

$$\dot{z}_{12} = \left.\frac{\dot{V}_1}{\dot{I}_2}\right|_{\dot{I}_1=0} = \frac{1}{\mathrm{j}\omega C}$$

$$\dot{z}_{22} = \left.\frac{\dot{V}_2}{\dot{I}_2}\right|_{\dot{I}_1=0} = \mathrm{j}\omega L_2 + \frac{1}{\mathrm{j}\omega C}$$

この例からも相反性が成り立つことがわかる.

8.2.2 アドミタンス行列による表示

図 8.3(a) の回路の抵抗をコンダクタンスで表して $G_1 = 1/R_1, G_2 = 1/R_2, G_3 = 1/R_3$ とおき, 入出力側のそれぞれの端子対に電圧源 v_1, v_2 が接続されていると考える. 電流 i_1, i_2 は, それぞれの電圧源が単独に接続されたときの入力側の電流の和と出力側の電流の和になる. すなわち, 電流 $i_1^{(1)}$ と電流 $i_2^{(1)}$ を, 入力側に電圧源 v_1 を接続し出力側を短絡したときのそれぞれ入力側と出力側の電流とすると

$$i_1^{(1)} = g_{11}v_1, \quad i_2^{(1)} = g_{21}v_1 \tag{8.17}$$

と表される. また, 出力側に電圧源 v_2 を接続し, 入力側を短絡したときの入出力側の電流をそれぞれ $i_1^{(2)}$ と $i_2^{(2)}$ で表すと

$$i_1^{(2)} = g_{12}v_2, \quad i_2^{(2)} = g_{22}v_2 \tag{8.18}$$

と表すことができる. したがって, 重ね合わせの原理によって, 2 個の電圧源が接続されているときは, 式 (8.17) と式 (8.18) のそれぞれの式を加えて

$$i_1 = i_1^{(1)} + i_1^{(2)} = g_{11}v_1 + g_{12}v_2 \tag{8.19}$$

$$i_2 = i_2^{(1)} + i_2^{(2)} = g_{21}v_1 + g_{22}v_2 \tag{8.20}$$

が成り立つ. ただし,

$$g_{11} = G_1 + G_3, \quad g_{12} = -G_3, \quad g_{21} = -G_3, \quad g_{22} = G_2 + G_3$$

である. この場合, 相反性は次のようにいえる.

図 **8.6**(a) のように端子対 1-1′ に電圧源 e を接続し, 端子対 2-2′ を短絡したとき

に流れる電流を $\tilde{i}_2$ とする．次に，図 8.6(b) のように端子対 2-2′ に同じ電圧源 e を接続したときに端子対 1-1′ を短絡したときに流れる電流を $\tilde{i}_1$ とすると，$\tilde{i}_2 = \tilde{i}_1$ が成り立つ．これは コンダクタンスパラメータについて

$$g_{12} = g_{21} \tag{8.21}$$

が成り立つことを意味する．

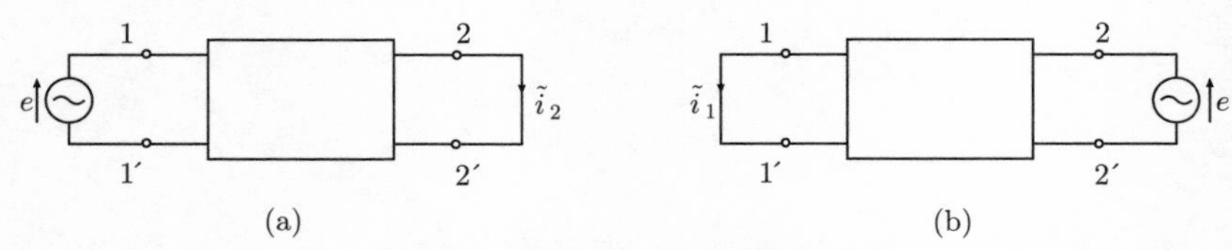

図 8.6 アドミタンス行列表示の説明

交流回路の場合には，コンダクタンスの代わりにアドミタンス を用いて

$$\dot{I}_1 = \dot{y}_{11}\dot{V}_1 + \dot{y}_{12}\dot{V}_2 \tag{8.22}$$

$$\dot{I}_2 = \dot{y}_{21}\dot{V}_1 + \dot{y}_{22}\dot{V}_2 \tag{8.23}$$

となる．ベクトルと行列を用いると

$$\dot{\boldsymbol{I}} = \dot{\boldsymbol{Y}}\dot{\boldsymbol{V}} \tag{8.24}$$

となる．ただし，

$$\dot{\boldsymbol{Y}} = \begin{bmatrix} \dot{y}_{11} & \dot{y}_{12} \\ \dot{y}_{21} & \dot{y}_{22} \end{bmatrix}, \quad \dot{y}_{12} = \dot{y}_{21} \tag{8.25}$$

である．行列 $\dot{\boldsymbol{Y}}$ を二端子対回路の**アドミタンス行列** (admittance matrix) という．ここで，$\dot{y}_{11}, \dot{y}_{22}$ を**短絡駆動点アドミタンス** (short-circuit driving-point admittance)，$\dot{y}_{12}$，$\dot{y}_{21}$ を**短絡伝達アドミタンス** (short-circuit transfer admittance) といい，これらのアドミタンスをまとめて**アドミタンスパラメータ** (admittance parameters) とよぶ．行列 $\dot{\boldsymbol{Y}}$ は対称行列である．

式 (8.16) と式 (8.24) から

$$\dot{\boldsymbol{Z}}\dot{\boldsymbol{Y}} = \dot{\boldsymbol{Y}}\dot{\boldsymbol{Z}} = \boldsymbol{1} \tag{8.26}$$

が成り立つことがわかる．ここに，$\boldsymbol{1}$ は 2 行 2 列の単位行列である．したがって

$$\dot{\boldsymbol{Z}} = \dot{\boldsymbol{Y}}^{-1}, \quad \dot{\boldsymbol{Y}} = \dot{\boldsymbol{Z}}^{-1} \tag{8.27}$$

である．

¶例 8.2¶ 特殊な二端子対回路の表示を考える．

図 8.7(a) と (b) の回路のインピーダンス行列とアドミタンス行列を求めよう．

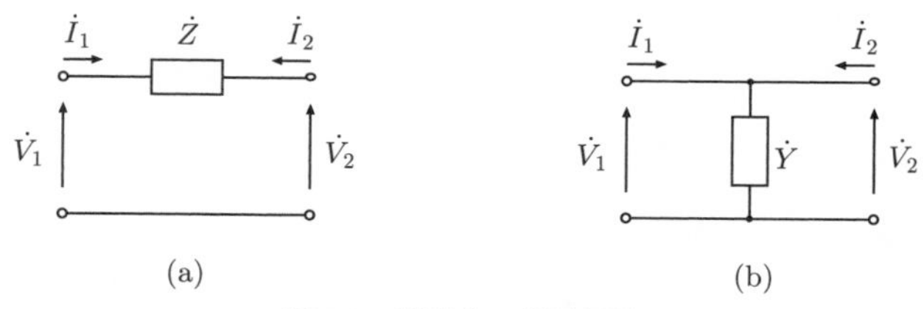

図 8.7　特殊な二端子回路

【解説】　同図 (a) の回路では，インピーダンスパラメータは式 (8.11) の定義によると無限大になり，インピーダンス行列表示はできない．しかし

$$\dot{I}_1 = \frac{1}{\dot{Z}}(\dot{V}_1-\dot{V}_2)$$

$$\dot{I}_2 = -\dot{I}_1 = -\frac{1}{\dot{Z}}(\dot{V}_1-\dot{V}_2)$$

と表されるから，$\dot{y}_{11} = \dot{y}_{22} = 1/\dot{Z}$，$\dot{y}_{12} = \dot{y}_{21} = -1/\dot{Z}$ となり，アドミタンスパラメータは求められる．この場合，アドミタンス行列の**行列式** (determinant) は $\det\dot{Y} = 0$ となるから，式 (8.27) からも $\dot{Z}$ を定められないことがわかる．同じようにして，同図 (b) の回路ではアドミタンス行列は求められないが，インピーダンス行列は求められインピーダンスパラメータは $\dot{z}_{11} = \dot{z}_{22} = 1/\dot{Y}$，$\dot{z}_{12} = \dot{z}_{21} = 1/\dot{Y}$ となる．この場合，$\det\dot{Z} = 0$ となり，式 (8.27) からも $\dot{Y}$ を定められないことがわかる．

8.2.3　ハイブリッド行列による表示

これまでは入出力側ともに電流源のみ，あるいは電圧源のみを接続して二端子回路の表示を試みたが，電圧源と電流源を組み合わせて接続しても同じような表示ができる．

図 8.8 のように入力側に電流源 $\dot{I}_1$，出力側に電圧源 $\dot{V}_2$ を接続したときも，これまでと同じように考えて，重ね合わせの原理により

$$\dot{V}_1 = \dot{h}_{11}\dot{I}_1+\dot{h}_{12}\dot{V}_2 \qquad (8.28)$$

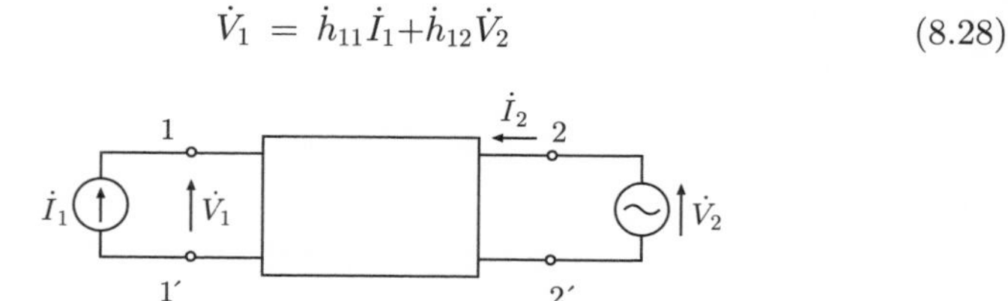

図 8.8　ハイブリッド行列表示の説明

$$\dot{I}_2 = \dot{h}_{21}\dot{I}_1+\dot{h}_{22}\dot{V}_2 \tag{8.29}$$

と表すことができる．これを行列を用いて表すと

$$\begin{bmatrix} \dot{V}_1 \\ \dot{I}_2 \end{bmatrix} = \begin{bmatrix} \dot{h}_{11} & \dot{h}_{12} \\ \dot{h}_{21} & \dot{h}_{22} \end{bmatrix} \begin{bmatrix} \dot{I}_1 \\ \dot{V}_2 \end{bmatrix} \tag{8.30}$$

となる．この式の 2 行 2 列の行列を**ハイブリッド行列** (hybrid matrix) とよび，$\dot{\boldsymbol{H}}$ で表す．ここに $\dot{h}_{ij}(i,j = 1,2)$ は**ハイブリッドパラメータ** (hybrid parameters) とよばれる．ハイブリッド表示法はトランジスタを**小信号等価回路** (small signal equivalent circuit) で表すときによく用いられる．各パラメータの意味を次に示す．

$$\dot{h}_{11} = \left.\frac{\dot{V}_1}{\dot{I}_1}\right|_{\dot{V}_2=0}, \quad \dot{h}_{12} = \left.\frac{\dot{V}_1}{\dot{V}_2}\right|_{\dot{I}_1=0}$$

$$\dot{h}_{21} = \left.\frac{\dot{I}_2}{\dot{I}_1}\right|_{\dot{V}_2=0}, \quad \dot{h}_{22} = \left.\frac{\dot{I}_2}{\dot{V}_2}\right|_{\dot{I}_1=0} \tag{8.31}$$

ここで相反性の条件はどのように表されるか調べよう．式 (8.28)，(8.29) をアドミタンスパラメータによる表示に直すと

$$\dot{I}_1 = \frac{1}{\dot{h}_{11}}\dot{V}_1-\frac{\dot{h}_{12}}{\dot{h}_{11}}\dot{V}_2 \tag{8.32}$$

$$\dot{I}_2 = \frac{\dot{h}_{21}}{\dot{h}_{11}}\dot{V}_1+\left(\dot{h}_{22}-\frac{\dot{h}_{12}\dot{h}_{21}}{\dot{h}_{11}}\right)\dot{V}_2 \tag{8.33}$$

となるから

$$\dot{y}_{11} = \frac{1}{\dot{h}_{11}}, \quad \dot{y}_{12} = -\frac{\dot{h}_{12}}{\dot{h}_{11}}, \quad \dot{y}_{21} = \frac{\dot{h}_{21}}{\dot{h}_{11}}, \quad \dot{y}_{22} = \dot{h}_{22}-\frac{\dot{h}_{12}\dot{h}_{21}}{\dot{h}_{11}}$$

が得られる．相反性により $\dot{y}_{12} = \dot{y}_{21}$ であるから

$$\dot{h}_{12} = -\dot{h}_{21} \tag{8.34}$$

が相反性の条件となる．したがって，ハイブリッド行列 $\dot{\boldsymbol{H}}$ は対称ではない．

¶例 8.3¶　図 8.7(a)，(b) の回路のハイブリッド行列を求めよう．図 8.7(a) の回路で出力側を短絡すると $\dot{V}_2 = 0$ であるから，$\dot{h}_{11} = \dot{V}_1/\dot{I}_1 = \dot{Z}$，$\dot{h}_{21} = \dot{I}_2/\dot{I}_1 = -1$ となる．入力側を開放すると $\dot{I}_1 = 0$ であるから，$\dot{h}_{12} = \dot{V}_1/\dot{V}_2 = 1$，$\dot{h}_{22} = \dot{I}_2/\dot{V}_2 = 0$ となる．

図 8.7(b) の回路で出力側を短絡すると $\dot{V}_2 = 0$ であるから，$\dot{h}_{11} = \dot{V}_1/\dot{I}_1 = 0$，$\dot{h}_{21} = \dot{I}_2/\dot{I}_1 = -1$ となる．入力側を開放すると $\dot{I}_1 = 0$ であるから，$\dot{h}_{12} = \dot{V}_1/\dot{V}_2 = 1$，$\dot{h}_{22} = \dot{I}_2/\dot{V}_2 = \dot{Y}$ となる．したがって，それぞれの行列を $\dot{\boldsymbol{H}}_{\rm a}$，$\dot{\boldsymbol{H}}_{\rm b}$ とすると

$$\dot{\boldsymbol{H}}_{\mathrm{a}} = \begin{bmatrix} \dot{Z} & 1 \\ -1 & 0 \end{bmatrix}, \quad \dot{\boldsymbol{H}}_{\mathrm{b}} = \begin{bmatrix} 0 & 1 \\ -1 & \dot{Y} \end{bmatrix} \tag{8.35}$$

となる．

8.2.4 縦続行列による表示

これまでの表示法では，入力側出力側の電流の方向はともにブラックボックスに向いている．しかし，エネルギーや信号の伝送を考えると，電流が入力側から入り出力側から出ると考えた方が自然で扱いやすいことが多い．

縦続行列 (cascade matrix, transmission matrix) による表示法は，このような目的に沿った非常に便利な二対子対回路の表し方である (図 8.9)．入力側の電圧と電流と出力側の電圧と電流の関係が

$$\dot{V}_1 = \dot{A}\dot{V}_2 + \dot{B}\hat{\dot{I}}_2 \tag{8.36}$$

$$\dot{I}_1 = \dot{C}\dot{V}_2 + \dot{D}\hat{\dot{I}}_2 \tag{8.37}$$

で表されるとき，行列

$$\dot{\boldsymbol{F}} = \begin{bmatrix} \dot{A} & \dot{B} \\ \dot{C} & \dot{D} \end{bmatrix} \tag{8.38}$$

を縦続行列, 4個のパラメータ $\dot{A}, \dot{B}, \dot{C}, \dot{D}$ を**縦続パラメータ** (transmission parameters) とよぶ．**四端子定数** (four terminal constant) とよばれることもある．ここで，注意すべきことは図 **8.9** に示してあるように，端子対 2-2′ の電流の方向がこれまでの表示法の方向と逆になることである．縦続パラメータの意味は次に示すとおりである．

$$\dot{A} = \left.\frac{\dot{V}_1}{\dot{V}_2}\right|_{\hat{\dot{I}}_2=0}, \quad \dot{B} = \left.\frac{\dot{V}_1}{\hat{\dot{I}}_2}\right|_{\dot{V}_2=0}, \quad \dot{C} = \left.\frac{\dot{I}_1}{\dot{V}_2}\right|_{\hat{\dot{I}}_2=0}, \quad \dot{D} = \left.\frac{\dot{I}_1}{\hat{\dot{I}}_2}\right|_{\dot{V}_2=0} \tag{8.39}$$

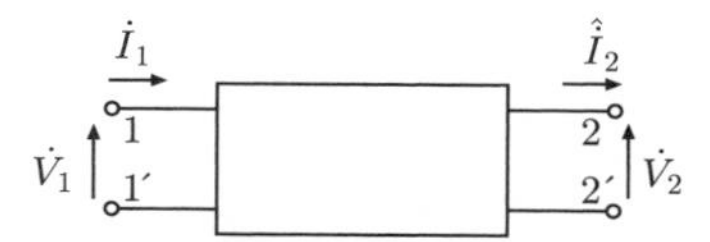

図 **8.9**　出力側の電流の方向に注意

ここで相反性の条件は，縦続行列ではどのように表されるのか検討しておこう．式 (8.36)，(8.37) において，$\hat{\dot{I}}_2 = -\dot{I}_2$ とおくと

$$\dot{I}_1 = \frac{\dot{D}}{\dot{B}}\dot{V}_1 + \frac{\dot{B}\dot{C}-\dot{A}\dot{D}}{\dot{B}}\dot{V}_2 \tag{8.40}$$

$$\dot{I}_2 = -\frac{1}{\dot{B}}\dot{V}_1 + \frac{\dot{A}}{\dot{B}}\dot{V}_2 \tag{8.41}$$

となるから，アドミタンス表示の式 (8.22)，(8.23) と比較して

$$\begin{aligned} \dot{y}_{11} &= \frac{\dot{D}}{\dot{B}}, \quad \dot{y}_{12} = \frac{\dot{B}\dot{C}-\dot{A}\dot{D}}{\dot{B}} \\ \dot{y}_{21} &= -\frac{1}{\dot{B}}, \quad \dot{y}_{22} = \frac{\dot{A}}{\dot{B}} \end{aligned} \tag{8.42}$$

したがって，相反性の条件 $\dot{y}_{12} = \dot{y}_{21}$ は

$$\dot{A}\dot{D}-\dot{B}\dot{C} = 1 \tag{8.43}$$

と表されることがわかる．これは 4 個のパラメータのうち 3 個が独立であることを示している．したがって，式 (8.36)，(8.37) から逆に

$$\begin{bmatrix} \dot{V}_2 \\ \hat{\dot{I}}_2 \end{bmatrix} = \begin{bmatrix} \dot{D} & -\dot{B} \\ -\dot{C} & \dot{A} \end{bmatrix} \begin{bmatrix} \dot{V}_1 \\ \dot{I}_1 \end{bmatrix} \tag{8.44}$$

と表される．

図 8.10 に示すように，2 つの二端子対回路 N_1 と N_2 が節点 p, p′ で接続されている．このような接続を**縦続接続** (cascade connection) という．この回路から

$$\begin{bmatrix} \dot{V}_1^{(1)} \\ \dot{I}_1^{(1)} \end{bmatrix} = \begin{bmatrix} \dot{A}_1 & \dot{B}_1 \\ \dot{C}_1 & \dot{D}_1 \end{bmatrix} \begin{bmatrix} \dot{V}_2^{(1)} \\ \dot{I}_2^{(1)} \end{bmatrix} \tag{8.45}$$

$$\begin{bmatrix} \dot{V}_1^{(2)} \\ \dot{I}_1^{(2)} \end{bmatrix} = \begin{bmatrix} \dot{A}_2 & \dot{B}_2 \\ \dot{C}_2 & \dot{D}_2 \end{bmatrix} \begin{bmatrix} \dot{V}_2^{(2)} \\ \dot{I}_2^{(2)} \end{bmatrix} \tag{8.46}$$

節点 p, p′ では

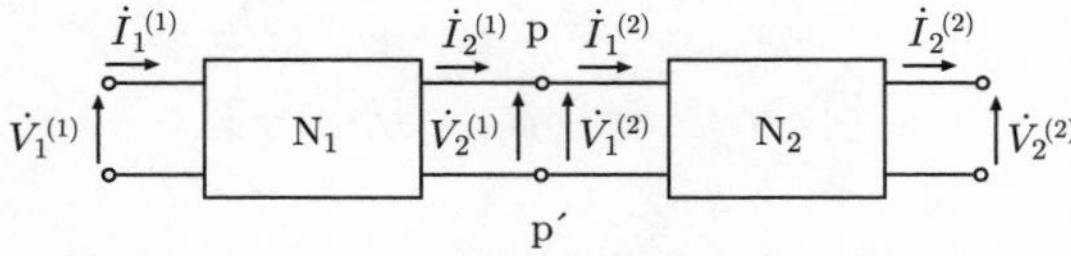

図 8.10 2 つの二端子対回路の縦続接続

$$\begin{bmatrix} \dot{V}_2^{(1)} \\ \dot{I}_2^{(1)} \end{bmatrix} = \begin{bmatrix} \dot{V}_1^{(2)} \\ \dot{I}_1^{(2)} \end{bmatrix} \tag{8.47}$$

が成り立つから，

$$\begin{bmatrix} \dot{V}_1^{(1)} \\ \dot{I}_1^{(1)} \end{bmatrix} = \begin{bmatrix} \dot{A}_1 & \dot{B}_1 \\ \dot{C}_1 & \dot{D}_1 \end{bmatrix} \begin{bmatrix} \dot{A}_2 & \dot{B}_2 \\ \dot{C}_2 & \dot{D}_2 \end{bmatrix} \begin{bmatrix} \dot{V}_2^{(2)} \\ \dot{I}_2^{(2)} \end{bmatrix} \tag{8.48}$$

が得られる．この式は，二端子対回路が2段に縦続接続されているとき，左端の入力側と右端の出力側の電圧電流の関係が縦続行列の積で与えられることを示している．したがって，n 個の二端子対回路が縦続接続されているときは入出力関係は n 個の縦続行列の積で表される．

8.2.5 特殊な回路の縦続行列

a. 直列インピーダンスの縦続行列　図8.7(a) の回路では

$$\dot{V}_1 = \dot{V}_2 + \dot{Z}\hat{\dot{I}}_2, \quad \dot{I}_1 = \hat{\dot{I}}_2 \tag{8.49}$$

であるから，縦続行列は

$$\begin{bmatrix} 1 & \dot{Z} \\ 0 & 1 \end{bmatrix} \tag{8.50}$$

となる．

b. 並列アドミタンスの縦続行列　図8.7(b) の回路では

$$\dot{V}_1 = \dot{V}_2, \quad \dot{I}_1 = \dot{Y}\dot{V}_2 + \hat{\dot{I}}_2 \tag{8.51}$$

となるから，縦続行列は

$$\begin{bmatrix} 1 & 0 \\ \dot{Y} & 1 \end{bmatrix} \tag{8.52}$$

となる．はしご型のような回路の入出力関係は，この2つの回路に分割して，縦続行列の積により簡単に求められる．

¶例 8.4¶　図8.5の回路で $L = L_1 = L_2$ のときの入出力関係を定める縦続行列は

$$\begin{bmatrix} 1 & \mathrm{j}\omega L \\ 0 & 1 \end{bmatrix} \begin{bmatrix} 1 & 0 \\ \mathrm{j}\omega C & 1 \end{bmatrix} \begin{bmatrix} 1 & \mathrm{j}\omega L \\ 0 & 1 \end{bmatrix} = \begin{bmatrix} 1-\omega^2 LC & \mathrm{j}(2\omega L - \omega^3 L^2 C) \\ \mathrm{j}\omega C & 1-\omega^2 LC \end{bmatrix}$$

となる．

c. 理想変成器　**理想変成器** (ideal transformer) は，単に，出力側 (2 次側) の電圧を入力側 (1 次側) の電圧の n 倍に，出力側の電流を入力側の電流の $1/n$ 倍にする素子である．n を変成比 (変圧比) という．したがって，入力側の電力と出力側の電力は等しく，入出力間で損失や電流と電圧に位相のずれも生じない．理想変成器は図 **8.11** のように表され，黒丸印は極性を表す記号である．

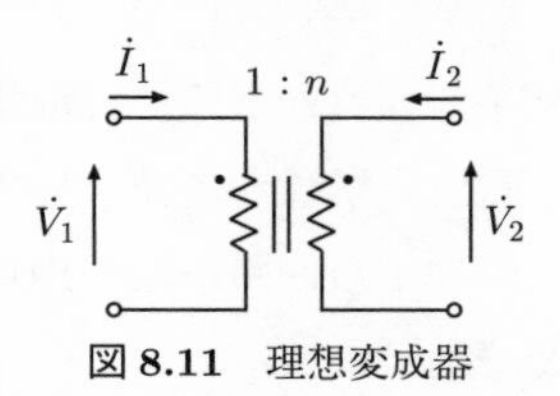

図 8.11　理想変成器

入出力間の電流と電圧の関係は

$$\dot{V}_2 = n\dot{V}_1, \quad \dot{I}_2 = -\frac{1}{n}\dot{I}_1 \tag{8.53}$$

で与えられる．したがって，縦続行列は出力側の電流の向きを逆にして

$$\begin{bmatrix} \dfrac{1}{n} & 0 \\ 0 & n \end{bmatrix} \tag{8.54}$$

となる．

¶例 8.5¶　図 **8.12** の回路は実際の変圧器の等価回路である．インピーダンス $\dot{Z}_1$ と $\dot{Z}_2$ は，それぞれ 1 次巻線と 2 次巻線の抵抗と漏れリアクタンスを意味する．また，アドミタンス $\dot{Y}_0$ は**励磁アドミタンス** (exciting admittance) とよばれる．縦続行列は

$$\begin{bmatrix} \dot{A} & \dot{B} \\ \dot{C} & \dot{D} \end{bmatrix} = \begin{bmatrix} 1 & \dot{Z}_1 \\ 0 & 1 \end{bmatrix} \begin{bmatrix} 1 & 0 \\ \dot{Y}_0 & 1 \end{bmatrix} \begin{bmatrix} \dfrac{1}{n} & 0 \\ 0 & n \end{bmatrix} \begin{bmatrix} 1 & \dot{Z}_2 \\ 0 & 1 \end{bmatrix}$$

となる．これを計算して

$$\begin{bmatrix} \dot{A} & \dot{B} \\ \dot{C} & \dot{D} \end{bmatrix} = \begin{bmatrix} \dfrac{1}{n}(1+\dot{Y}_0\dot{Z}_1) & \dfrac{1}{n}(1+\dot{Y}_0\dot{Z}_1)\dot{Z}_2+n\dot{Z}_1 \\ \dfrac{1}{n}\dot{Y}_0 & \dfrac{1}{n}\dot{Y}_0\dot{Z}_2+n \end{bmatrix}$$

が得られる．

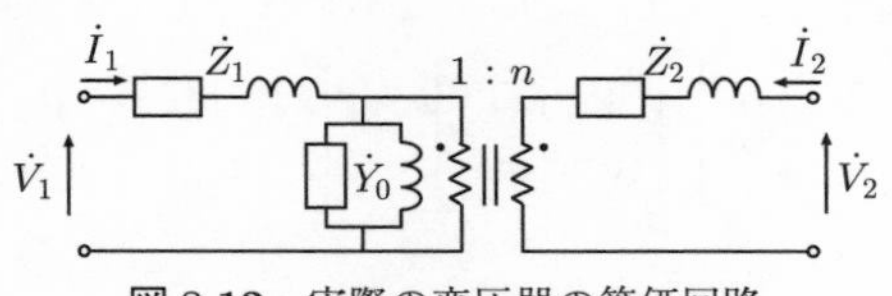

図 8.12　実際の変圧器の等価回路

ここで，これまでの知識をもとにして，電気主任技術者の試験問題を解いてみよう．

♣ **電気主任技術者試験問題** (平成 11 年第一種) ♣

次の文章は交流回路に関する記述である．(　) の中に当てはまる式を記入せよ．

図 8.13 のような交流回路 (角周波数 ω) において，破線で囲まれた部分の回路の四端子定数 $\dot{A}$，$\dot{B}$，$\dot{C}$ および $\dot{D}$ は

$$\begin{bmatrix} \dot{A} & \dot{B} \\ \dot{C} & \dot{D} \end{bmatrix} = \begin{bmatrix} 1-\dfrac{1}{\omega^2 LC} & (1) \\ \dfrac{1}{\mathrm{j}\omega L} & 1-\dfrac{1}{\omega^2 LC} \end{bmatrix}$$

である．この回路において，角周波数 ω を変化させたところ，端子対 1-1′ から右の負荷側を見たインピーダンスが，同端子対から左の電源側を見たインピーダンスに等しくなった．このとき，角周波数は ω =(2) であり，関係式 R_1R_2 =(3) が成り立つ．負荷 R_2 の端子電圧は $\dot{V}$ =(4)，インダクタ L に流れる電流は $\dot{I}$ =(5) となる．ただし，$R_1 \neq R_2$ とする．

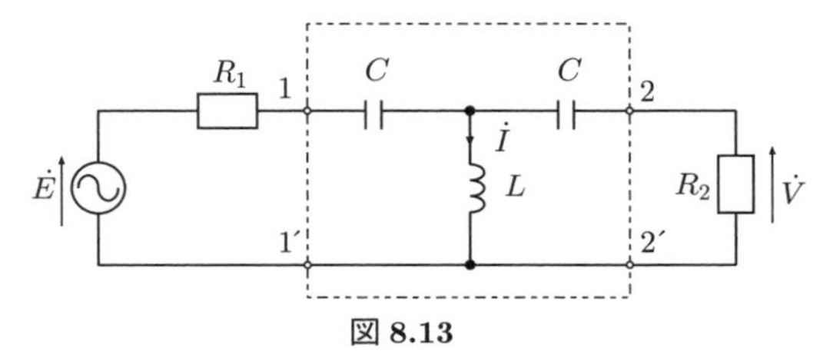

図 8.13

【解答】 CLC のそれぞれの縦続行列をかけるか，縦続行列の定義により，(1) は $(2-\dfrac{1}{\omega^2 LC})/\mathrm{j}\omega C$．端子対 1-1′ から左の電源側を見たインピーダンスは R_1 であるから，入出力の電圧電流の関係は $\dot{V} = \dot{V}_2 = R\dot{I}_2$ であるから

$$\dot{V}_1 = \dot{A}\dot{V}_2+\dot{B}\dot{I}_2 = (\dot{A}R_2+\dot{B})\dot{I}_2$$

$$\dot{I}_1 = \dot{C}\dot{V}_2+\dot{D}\dot{I}_2 = (\dot{C}R_2+\dot{D})\dot{I}_2$$

である．端子対 1-1′ から右側を見たインピーダンスは

$$\dot{Z}_r = \frac{\dot{V}_1}{\dot{I}_1} = \frac{\dot{A}R_2+\dot{B}}{\dot{C}R_2+\dot{D}}$$

であり，$\dot{Z}_r = R_1$ とおいて計算すると，(2) $\omega = 1/\sqrt{LC}$ と (3) $R_1R_2 = L/C$ が得られる．この条件を用いて，$\dot{I}_2 = \mathrm{j}\omega C\dot{E}/2 = \mathrm{j}\sqrt{C/L}\dot{E}/2$ となり，負荷 R_2 の端子電圧は (4) $\dot{V} = \mathrm{j}\sqrt{C/L}R_2\dot{E}/2$ となる．したがって，インダクタ L に流れる電流は，(5) $\dot{I} = \dot{I}_1-\dot{I}_2 = \dot{E}/2R_1-\mathrm{j}\omega C\dot{E}/2 = (1/R_1-\mathrm{j}\sqrt{C/L})\dot{E}/2$ となる．

8.3 スターデルタ変換 (T-π 変換，Y-Δ 変換)

図 **8.14**(a) の回路は **T 形回路**，(b) は $\boldsymbol{\pi}$ **形回路**とよばれる．電力系統の回路では (a) を**スター (星形，Y 形) 回路**，(b) を **デルタ (Δ) 形回路**という．回路 (a) を

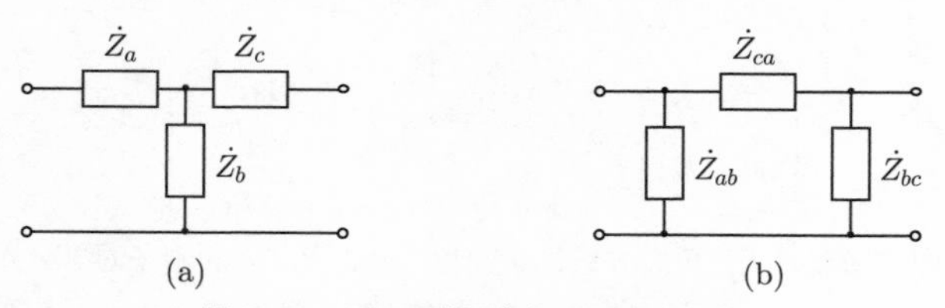

図 8.14　(a) T 形回路と (b) π 形回路

(b) に，また逆に回路 (b) を (a) の回路に等価的に変換することを考える．縦続行列を用いて，図 (a) の T 形回路の縦続行列は

$$\begin{bmatrix} 1 & \dot{Z}_a \\ 0 & 1 \end{bmatrix} \begin{bmatrix} 1 & 0 \\ \frac{1}{\dot{Z}_b} & 1 \end{bmatrix} \begin{bmatrix} 1 & \dot{Z}_c \\ 0 & 1 \end{bmatrix} = \begin{bmatrix} 1+\frac{\dot{Z}_a}{\dot{Z}_b} & \left(1+\frac{\dot{Z}_a}{\dot{Z}_b}\right)\dot{Z}_c+Z_a \\ \frac{1}{\dot{Z}_b} & 1+\frac{\dot{Z}_c}{\dot{Z}_b} \end{bmatrix} \tag{8.55}$$

となる．一方図 (b) の π 形回路の縦続行列は

$$\begin{bmatrix} 1 & 0 \\ \frac{1}{\dot{Z}_{ab}} & 1 \end{bmatrix} \begin{bmatrix} 1 & \dot{Z}_{ca} \\ 0 & 1 \end{bmatrix} \begin{bmatrix} 1 & 0 \\ \frac{1}{\dot{Z}_{bc}} & 1 \end{bmatrix} = \begin{bmatrix} 1+\frac{\dot{Z}_{ca}}{\dot{Z}_{bc}} & \dot{Z}_{ca} \\ \frac{1}{\dot{Z}_{ab}}+\left(1+\frac{\dot{Z}_{ca}}{\dot{Z}_{ab}}\right)\frac{1}{\dot{Z}_{bc}} & 1+\frac{\dot{Z}_{ca}}{\dot{Z}_{ab}} \end{bmatrix} \tag{8.56}$$

となる．これら 2 つの行列は等しいから，両方の行列の (1,2) 要素を比較して $\dot{Z}_{ca}$ が $\dot{Z}_a, \dot{Z}_b, \dot{Z}_c$ で表され，ついで (1,1) と (2,2) 要素の比較から $\dot{Z}_{ab}$ と $\dot{Z}_{bc}$ が表される．その結果

$$\left.\begin{aligned} \dot{Z}_{ab} &= \frac{\dot{Z}_a\dot{Z}_b+\dot{Z}_b\dot{Z}_c+\dot{Z}_c\dot{Z}_a}{\dot{Z}_c} \\ \dot{Z}_{bc} &= \frac{\dot{Z}_a\dot{Z}_b+\dot{Z}_b\dot{Z}_c+\dot{Z}_c\dot{Z}_a}{\dot{Z}_a} \\ \dot{Z}_{ca} &= \frac{\dot{Z}_a\dot{Z}_b+\dot{Z}_b\dot{Z}_c+\dot{Z}_c\dot{Z}_a}{\dot{Z}_b} \end{aligned}\right\} \tag{8.57}$$

となる．また，両方の行列の (2,1) 要素を比較して，$\dot{Z}_b$ を $\dot{Z}_{ab}, \dot{Z}_{bc}, \dot{Z}_{ca}$ によって表し，(1,1) と (2,2) 要素の比較により $\dot{Z}_a$ と $\dot{Z}_c$ を $\dot{Z}_{ab}$，$\dot{Z}_{bc}$，$\dot{Z}_{ca}$ によって表すと

$$\left.\begin{aligned}\dot{Z}_a &= \frac{\dot{Z}_{ab}\dot{Z}_{ca}}{\dot{Z}_{ab}+\dot{Z}_{bc}+\dot{Z}_{ca}}\\ \dot{Z}_b &= \frac{\dot{Z}_{bc}\dot{Z}_{ab}}{\dot{Z}_{ab}+\dot{Z}_{bc}+\dot{Z}_{ca}}\\ \dot{Z}_c &= \frac{\dot{Z}_{ca}\dot{Z}_{bc}}{\dot{Z}_{ab}+\dot{Z}_{bc}+\dot{Z}_{ca}}\end{aligned}\right\} \tag{8.58}$$

となる．式 (8.57)，(8.58) の変換は**スターデルタ変換**，**T-π 変換**，**Y-Δ 変換**などとよばれている．この変換は電力を伝送する三相回路において有用である．スターデルタ変換を覚えておくと大変便利である．

¶例 8.6¶ **図 8.15** のようなブリッジ回路が，抵抗 R の値に関係なく平衡する条件はどうなるかをスターデルタ変換を利用して考えてみよう．

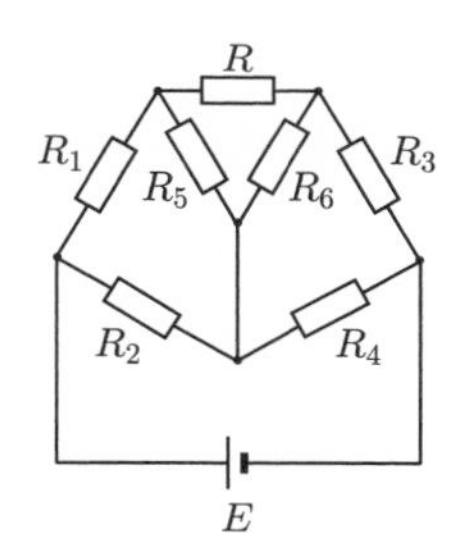

図 8.15 デルタ形回路のある回路

【解説】 図 8.15 の Δ 形の部分を**図 8.16** のように Y 形に変換すると，式 (8.58) により

$$R_a = \frac{R_5R}{R+R_5+R_6}, \quad R_b = \frac{R_6R}{R+R_5+R_6} \tag{8.59}$$

となるから，平衡の条件は

$$R_4(R_1+R_a) = R_2(R_3+R_b) \tag{8.60}$$

である．したがって，R に関係なく上の式が成り立つための条件は

$$R_1R_4-R_2R_3 = 0, \quad R_2R_6-R_4R_5 = 0 \tag{8.61}$$

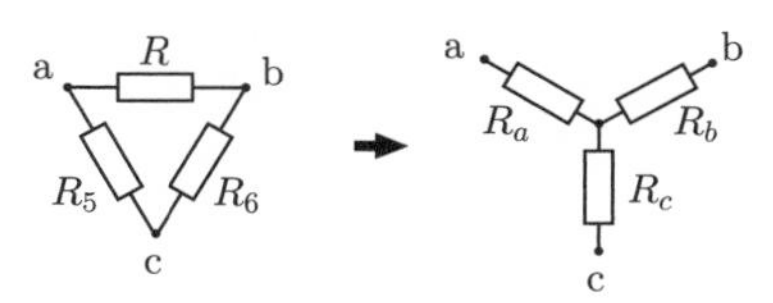

図 8.16 スターデルタ変換

で与えられる．まとめると

$$\frac{R_1}{R_3} = \frac{R_2}{R_4} = \frac{R_5}{R_6} \tag{8.62}$$

となる．

♣ **電気主任技術者試験問題** (平成 11 年第一種) ♣

次の文章は，直流回路の電圧，電流分布に関する記述である．文中の (　) の中に当てはまる数値を記入せよ．

図8.17の回路において，電流源Jの供給する電流は，次のように分流する．$I_1 = (1)\times J$，$I_2 = (2)\times J$，$I_3 = (3)\times J$．また，端子 a, b 間の電圧は，$|V_{\rm ab}| = (4)\Omega\times J$ であり，端子 c, d 間の電圧は $|V_{\rm cd}| = (5)\Omega\times J$ となる．

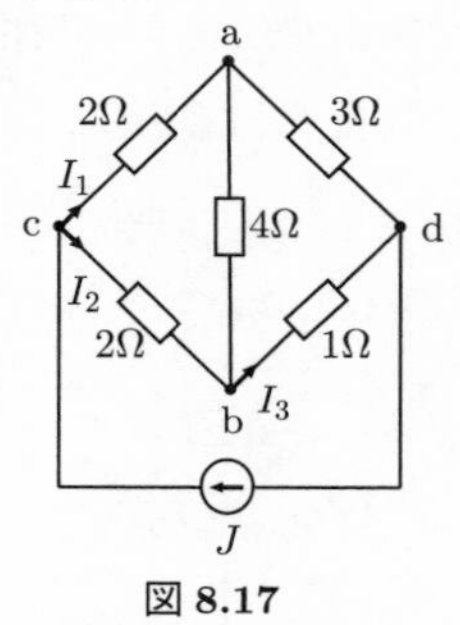

図 8.17

【解答】 △abd を Y 形に変換すると，**図 8.18** の回路が得られるから，これより (1) $I_1 = \frac{5/2}{5/2+7/2}J = 5J/12$，(2) $I_2 = \frac{7/2}{5/2+7/2}J = 7J/12$ が得られる．端子 a から d に流れる電流は $J-I_3$ である．元の回路で枝 cad と枝 cbd の電圧は等しいから，$V_{\rm cd} = 2I_1+3(J-I_3) = 2I_2+1\times I_3$ である．この式から (3)$I_3 = 2J/3$ を得る．したがって，(4) $|V_{\rm ab}| = |3\Omega\times J/3-1\Omega\times 2J/3| = 1/3\Omega\times J$，また，(5) $V_{\rm cd} = 11/6\Omega\times J$ となる．解法はこれだけでなく，たとえば節点 a あるいは b から出る 3 本の枝はスター接続であるから，これをデルタ接続に変換する方法もあるので，いろいろ試みるとよい．また，このようにブリッジ回路が平衡していないとき，ループ電流の連立方程式をたてて解く方法もあるが，計算に手間がかかり必ずしも得策ではない．

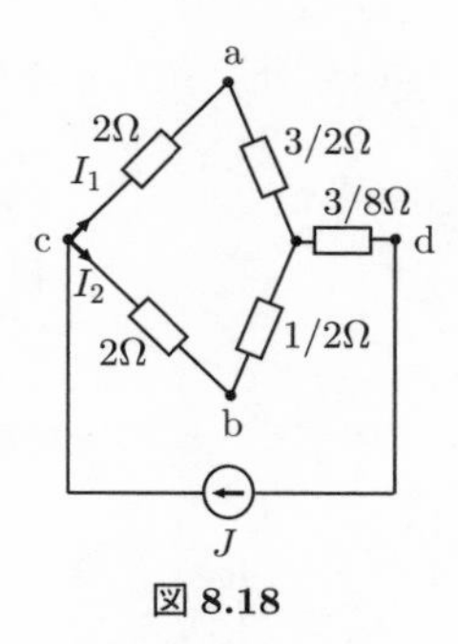

図 8.18

8.4 終端された二端子対回路

二端子対回路に電源と負荷を接続する．この回路構成は電気回路の最も基本的な構成である．**図 8.19** は電圧源 $\dot{E}$ に負荷インピーダンス $\dot{Z}_L$ が接続されている．インピーダンス $\dot{Z}_s$ は電圧源の内部抵抗に相当する．いま，端子対 1-1′ から右側を

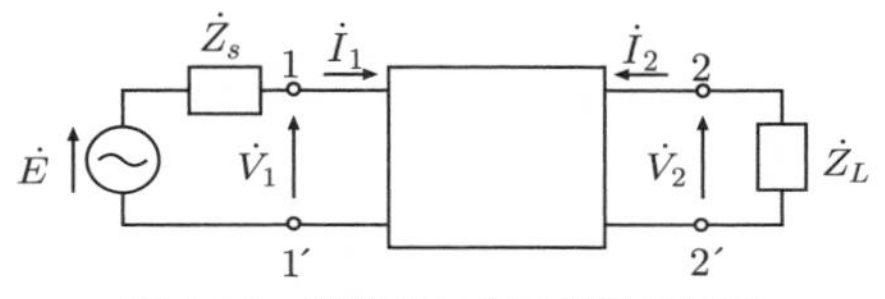

図 8.19 終端された二端子対回路

みたインピーダンス $\dot{Z}_{11}$ を求めよう．このインピーダンス $\dot{Z}_{11}$ を**入力インピーダンス** (input impedance) あるいは**駆動点インピーダンス** (driving-point impedance) という．二端子対回路はインピーダンスパラメータによって

$$\dot{V}_1 = \dot{z}_{11}\dot{I}_1 + \dot{z}_{12}\dot{I}_2 \tag{8.63}$$

$$\dot{V}_2 = \dot{z}_{21}\dot{I}_1 + \dot{z}_{22}\dot{I}_2 \tag{8.64}$$

また，電源側と負荷側について

$$\dot{V}_1 = \dot{E} - \dot{Z}_s\dot{I}_1 \tag{8.65}$$

$$\dot{V}_2 = -\dot{Z}_L\dot{I}_2 \tag{8.66}$$

が成り立つ．$\dot{I}_2$ と $\dot{V}_2$ を消去すると

$$\dot{Z}_{11} = \frac{\dot{V}_1}{\dot{I}_1} = \dot{z}_{11} - \frac{\dot{z}_{12}\dot{z}_{21}}{\dot{z}_{22} + \dot{Z}_L} \tag{8.67}$$

となり，端子対 1-1′ からみた入力インピーダンスが求められる．同様にして，端子対 2-2′ からみた**出力インピーダンス** (output impedance) が式 (8.65) で $E = 0$ とおいて

$$\dot{Z}_{22} = \dot{z}_{22} - \frac{\dot{z}_{21}\dot{z}_{12}}{\dot{z}_{11} + \dot{Z}_s} \tag{8.68}$$

のように求められる．次に，$\dot{I}_1, \dot{I}_2, \dot{V}_1$ を消去すると

$$\frac{\dot{V}_2}{\dot{E}} = \frac{\dot{z}_{21}\dot{Z}_L}{(\dot{z}_{11} + \dot{Z}_s)(\dot{z}_{22} + \dot{Z}_L) - \dot{z}_{12}\dot{z}_{21}} \tag{8.69}$$

となり，電圧源の大きさと負荷の端子電圧の関係が得られる．この比を**電圧伝達比** (transfer voltage ratio) という．

演 習 問 題

8.1 図 **8.20** の回路の抵抗行列 $\boldsymbol{R}$, コンダクタンス行列 $\boldsymbol{G}$, ハイブリッド行列 $\boldsymbol{H}$, 縦続行列 $\boldsymbol{F}$ を求めよ.

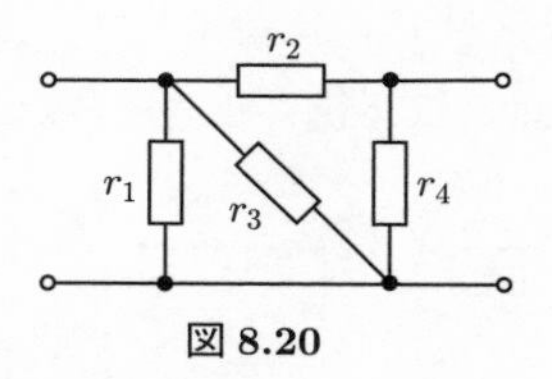

図 **8.20**

8.2 図 **8.21** の破線で囲んだ部分の四端子定数を求めよ. 次に, 端子対 2-2′ から見たインピーダンスが純抵抗になるとき, 図の回路を電流源と抵抗で等価的に表せ.

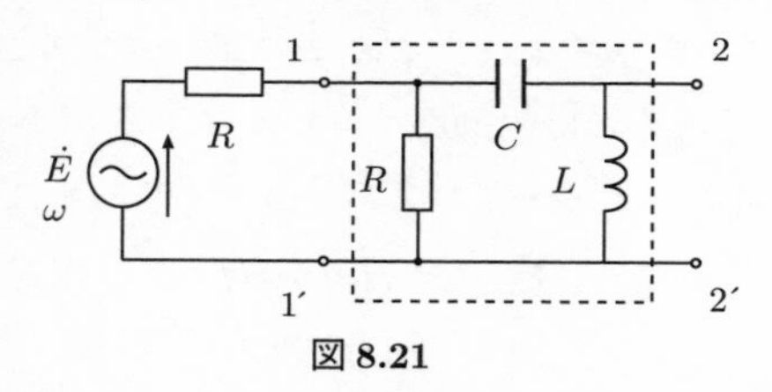

図 **8.21**

8.3 図 **8.22** の回路で電圧 $\dot{V}$ と $\dot{E}$ の位相差が 90 度になるとき, 電源の角周波数 ω はいくらか. また, そのとき電圧伝達比 $|\dot{V}|/|\dot{E}|$ はいくらになるか.

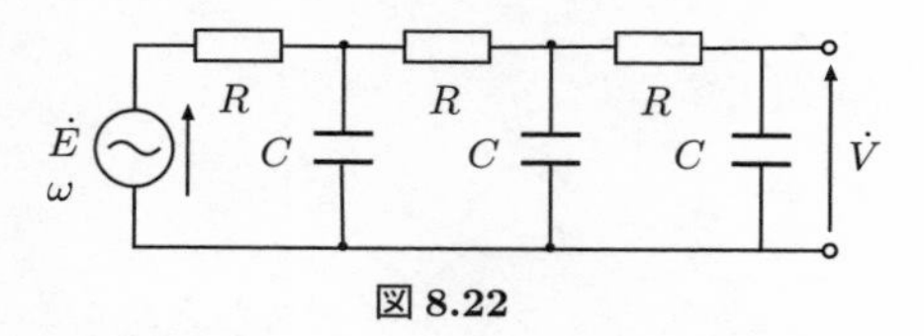

図 **8.22**

8.4 図 **8.23** について各問に答えよ.

(a) 図 (a) の回路の四端子定数を求めよ.

(b) 図 (b) の回路で電流源の角周波数 ω が $\sqrt{2/LC}$ のとき, 電流源 $\dot{J}$ と端子電圧 $\dot{V}_2$ とは, 逆位相になることを示せ.

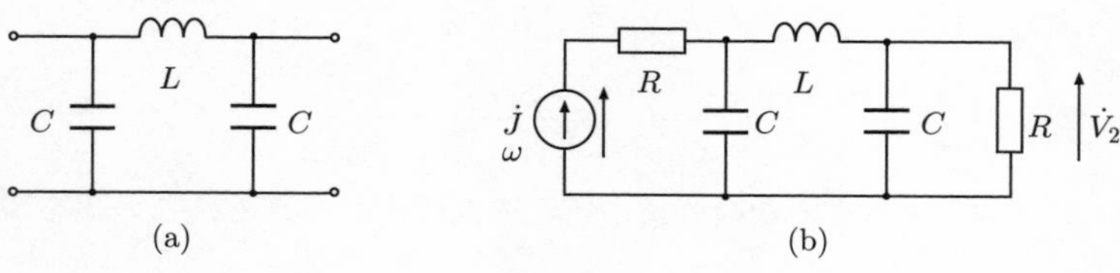

図 **8.23**

8.5　**図 8.24** の回路において相反性が成り立つことを確かめよ．また，端子対 2-2′ にインピーダンス $\dot{Z}$ を接続したとき，端子対 1-1′ から見た入力インピーダンス $\dot{Z}_i$ を求めよ．さらに，$C_1 = C_2$，$\omega = 1/\sqrt{LC_1}$ のとき，このインピーダンス $\dot{Z}_i$ を求めよ．

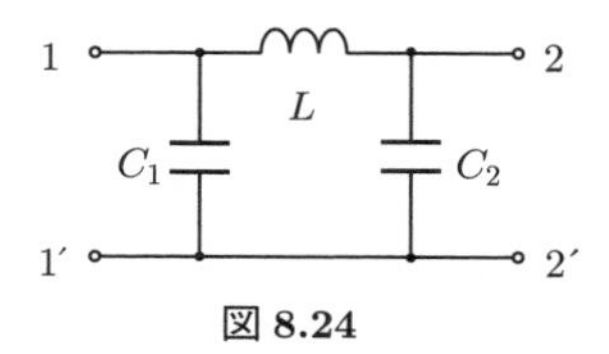

図 8.24

8.6　**図 8.25**(a) の回路の四端子定数 $\dot{A}$，$\dot{B}$，$\dot{C}$，$\dot{D}$ を定めよ．これを用いて，図 (b) の回路の電流 $\dot{I}$ と電源電圧 $\dot{E}$ が同位相になる条件を示し，そのときの電流 $\dot{I}$ を求めよ．

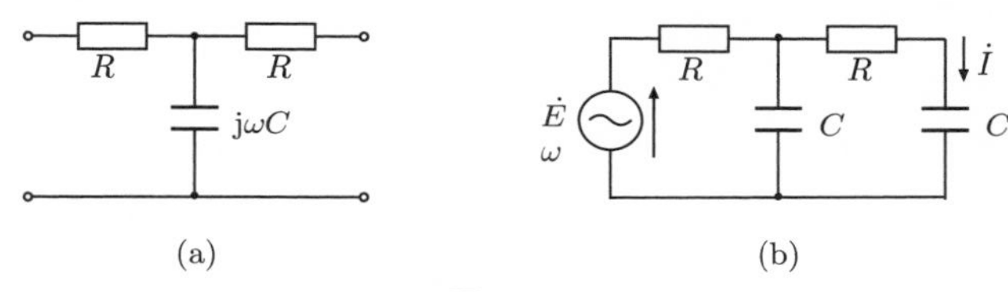

図 8.25

8.7　**図 8.26** の回路は**ツイン T CR 回路** (twin-T CR circuit) といわれる．この回路のアドミタンス行列を求めよ．また，端子対 1-1′ に電圧 $\dot{E}$ をかけても，その効果が端子対 2-2′ に現れないようにするには，電圧 $\dot{E}$ の角周波数 ω をいくらにしたらよいか．(京都大学電気系大学院入試問題，昭和 60 年)

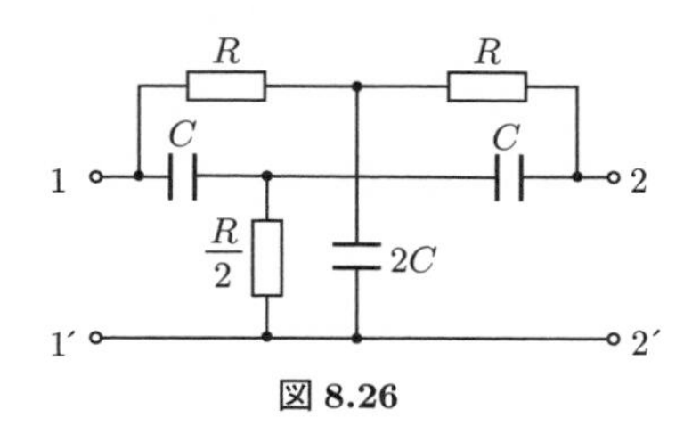

図 8.26

9. 三相交流回路

ポイント 3 個の交流起電力の大きさと周波数が等しく，相互の位相角の差が $2\pi/3=120°$ に等しいとき，これらの交流起電力を三相交流起電力 (symmetric three phase alternating current e.m.f) という．三相交流起電力を電源とし，負荷とを 3 本ないし 4 本の導線で結ぶ方式を三相方式 (three phase system) という．本章では三相方式を三相交流回路 (three phase A.C. circuit) とよぶ．われわれの生活に身近な発電，送電，配電に関係する回路は三相交流回路である．この章では三相交流回路の電源と負荷の取り扱い方をフェーザを用いて説明する．

なお，これまでフェーザが複素数であることを明確に表すために，フェーザ表示は $\dot{E}, \dot{I}, \dot{Z}$ のように文字の上に点・を付けてきたが，近年 E, I, Z のように点を付けずにフェーザを表示することも普及している．この表示に慣れるためにも，本章ではフェーザに点を付けないことにし，すべて電圧，電流，インピーダンスなどは複素数とする．

9.1 三相交流の電源

9.1.1 電圧源とインピーダンスの直列接続

図 9.1(a) のように 2 つの端子 aa′ の間に電圧 E の電圧源とインピーダンス Z が直列に接続され，電流 I の向きと電圧 E の向きが一致している．aa′ 間の電圧 V を同図 (a) の向きにとると

$$V = E - ZI \tag{9.1}$$

となる．E, I, V, Z はフェーザである．式 (9.1) の関係をフェーザ図で表すと，

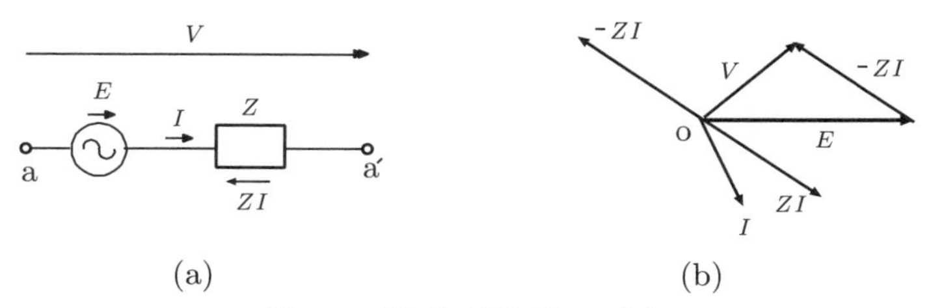

(a) (b)

図 9.1 交流電圧源と電圧の向き

同図 (b) のようになる．この図 (b) から，電流 I の位相が電圧 E の位相より遅れ，電圧 V の位相は E より進んでいることがわかる．

9.1.2 対称三相電源の構成

図 9.2(a) のように，瞬時値が $e_a(t)$, $e_b(t)$, $e_c(t)$ の 3 個の単相交流電源 (single phase AC source) が電流 $i_a(t)$, $i_b(t)$, $i_c(t)$ を流している．この 3 個の交流電圧源が

1. 電圧の大きさが等しい
2. 周波数が等しい
3. e_a, e_b, e_c は互いに 120° の位相差をもつ

という条件を満たすものとする．e_a, e_b, e_c のどれか 1 つの位相を 120° ずらしても他のどれかに重なるとき，これら 3 つの電圧源は**対称** (symmetric) といい，これらを**対称三相電源** (symmetric three-phase source) とよぶ．これらの交流電圧源 e_a, e_b, e_c は個別に定義されているから，この 3 個の交流電圧源がそれぞれ独立して負荷に電力を送る場合には，$2 \times 3 = 6$ 本の導線が必要になる．これに対して，図 9.2(b) のように，e_a，e_b，e_c の端子 a', b', c' を点 O でひと纏めにして負荷に電力を送る方式が考えられる．この場合は必要な導線は 4 本または 3 本になる．前者を三相 4 線式，後者を三相 3 線式という．すなわち，同図 (c) のように 3 つの電圧源をまとめることができる．3 つの電圧源の電圧を**相電圧** (phase voltage)，そこを流れる電流を**相電流** (phase current) という．

一方，電源から負荷側に 3 本の導線が延びているが，そのうち 2 本の間の電圧を**線間電圧** (line voltage)，導線を流れる電流を**線電流** (line current) という．相電圧と線間電圧の関係，相電流と線電流の関係は電源が Y 結線か Δ 結線かによって変わる．

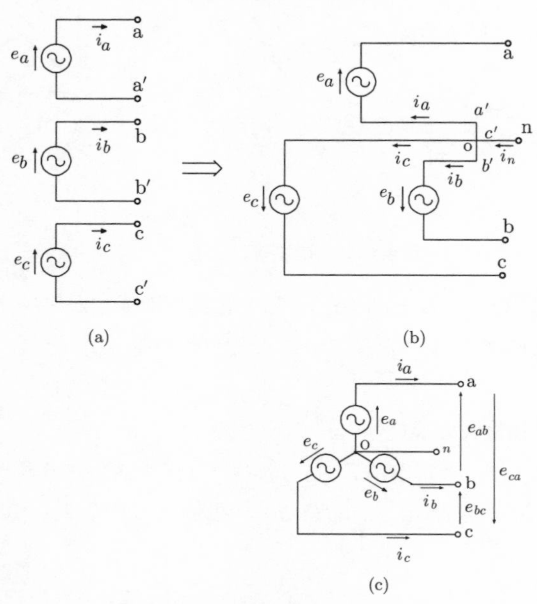

図 9.2　対称三相交流の発生

a. Y 形電圧源　　図 9.2(a) の 3 個の電圧源の 3 個の端子 a', b', c' を一纏めに接続した端子を n とすれば，図 9.2(b) の端子間 an，bn，cn に上記の 3 条件を満たす電圧 e_a, e_b, e_c を得る．同図 (b) は同図 (c) のように描く．この結線方式の電圧源を **Y 形電圧源** (star voltage source) あるいは Y 電源または**星形電源** (star voltage) という．Y 形電圧源の電圧を**相電圧** (phase voltage)，電圧源を流れる電流を**相電流** (phase current)，電源と負荷を接続する導線を流れる電流を**線電流** (line current) とよぶ．同図 (c) において，e_a, e_b, e_c は相電圧，e_{ab}，e_{bc}，e_{ca} などは線間電圧であり，

$$e_{ab} = e_a - e_b, \qquad e_{bc} = e_b - e_c, \qquad e_{ca} = e_c - e_a \tag{9.2}$$

である．

b. Δ 形電圧源　　端子 a′ と b，b′ と c，c′ と a を繋げば，図 9.3 のように 3 個の電圧源がループ状に繋がり，3 つの接続点から三相電圧源が得られる．この方式を Δ 形電圧源あるいは Δ 電源または**環状電圧** (ring voltage) という．

この場合は，線間電圧 e_{ab} などは

$$e_{ab} = e_a, \qquad e_{bc} = e_b, \qquad e_{ca} = e_c \tag{9.3}$$

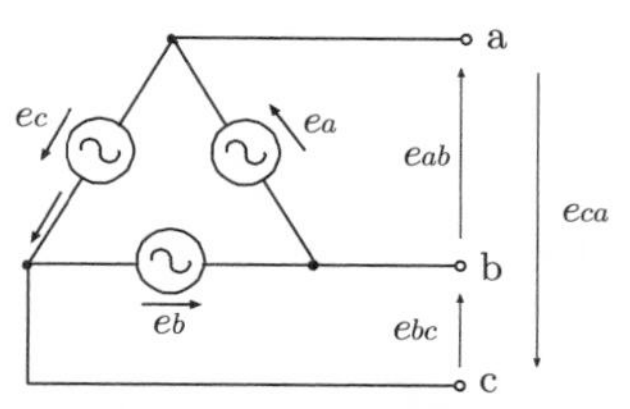

図 **9.3**　e_a が線間電圧 e_{ab}

である．3 つの電圧源の Δ 結線では電圧則により任意の時刻 t に対し

$$e_{ab} + e_{bc} + e_{ca} = e_a(t) + e_b(t) + e_c(t) = 0 \tag{9.4}$$

が成り立つ．これは電圧源を 3 個 Δ 形に接続しても，3 つの電圧源を循環する電流が流れないことを示す．

ところで，図 9.4(a) に示す端子 ab 間の電圧 e_{ab} が $e_{ab} = e_a$ であり，同図 (b) のように $e_{ab} = (-e_b) + (-e_c)$ でもある．

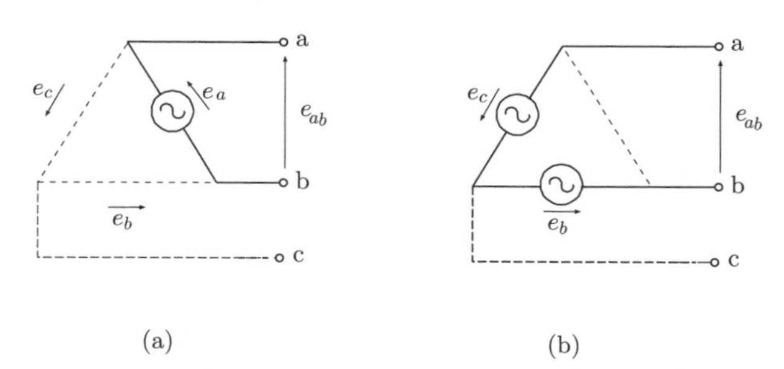

図 **9.4**　(a)e_a が線間電圧 e_{ab}，(b)$(-e_b) + (-e_c)$ が線間電圧 e_{ab}

つまり，ab 間の電圧 e_{ab} は e_a と，それに並列の $-e_b - e_c (= e_a)$ という電圧源から成り立っているから，e_a を取り除いても，e_{ab} には e_a と同じ起電力が表れる．図 9.4(b) の結線を V 結線という．同図から，V 結線では線電流と相電流の大きさ，線間電圧と相電圧の大きさがそれぞれ等しいこともわかる．

9.1.3　対称三相交流電源のフェーザ表示

対称三相交流電源が Y 電源の場合と Δ 電源の場合をそれぞれフェーザで表現する．

Y 電源の場合

Y 電源の瞬時値 $e_a(t)$，$e_b(t)$，$e_c(t)$ は

$$\left.\begin{array}{l} e_a(t) = E_m \cos(\omega t + \varphi) = \mathrm{Re}\,[E_a e^{\mathrm{j}\omega t}] \\ e_b(t) = E_m \cos(\omega t + \varphi - 120^\circ) = \mathrm{Re}\,[E_b e^{\mathrm{j}\omega t}] \\ e_c(t) = E_m \cos(\omega t + \varphi - 240^\circ) = \mathrm{Re}\,[E_c e^{\mathrm{j}\omega t}] \end{array}\right\} \tag{9.5}$$

で表される．いま，

$$a = e^{\mathrm{j}\frac{2\pi}{3}} = 1\angle 120^\circ, \quad E = E_m e^{\mathrm{j}\varphi} \tag{9.6}$$

とおけば，$e_a(t)$，$e_b(t)$，$e_c(t)$ のフェーザはそれぞれ

$$E_a = E, \quad E_b = Ee^{-\mathrm{j}120^\circ} = a^{-1}E, \quad E_c = Ee^{-\mathrm{j}240^\circ} = a^{-2}E \tag{9.7}$$

となる．ただし，E_a, E_b, E_c は a 相を基準とする三相電圧 (起電力) のフェーザである [*1]．なお，交流電圧の大きさを表すのに，最大値 E_m のほかに実効値 $E_e \triangleq E_m/\sqrt{2}$ も用いられる．

フェーザ Z に対し，aZ は Z を反時計方向に 120° 回転させること，したがって $a^{-1}Z$ は時計方向に Z を 120° 回転させることを表す．a を 120° 回転子とよぶ．明らかに

$$E_a + E_b + E_c = (1 + a^{-1} + a^{-2})E = 0 \tag{9.8}$$

が成り立ち，各相の電圧の総和は 0 になる．また，式 (9.2) のフェーザ表示は

$$E_{ab} = E_a - E_b, \quad E_{bc} = E_b - E_c, \quad E_{ca} = E_c - E_a \tag{9.9}$$

となるから，電圧 E_a と線間電圧 E_{ab} の関係をフェーザ図で示すと，図 9.5 のようになる．同図から線間電圧 E_{ab} の位相が a 相電圧 E_a より 30° 進んでいることがわかる．

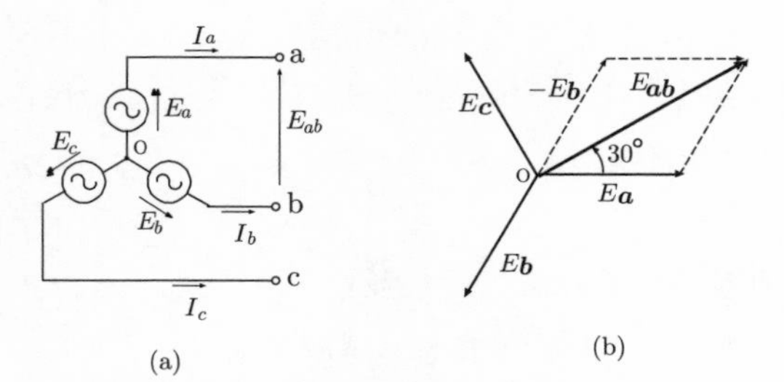

図 9.5　Y 電圧と線間電圧 E_{ab} のフェーザ図

---

*1)　a は 1 の 3 乗根で $a = e^{\mathrm{j}\frac{2\pi}{3}} = -\frac{1}{2} + \mathrm{j}\frac{\sqrt{3}}{2}$ に対し，$a^3 = 1$, $a^{-1} = e^{-\mathrm{j}\frac{2\pi}{3}} = -\frac{1}{2} - \mathrm{j}\frac{\sqrt{3}}{2} = a^2$ である．$\overline{a} = a^{-1}$, $1 + a + a^2 = 0$, $1 - a = \sqrt{3}e^{-\mathrm{j}30^\circ}$, $1 - a^{-1} = \sqrt{3}e^{\mathrm{j}30^\circ}$ などが成り立つ

Δ 電源の場合

Δ 電源の式 (9.3) のフェーザ表示は

$$E_{ab} = E_a, \quad E_{bc} = E_b, \quad E_{ca} = E_c \tag{9.10}$$

である．つまり，線間電圧がそのまま対称三相電源である．明らかに，電圧則により

$$E_{ab} + E_{bc} + E_{ca} = E_a + E_b + E_c = 0 \tag{9.11}$$

が成り立つ．したがって，Δ 回路を循環する電流は流れない．

線電流と相電流との関係は次のようにして導かれる．すなわち，図 9.6(a) のように，対称三相電源を流れる電流を線電流を I_a, I_b, I_c，相電流 (デルタ電流) を I_{ab}, I_{bc}, I_{ca} とすれば

$$I_a = I_{ab} - I_{ca}, \qquad I_b = I_{bc} - I_{ab}, \qquad I_c = I_{ca} - I_{bc} \tag{9.12}$$

が成り立つ．このフェーザ図を図 9.6(b) に示す．同図 (b) から線電流 I_a, I_b, I_c はデルタ電流で I_{ab}, I_{bc}, I_{ca} の位相から 30° 遅れることがわかる．

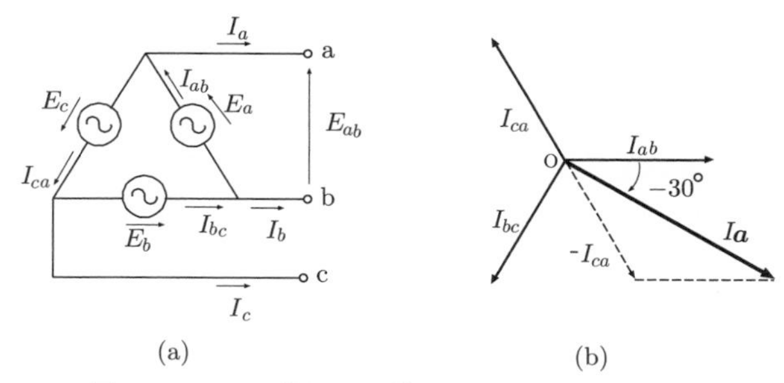

図 9.6 (a)Δ 電源，(b) 線電流 I_a のフェーザ表示

V 結線では $E_{ab} = (-E_b) + (-E_c)$ となるから，フェーザ図は図 9.7 のようになり，E_{ab} が生成される．

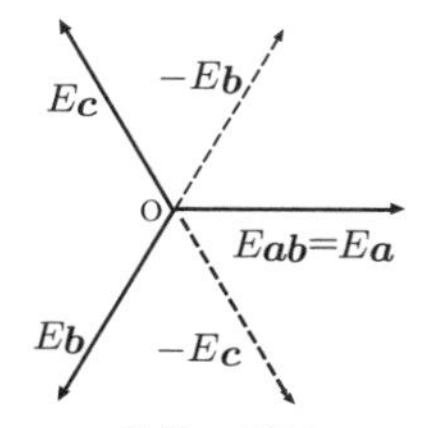

図 9.7 V 結線の電圧フェーザ図

9.1.4　Y 電圧と Δ 電圧の関係

Y 形電源が与えられたとき，端子 ab，bc, ca 間の線間電圧 (Δ 電圧) を求める．

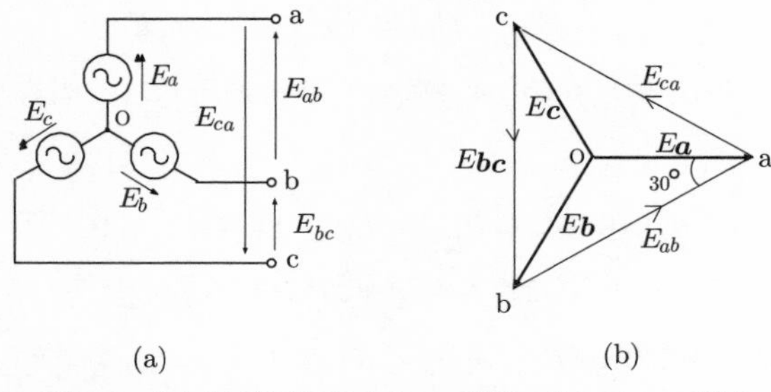

(a)　　(b)

図 9.8　(a) Y 電圧に対する Δ 電圧，(b) フェーザ図

図 9.8(a) のように，端子 ab 間の電圧を E_{ab}，bc 間を E_{bc}，ca 間を E_{ca} とすれば，

$$E_{ab} = E_a - E_b, \quad E_{bc} = E_b - E_c, \quad E_{ca} = E_c - E_a \qquad (9.13)$$

となる．これらの式は a を用いて

$$E_{ab} = E_a(1 - a^{-1}), \quad E_{bc} = E_b(1 - a^{-1}), \quad E_{ca} = E_c(1 - a^{-1}) \qquad (9.14)$$

と表されるから，$1 - a^{-1} = \sqrt{3}e^{\mathrm{j}30^\circ}$ を考慮すると，線間電圧はそれぞれ

$$E_{ab} = \sqrt{3}E_a e^{\mathrm{j}30^\circ}, \quad E_{bc} = \sqrt{3}E_b e^{\mathrm{j}30^\circ}, \quad E_{ca} = \sqrt{3}E_c e^{\mathrm{j}30^\circ} \qquad (9.15)$$

となる．すなわち，線間電圧の大きさは Y 電圧の $\sqrt{3}$ 倍であり，位相は Y 電圧より $\pi/6 = 30^\circ$ 進んでいる．

逆に，式 (9.15) から相電圧は

$$E_a = \frac{1}{\sqrt{3}}E_{ab}e^{-\mathrm{j}30^\circ}, \quad E_b = \frac{1}{\sqrt{3}}E_{bc}e^{-\mathrm{j}30^\circ}, \quad E_c = \frac{1}{\sqrt{3}}E_{ca}e^{-\mathrm{j}30^\circ} \qquad (9.16)$$

で与えられる．これは Δ 電圧を Y 電圧に変換する式である．大きさについては

$$(Y\ \text{電圧の大きさ}) = \frac{1}{\sqrt{3}} \times (\Delta\text{電圧の大きさ})$$

の関係がある．以上のことは同図 (b) のフェーザ図で明らかである．

9.1.5　Y 形電流と Δ 形電流の関係

図 9.9(a) のように，対称三相電源の線電流を I_a, I_b, I_c，相電流 (Δ 電流) を I_{ab}, I_{bc}, I_{ca} とすれば，電流則により

$$I_a = I_{ab} - I_{ca}, \quad I_b = I_{bc} - I_{ab}, \quad I_c = I_{ca} - I_{bc} \tag{9.17}$$

が成り立つ．この式のフェーザ図を図 9.9(b) に示す．$I_{ca} = aI_{ab}$ などに注意して，$I_a = (1-a)I_{ab}$ などを得る．

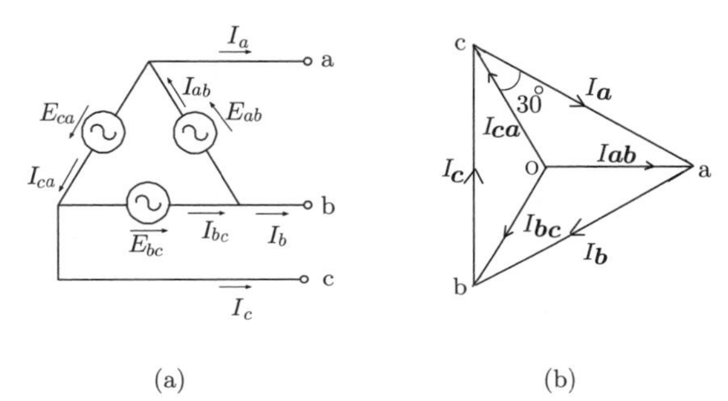

(a) (b)

図 9.9 (a) Y 電流と Δ 電流，(b) フェーザ図

すなわち，

$$I_a = (1-a)I_{ab}, \quad I_b = (1-a)I_{bc}, \quad I_c = (1-a)I_{ca} \tag{9.18}$$

となる．$1-a = \sqrt{3}e^{-\mathrm{j}30^\circ}$ を代入すれば，線電流と相電流 (Δ 電流) の関係は

$$I_a = \sqrt{3}I_{ab}e^{-\mathrm{j}30^\circ}, \quad I_b = \sqrt{3}I_{bc}e^{-\mathrm{j}30^\circ}, \quad I_c = \sqrt{3}I_{ca}e^{-\mathrm{j}30^\circ} \tag{9.19}$$

となる．すなわち，Y 電流 (線電流) I_a は Δ 電流の $\sqrt{3}$ 倍であり，Δ 電流より位相が 30° だけ遅れている．逆に，式 (9.19) から

$$I_{ab} = \frac{1}{\sqrt{3}}I_a e^{\mathrm{j}30^\circ}, \quad I_{bc} = \frac{1}{\sqrt{3}}I_b e^{\mathrm{j}30^\circ}, \quad I_{ca} = \frac{1}{\sqrt{3}}I_c e^{\mathrm{j}30^\circ} \tag{9.20}$$

となる．同図 (b) に線間電流 (Δ 電流) と線電流 (Y 電流) との関係をフェーザ図で示す．大きさについて

$$(\Delta\text{電流の大きさ}) = \frac{1}{\sqrt{3}} \times (Y\ \text{電流の大きさ})$$

の関係が成り立つ．

9.2 平衡三相負荷

これまで電源側について，Y 結線と Δ 結線について述べたが，本章では負荷側の Y 結線と Δ 結線について述べる．

9.2.1 負荷の Y 結線と Δ 結線

負荷を表す 3 個のインピーダンスをつなぐ T 結線と π 結線はすでに 8 章で述べた．三相回路の理論においては，主に T 結線を Y 結線，スター結線または星形結線とよび，π 結線を Δ 結線，デルタ結線または環状結線とよぶ．三相負荷を図 9.10 の (a) と (b) に示す．同図 (a) が Y 結線の負荷，(b) が Δ 結線の負荷である．

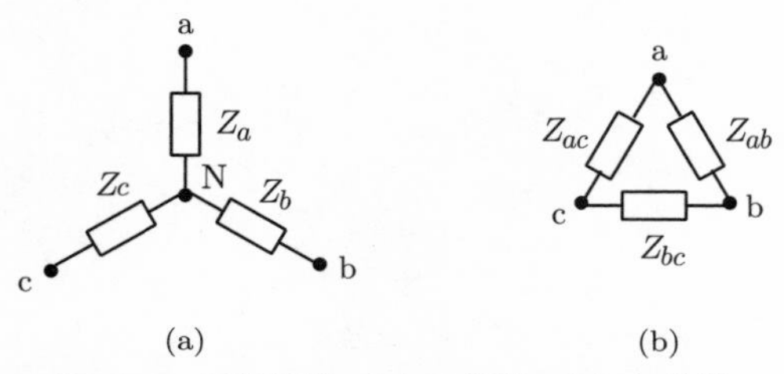

図 9.10 三相負荷：(a) Y 結線，(b) Δ 結線

第 8 章で述べたように，図 9.10(a) の Y 結線から同図 (b) の Δ 結線への変換公式は

$$\left.\begin{aligned} Z_{ab} &= \frac{Z_aZ_b + Z_bZ_c + Z_cZ_a}{Z_c} \\ Z_{bc} &= \frac{Z_aZ_b + Z_bZ_c + Z_cZ_a}{Z_a} \\ Z_{ca} &= \frac{Z_aZ_b + Z_bZ_c + Z_cZ_a}{Z_b} \end{aligned}\right\} \tag{8.57}$$

である．逆に，同図 (b) の Δ 結線から Y 結線への変換は

$$\left.\begin{aligned} Z_a &= \frac{Z_{ab}Z_{ca}}{Z_{ab} + Z_{bc} + Z_{ca}} \\ Z_b &= \frac{Z_{bc}Z_{ab}}{Z_{ab} + Z_{bc} + Z_{ca}} \\ Z_c &= \frac{Z_{ca}Z_{bc}}{Z_{ab} + Z_{bc} + Z_{ca}} \end{aligned}\right\} \tag{8.58}$$

によって与えられる．

Y 結線で 3 個のインピーダンスがすべて Z に等しいとき，すなわち $Z_a = Z_b = Z_c = Z$ のとき，Y–Δ 変換により Δ 結線は $Z_{ab} = Z_{bc} = Z_{ca} = 3Z$ となる．したがって，図 9.11(a) と同図 (b) は等価になる．同様に，同図 (c) のインピーダンス Z の Δ 結線は同図 (d) のインピーダンス $Z/3$ の Y 結線に変換される．これらの三相負荷では，対称三相電源を負荷の端子 a,b,c に接続するとき各相の電流が対

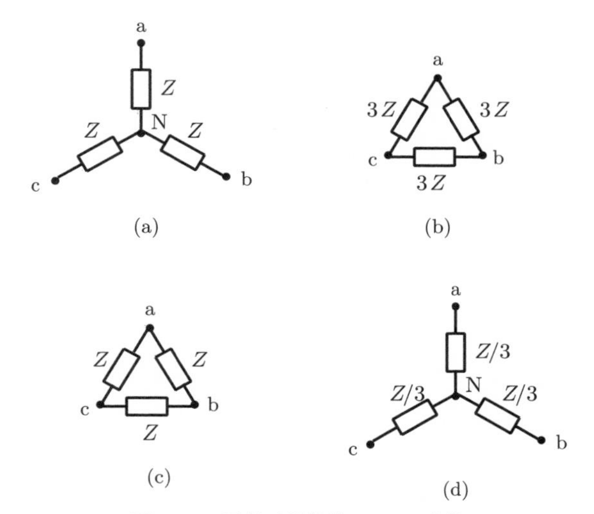

図 9.11 平衡三相負荷の Y-Δ 変換

称になるから，負荷を平衡負荷 (balanced load) あるいは対称負荷 (symmetrical load) という．

9.3 対称三相回路

対称三相電源と平衡三相負荷を接続した回路を平衡三相回路あるいは対称三相回路という．対称三相電源には Y 電圧方式と Δ 電圧方式とがあり，負荷インピーダンスには Y 結線方式と Δ 結線方式があるから，電源と負荷の接続方式には Y-Y, Y-Δ, Δ–Y，Δ – Δ の 4 種類がある．このうち，Y-Y 結線は基本であり，他の結線方式は Y-Δ 変換によって Y-Y 結線に帰着させることができる．

9.3.1 対称 Y 形電源と平衡 Y 形負荷の接続 (Y–Y 接続)

a. 中性線がある場合　最も基本的な対称三相回路を図 9.12 に示す．Y 結線の対称三相電源に平衡 Y 形の負荷が接続されている．この回路では，電源の中性点 O と負荷の中性点 N とが中性線 (neutral line) で結ばれている．したがって，O と N は同電位であり，中性線には電流は流れない ($I_n = 0$)．電源と負荷の接続に 4 本の線が使われているから，この方式を三相 4 線式という．

それぞれの負荷インピーダンス Z に流れる線電流は

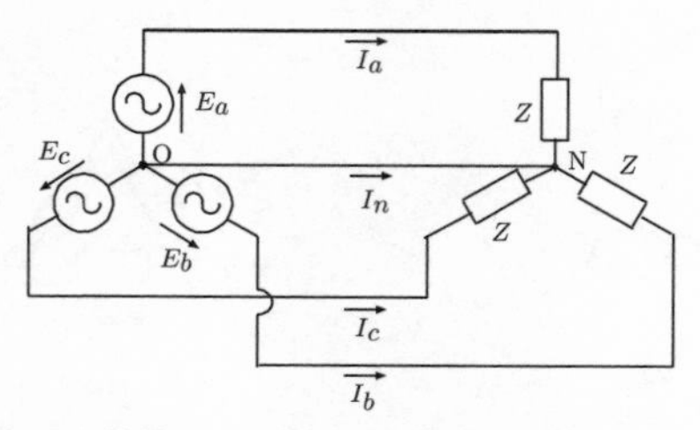

図 9.12 中性線がある場合の平衡インピーダンス負荷

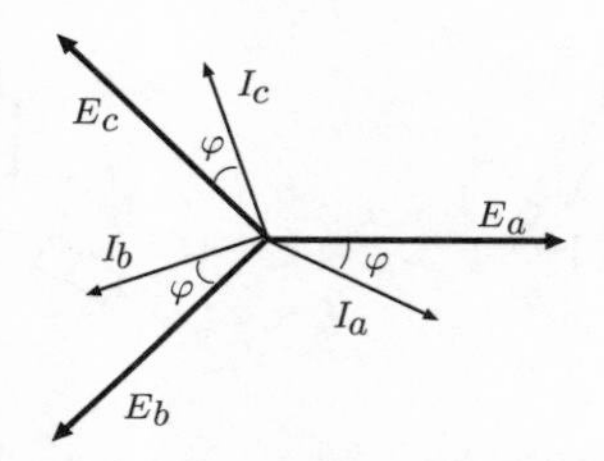

図 9.13 平衡インピーダンス負荷の電流と電圧のフェーザ図

$$I_a = \frac{E_a}{Z}, \quad I_b = \frac{E_b}{Z}, \quad I_c = \frac{E_a}{Z} \tag{9.21}$$

となる．電圧源が対称であるから，E_a を基準にとり $E_a = E$ とおけば

$$E_a = E, \qquad E_b = a^{-1}E, \quad E_c = a^{-2}E \tag{9.22}$$

ただし，$a = e^{\mathrm{j}\frac{2\pi}{3}}$，したがって，

$$E_a + E_b + E_c = 0 \tag{9.23}$$

が成り立つ．$Z = |Z|e^{\mathrm{j}\varphi} = |Z|\angle\varphi$ とおけば，線電流は

$$I_a = \frac{E}{Z} = \frac{E}{|Z|}\angle-\varphi, \quad I_b = a^{-1}\frac{E}{|Z|}\angle-\varphi, \quad I_c = a^{-2}\frac{E}{|Z|}\angle-\varphi \tag{9.24}$$

ただし，

$$|I_a| = |I_b| = |I_c| = \frac{|E|}{|Z|} \tag{9.25}$$

となり，Y 電流も対称三相電流である．電圧と電流のフェーザ図を図 9.13 に示す．したがって，平衡負荷の場合は三相のうち，どれか 1 つの相の電圧と電流を求めれば，他相の電圧と電流は求めた電圧と電流を a^{-1} 倍，a^{-2} 倍することによって求められる．つまり，Y 形電源と Y 形負荷を接続した回路は 単相回路の扱いに帰着する．

¶例 9.1¶ 図 9.12 の対称三相回路で $E_a = 120\,\mathrm{V}$，相回転が abc の順序で，各負荷の

抵抗が 4 Ω，誘導性リアクタンスが 3 Ω であるとき，線電流を求めよ．

【解説】 a 相について, $Z = 4+\mathrm{j}3 = 5\angle 36.9^\circ$, $I_a = E_a/Z = \frac{120}{5\angle 36.9^\circ} = 24\angle -36.9^\circ\,\mathrm{A}$. I_b, I_c は回転子 a を使って，$I_b = a^{-1}I_a = a^2 I_a$, $I_c = a^{-2}I_a = aI_a$ であるから，それぞれ a^2，a 倍すればよい．すなわち，

$$I_b = a^2 I_a = 24\angle(-36.9^\circ - 120^\circ) = 24\angle -156.9^\circ\,\mathrm{A}$$

$$I_c = aI_a = 24\angle(-36.9^\circ - 240^\circ) = 24\angle -276.9^\circ\,\mathrm{A}$$

■

b. 中性線がない場合　図 9.14 のように中性線がない三相 3 線式の場合の線電流 I_a, I_b, I_c を調べてみよう．

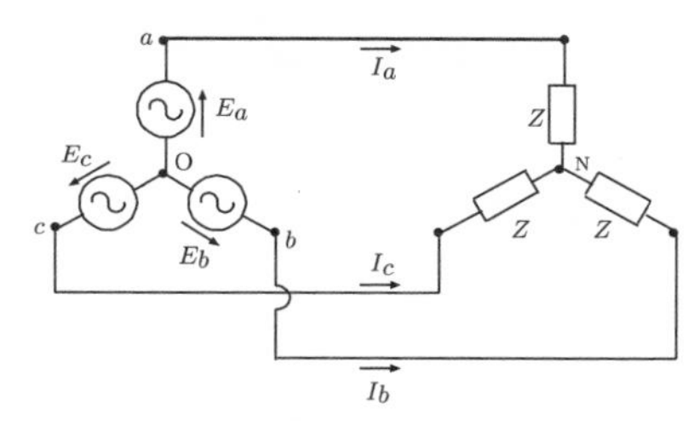

図 9.14　三相 3 線式：中性線がない場合

中性点 O の電位を V_O，N の電位を V_N とすると，a 点の電位は $V_O + E_a$，b 点は $V_O + E_b$，c 点は $V_O + E_c$ であるから

$$I_a = \frac{V_O + E_a - V_N}{Z}, \quad I_b = \frac{V_O + E_b - V_N}{Z}, \quad I_c = \frac{V_O + E_c - V_N}{Z} \tag{9.26}$$

となる．電流則 $I_a + I_b + I_c = 0$ と対称三相電源である条件 $E_a + E_b + E_c = 0$ とから

$$\frac{V_O - V_N}{Z} = 0 \tag{9.27}$$

を得る．したがって，

$$V_O = V_N \tag{9.28}$$

となり，O 点と N 点は同電位となる．これは中性線があれば，そこを電流は流れないことを意味する．

9.3.2 対称 Y 形電源と平衡 Δ 形負荷との接続 (Y-Δ 接続)

図 9.15 のように，Y 電源と Δ 形負荷を接続した回路の線電流 I_a，I_b，I_c を求

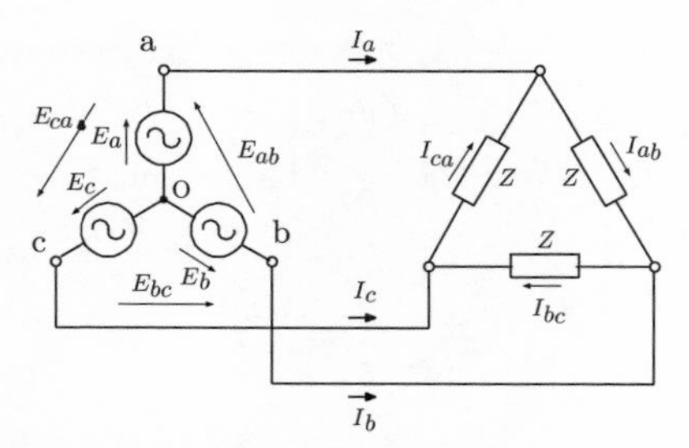

図 9.15 対称 Y 形電圧と平衡 Δ 形負荷 (Y–Δ 接続)

める.

これらの電流を容易に求めるには，負荷の Δ 部分を Δ–Y 変換により Y 形回路に変換することである．これにより負荷はインピーダンス $Z/3$ の Y 結線の負荷になるから，Y 結線の電源と Y 結線の負荷との Y–Y 接続になり，単相回路の問題に帰着される．よって，線電流は

$$I_a = E_a/(\frac{Z}{3}), \quad I_b = E_b/(\frac{Z}{3}), \quad I_c = E_c/(\frac{Z}{3}) \tag{9.29}$$

となる.

なお，図 9.15 から電圧則により

$$E_{ab} = ZI_{ab}, \quad E_{bc} = ZI_{bc}, \quad E_{ca} = ZI_{ca} \tag{9.30}$$

となる．ここで，Δ 電流は式 (9.20) により相電流によって与えられ，線間電圧は式 (9.15) により，相電圧によって与えられるから，線間電圧 $E_{ab} = \sqrt{3}E_a e^{\mathrm{j}30^\circ}$, Δ 電流 $I_{ab} = \frac{1}{\sqrt{3}} I_a e^{\mathrm{j}30^\circ}$ などを，この式 (9.30) に代入すれば式 (9.29) が得られる.

¶例 9.2¶ 図の Y–Δ 結線で線間電圧 V と電流 I との位相差を求めよ．ただし，負荷の力率角を 45° (遅れ) とする.

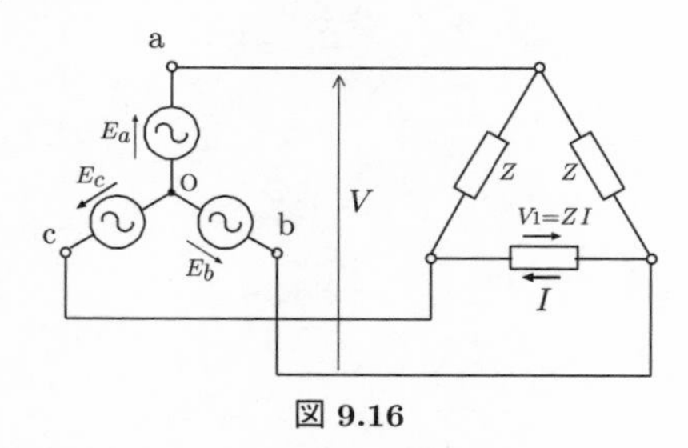

図 9.16

【解説】 対称三相電源のフェーザを E_a, E_b, E_c とする．$V = (-E_b) + E_a$ である．また，Z による電圧降下 ZI を $V_1 = ZI$ とすれば，$V_1 = E_b - E_c$．電流 I は V_1 に 45°

遅れていることを考慮してフェーザ図を描けば，図 9.17 のようになる．この図から V と I との位相差は 165° であることがわかる．

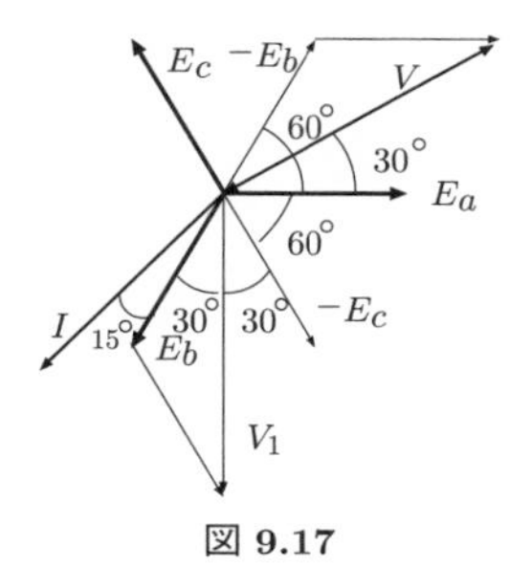

図 9.17

9.3.3　対称 Δ 形電源と平衡 Y 形負荷との接続 (Δ–Y 接続)

図 9.18 のように，対称 Δ 形電源にインピーダンス Z の平衡 Y 形負荷を接続した回路の線電流 I_a, I_b, I_c を求める．式 (9.16) により Δ 形電源を Y 形電源に変換すれば，Y–Y 接続の中性線のない回路が得られる．

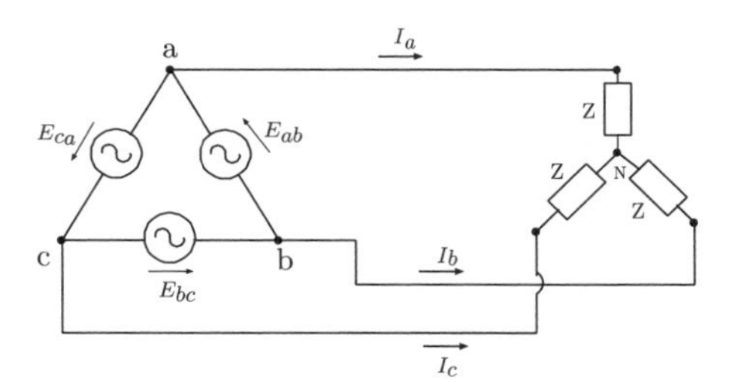

図 9.18　対称 Δ 電源に平衡 Y 形負荷を接続

すなわち，Δ 形電源と Y 形電源の変換は図 9.19(a) の Δ 形電源は同 (b) の Y 形電源に変換され，相電圧 E_a, E_b, E_c は Δ 形電圧 E_{ab}, E_{bc}, E_{ca} によって与えられる．(式 (9.16) 参照)．

したがって，線電流 I_a, I_b, I_c は

$$I_a = \frac{E_a}{Z} = \frac{E_{ab}}{\sqrt{3}Z}e^{-\mathrm{j}30^\circ}, \quad I_b = \frac{E_b}{Z} = \frac{E_{bc}}{\sqrt{3}Z}e^{-\mathrm{j}30^\circ}, \quad I_c = \frac{E_c}{Z} = \frac{E_{ca}}{\sqrt{3}Z}e^{-\mathrm{j}30^\circ} \tag{9.31}$$

となる．

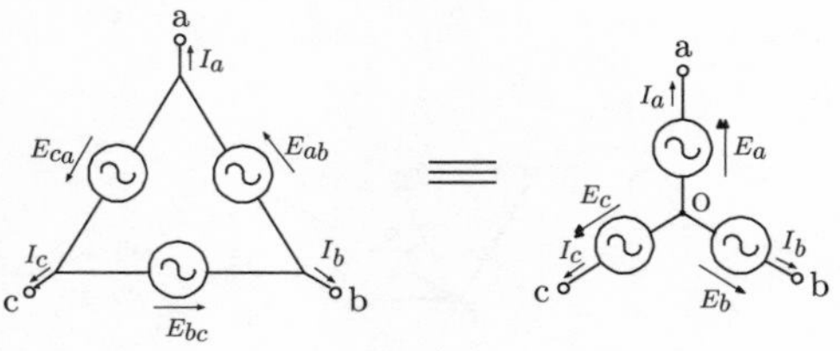

(a) (b)

図 9.19　Δ 形電源 (a) から Y 形電源 (b) へ変換

9.3.4　対称 Δ 形電源と平衡 Δ 形負荷の接続 (Δ–Δ 接続)

図 9.20 のように，対称 Δ 形の電源に平衡 Δ 形負荷を接続した回路の線電流 I_a, I_b, I_c を求める．この回路は，電源側と負荷側をそれぞれ Y 電源と Y 形負荷に変換することによって，Y–Y 形の対称三相回路になる．

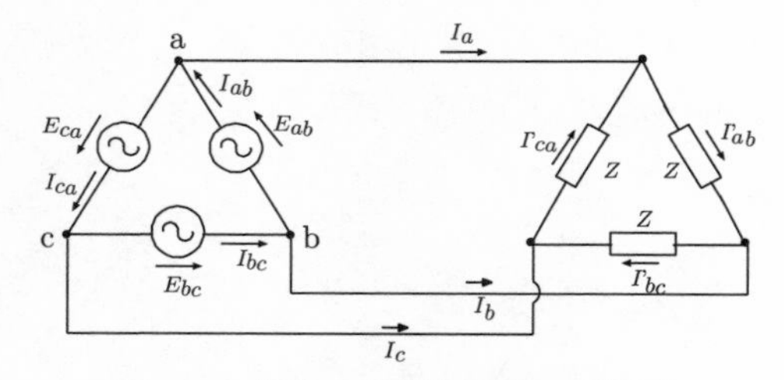

図 9.20　対称 Δ 電源と平衡 Δ 形負荷

したがって，Y 電源の相電圧 E_a, E_b, E_c は，式 (9.16) によって，線間電圧 E_{ab}, E_{bc}, E_{ca} で与えられる．負荷のインピーダンス Z は Y 結線では $Z/3$ になるから，

$$E_a = \frac{Z}{3} I_a, \quad E_b = \frac{Z}{3} I_b, \quad E_c = \frac{Z}{3} I_c \tag{9.32}$$

である．したがって，線電流は上式に式 (9.16) を代入して

$$I_a = \frac{\sqrt{3}}{Z} E_{ab} e^{-\mathrm{j}30^\circ}, \quad I_b = \frac{\sqrt{3}}{Z} E_{bc} e^{-\mathrm{j}30^\circ}, \quad I_c = \frac{\sqrt{3}}{Z} E_{ca} e^{-\mathrm{j}30^\circ} \tag{9.33}$$

となる．

¶例 9.3¶　図の回路の線間電圧 V を求めよ．

【解説】　対称三相電源を Y 形電源に変換すれば，電圧の大きさが $E = 200/\sqrt{3}$ の単相電圧源と等価になる．また，Δ 形の負荷は Y–Δ 変換により，1 Ω の Y 形負荷になる．これに線路の抵抗 0.1 Ω を加えた $R = 1.1\,\Omega$ の抵抗に流れる電流の大きさは

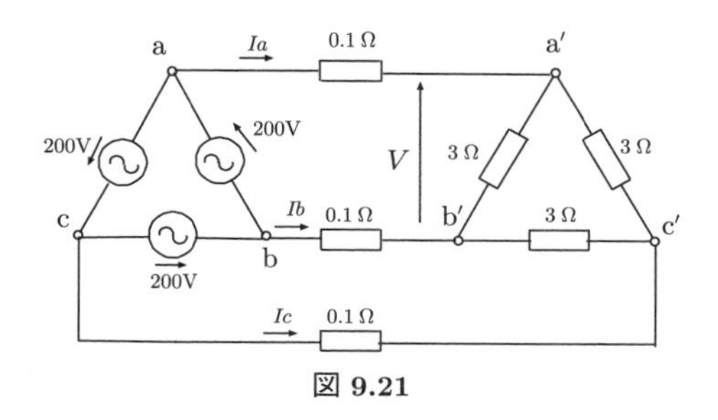

図 9.21

$I = E/R = \frac{200}{\sqrt{3}} \times \frac{1}{1.1}$ A, したがって，1 Ω の抵抗の電圧 V_R は $V_R = I \times 1$ V．よって，線間電圧 V は $\sqrt{3}V_R = 200/1.1 = 182$ V である．

9.3.5 電源の Δ–Y 変換

図 9.22(a) に示す内部インピーダンス Z_0 をもつ Δ 形電源 E_{ab}，E_{bc}，E_{ca} と等価な同図 (b) の内部インピーダンス Z，電圧 E_a，E_b，E_c の対称 Y 形電源への変換，あるいは逆の対称 Y 形電源から Δ 形電源への変換を考える．

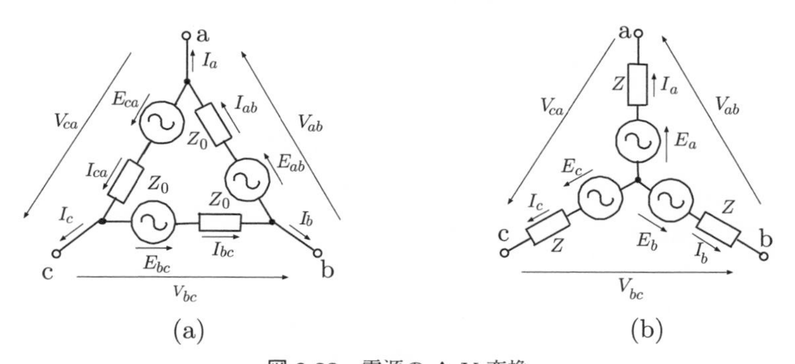

図 9.22 電源の Δ-Y 変換

電圧源とインピーダンスの直列接続の図 9.1 を参照して，図 9.22(a) の線間電圧は，

$$V_{ab} = E_{ab} - Z_0 I_{ab}, \quad V_{bc} = E_{bc} - Z_0 I_{bc}, \quad V_{ca} = E_{ca} - Z_0 I_{ca} \tag{9.34}$$

ただし，

$$E_{ab} = E\angle\theta, \quad E_{bc} = E\angle(\theta - 120^\circ), \quad E_{bc} = E\angle(\theta - 240^\circ) \tag{9.35}$$

である．

線電流 I_a, I_b, I_c と Δ 電流の関係は式 (9.20)

$$I_{ab} = \frac{1}{\sqrt{3}} I_a e^{j30^\circ}, \quad I_{bc} = \frac{1}{\sqrt{3}} I_b e^{j30^\circ}, \quad I_{ca} = \frac{1}{\sqrt{3}} I_c e^{j30^\circ}$$

これを式 (9.34) に代入して，同図 (a) の Δ 形電源の端子間電圧は

$$V_{ab} = E_{ab} - \frac{Z_0}{\sqrt{3}} I_a e^{j30^\circ}, \quad V_{bc} = E_{bc} - \frac{Z_0}{\sqrt{3}} I_b e^{j30^\circ}, \quad V_{ca} = E_{ca} - \frac{Z_0}{\sqrt{3}} I_c e^{j30^\circ} \tag{9.36}$$

となる．一方，同図 (b) の Y 形電源の端子間電圧は

$$V_{ab} = (E_a - ZI_a)\sqrt{3}e^{j30^\circ}, V_{bc} = (E_b - ZI_b)\sqrt{3}e^{j30^\circ}, V_{ca} = (E_c - ZI_c)\sqrt{3}e^{j30^\circ} \tag{9.37}$$

となる．同図 (a) と (b) とが等価な回路であるためには，つまり式 (9.37) と式 (9.36) のそれぞれの式が E_a などと I_a などに関して恒等的に等しいためには

$$E_a = \frac{E_{ab}}{\sqrt{3}} e^{-j30^\circ}, E_b = \frac{E_{bc}}{\sqrt{3}} e^{-j30^\circ}, E_c = \frac{E_{ca}}{\sqrt{3}} e^{-j30^\circ}, Z = \frac{1}{3} Z_0 \tag{9.38}$$

でなければならない．したがって，内部インピーダンス Z_0 の対称 Δ 形電源は，内部インピーダンス $Z_0/3$ をもつ電圧 $\frac{1}{\sqrt{3}} E_{ab} e^{-j30^\circ}$, $\frac{1}{\sqrt{3}} E_{bc} e^{-j30^\circ}$, $\frac{1}{\sqrt{3}} E_{ca} e^{-j30^\circ}$ の対称 Y 形電源に変換される．

9.4　三相回路の電力

9.4.1　三相電力の瞬時値と有効電力

負荷のインピーダンス Z が Y 形に繋がれているとき，その負荷にかかる Y 電圧の瞬時値を $e_a(t), e_b(t), e_c(t)$, 負荷電流の瞬時値を $i_a(t), i_b(t), i_c(t)$ とすれば，三相回路全体の瞬時電力 $p(t)$ は三相各相の瞬時電力の和であるから，

$$p(t) = e_a(t)i_a(t) + e_b(t)i_b(t) + e_c(t)i_c(t)$$

である．ここで電圧と電流の瞬時値は

$$\left.\begin{array}{ll} e_a(t) = E_m \cos(\omega t + \varphi), & i_a(t) = I_m \cos(\omega t + \varphi - \theta) \\ e_b(t) = E_m \cos(\omega t + \varphi - 2\pi/3), & i_b(t) = I_m \cos(\omega t + \varphi - \theta - 2\pi/3) \\ e_c(t) = E_m \cos(\omega t + \varphi - 4\pi/3), & i_c(t) = I_m \cos(\omega t + \varphi - \theta - 4\pi/3) \end{array}\right\} \tag{9.39}$$

と表すことができる．ただし，負荷インピーダンスを $Z = R + jX$ として，$I_m = E_m/|Z|, \theta = \tan^{-1} \frac{X}{R}$, φ [rad] は初期位相角である．したがって，

$$\left.\begin{aligned} p(t) &= \textstyle\sum_{k=1}^{3} E_m I_m \cos(\omega t + \varphi - \frac{(k-1)2\pi}{3}) \cos(\omega t + \varphi - \frac{(k-1)2\pi}{3} - \theta) \\ &= 3|E||I|\cos\theta - |E||I| \textstyle\sum_{k=1}^{3} \cos(2\omega t + 2\varphi - 2\frac{(k-1)2\pi}{3} - \theta) \\ &= 3|E||I|\cos\theta \end{aligned}\right\} \tag{9.40}$$

となり, $p(t)$ は時間に無関係な一定値になる．ただし, $|E| = E_m/\sqrt{2}$, $|I| = I_m/\sqrt{2}$ はそれぞれ Y 電圧および Y 電流の実効値である．瞬時電力 $p(t)$ も時間的に平均した電力 (有効電力 P) に等しく単相回路のように脈動することはない．なお，第 2 式の第 2 項は 0 になることに注意する．したがって，瞬時電力 $p(t)$ は

$$p(t) = P = 3|E||I|\cos\theta \tag{9.41}$$

となる．

線間電圧 E' と Y 電圧 E には

$$|E'| = \sqrt{3}|E|$$

が成り立つから，有効電力 P は

$$P = \sqrt{3}|E'||I|\cos\theta \tag{9.42}$$

と表すことができる．また，無効電力 Q は

$$Q = \sqrt{3}|E'||I|\sin\theta \tag{9.43}$$

であるから，皮相電力 S は

$$S = \sqrt{P^2 + Q^2} = \sqrt{3}|E'||I| \tag{9.44}$$

となる．

¶例 9.4¶　図 9.23 の対称三相回路で流入する線電流の大きさは等しいものとする．次の各問に答えよ．

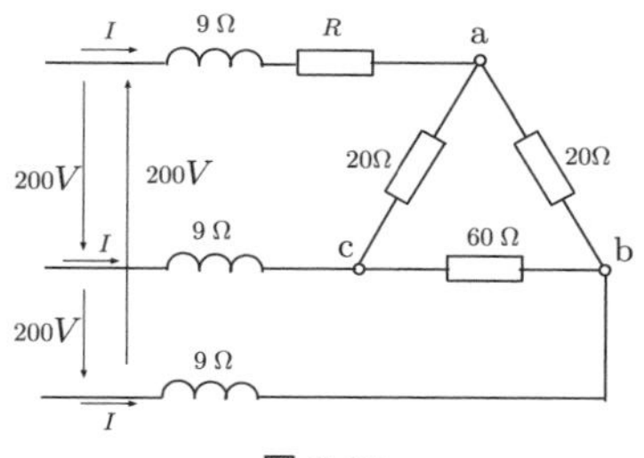

図 9.23

(a) 線電流の大きさ I が 7.7 A であるとき，三相負荷の皮相電力 S を求めよ．

(b) 無効電力 Q が 1.6 kVar であるとき，三相負荷の力率の値はいくらか．

(c) a 相に接続された抵抗 R の値はいくらか．(令和 4 年電験 3 種　参考)

【解説】

(a) 皮相電力を S, 線間電圧を V, 線電流を I とすれば, $S=\sqrt{3}VI=\sqrt{3}\times 200\times 7.7=2.667\,\mathrm{kVA}$.

(b) $P=\sqrt{S^2-Q^2}=2.134\,\mathrm{kW}$ $\cos\theta=P/S=\frac{2.134}{2.667}=0.8$

(c) 負荷は平衡でないことに注意して，Δ 形負荷の部分を Y 形回路に変換して生じる Y 形負荷の中性点 n とする．ΔY 変換により，an，bn, cn 間のインピーダンスは $Z_a=4\,\Omega$, $Z_b=12\,\Omega$, $Z_c=12\,\Omega$ となる．回路が対称三相回路になるためには負荷が対称 (平衡) であることである．よって，$Z_a=Z_b=Z_c=12\,\Omega$ でなければならないから，$4+R=12\,\Omega$，つまり，$R=8\,\Omega$ であればよい．

9.4.2　有効電力の表示と負荷の結線方式

三相交流回路の有効電力 P は負荷の結線方式に依存しないことを示しておこう．相電圧の大きさを V_p，相電流の大きさを I_p とし，両者の位相差を θ とするとき，有効電力は $P=3V_pI_p\cos\theta$ である．三相回路の電流や電圧を表す場合は一般的には線間電圧 V_l と線電流 I_l を用いる．いま，Δ 形負荷のときは

$$V_p=V_l,\quad I_p=\frac{1}{\sqrt{3}}I_l \tag{9.45}$$

であるから，有効電力は

$$P=3V_l\times\frac{1}{\sqrt{3}}I_l\cos\theta=\sqrt{3}V_lI_l\cos\theta \tag{9.46}$$

となる．一方，Y 形負荷のときは

$$V_p=\frac{1}{\sqrt{3}}V_l,\quad I_p=I_l \tag{9.47}$$

であるから，

$$P=3\frac{V_l}{\sqrt{3}}I_l\cos\theta=\sqrt{3}V_lI_l\cos\theta \tag{9.48}$$

となり，P は負荷の結線に関わらないことがわかる．

¶例 9.5¶　図の対称三相回路における (a) 電流 I_{ab} の値，(b) 単相電力計 W の指示値を求めよ．(令和 2 年電験 3 種 改訂)

【解説】 (a) ΔY 変換により対称三相電源は大きさ $E_Y=200/\sqrt{3}$ の Y 形電圧源と等価になる．一方，負荷側の回路は，Δ 形抵抗は 1 相当たり $R_Y=\frac{1}{3}\times 9=3\,\Omega$ の Y 形抵抗に $X=4\,\Omega$ の誘導性リアクタンスの直列接続した回路と等価になる．したがって，

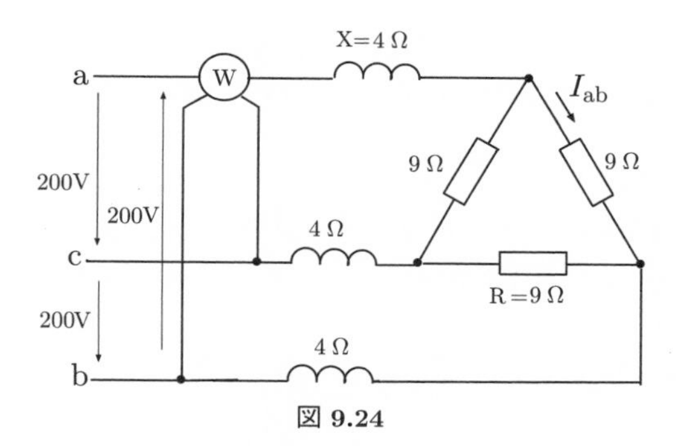

図 9.24

$E_Y = |Z|I_Y$, $|Z| = \sqrt{R_Y^2 + X^2}$ より

$$\frac{200}{\sqrt{3}} = \sqrt{3}I_{ab} \times \sqrt{R_Y^2 + X^2}$$

よって，$I_{ab} = \frac{200}{\sqrt{3}\sqrt{3}\sqrt{3^2+4^2}} = 13.33\,\mathrm{A}$ となる．図 9.25 を参照.

(b) 単相電力計 W は電流コイルが a 相，電圧コイルが bc 間に接続されている．したがって，a 相の電流を I_a，bc 間の電圧を V_{bc} とすれば，電力の指示値 P は

$$P = V_{bc} I_a \cos\theta \quad [W]$$

ただし，θ は V_{bc} と I_a とのなす角 (位相差) である．V_{bc} と I_a の関係はフェーザ図を描けば理解しやすい．変換後の Y 電圧源を E_a, E_b, E_c とする．

相順が abc であるから，フェーザ図は図 9.26 に示すとおり．電圧 V_{bc} と I_a はそれ

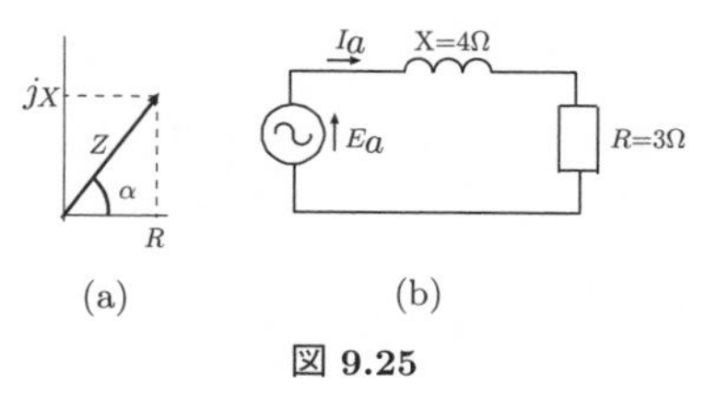

(a) (b)

図 9.25

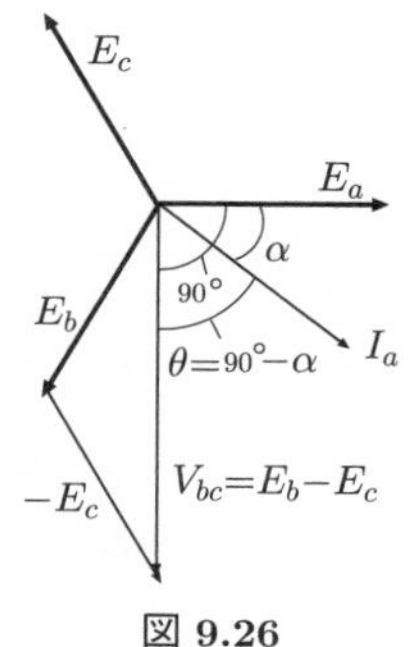

図 9.26

ぞれ $V_{bc} = E_b - E_c$，$I_a = \sqrt{3}I_{ab}$ である．力率角 θ は $\theta = 90° - \alpha$．図 9.25(a) より，$\cos\alpha = 0.6$．よって，力率は $\cos\theta = \cos(90° - \alpha) = 0.8$，したがって，指示値は $P = 3.7\,\mathrm{kW}$ となる．

9.4.3 2つの電力計による三相有効電力の測定

n 個の負荷端子から流入する電流と，その端子と他の任意の端子との間の電圧による電力の総和がこの負荷の電力になる．したがって，n 本の線で送られた電力は $(n-1)$ 個の電力計で測定できる．これを「ブロンデルの定理」という．この定理によれば，三相電力の測定には電力計が 2 個あればよい．ここでは，対称三相回路の有効電力 P を 2 つの電力計により計測する方法を説明する．

図 9.27 のように，c 相を基準にした負荷の有効電力を 2 個の電力計 W_1 と W_2 とを接続する．電力計 W_1，W_2 の指示値をそれぞれ P_1 と P_2 とする．負荷 (Load)

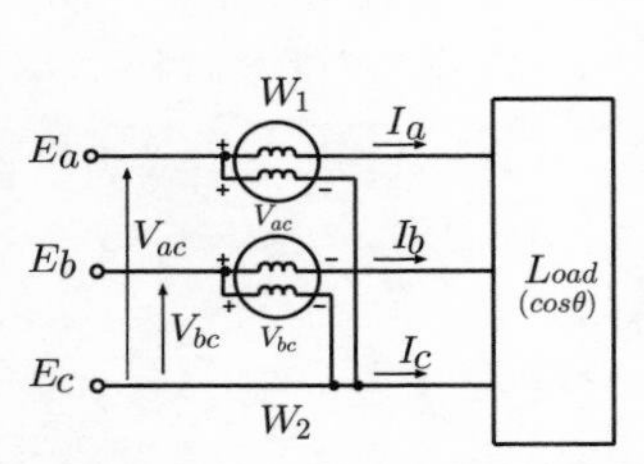

図 9.27 2 電力計による三相電力の計測

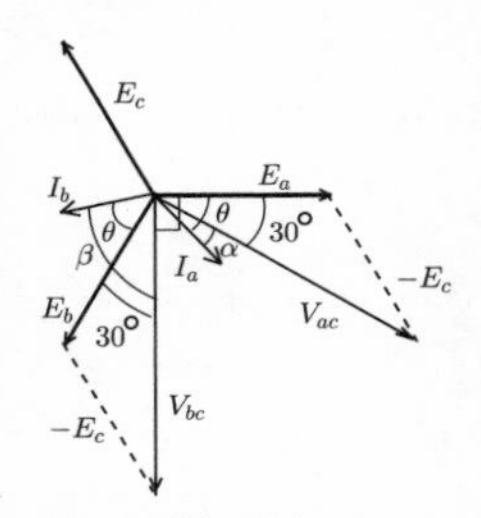

図 9.28 2 電力計法のフェーザ図

は平衡三相負荷であり力率角を θ とし，相順は abc とする．W_1 の電圧コイルには Y 電圧 E_a, E_b, E_c により

$$V_{ac} = E_a - E_c \tag{9.49}$$

がかかり，W_2 の電圧コイルには

$$V_{bc} = E_b - E_c \tag{9.50}$$

の電圧がかかる．したがって，図 9.28 より，負荷電流 I_a と V_{ac} のなす角は $\alpha = \theta - 30°$，負荷電流 I_b と V_{bc} のなす角は $\beta = \theta + 30°$ である．よって，W_1 および W_2 の指示値は $|V_{ac}| = |V_{bc}| = |V|$，$|I_a| = |I_b| = |I|$ とおいて

$$\left.\begin{aligned} P_1 &= |V_{ac}I_a|\cos\alpha = |VI|\cos(\theta - 30°) \\ P_2 &= |V_{bc}I_b|\cos\beta = |VI|\cos(\theta + 30°) \end{aligned}\right\} \tag{9.51}$$

となる．P_1 と P_2 の和 P は

$$P = P_1 + P_2 = |VI|\{\cos(\theta - 30^\circ) + \cos(\theta + 30^\circ)\} = \sqrt{3}|VI|\cos\theta \quad (9.52)$$

となり，これは三相有効電力を表している．ただし，$\theta = 60^\circ$ 以上では W_2 の指示値は負になるから電圧端子を入れ替え $P = P_1 + (-P_2)$ として計算する．

9.4.4 三相無効電力の測定

2 電力法において指示値の差 $P_1 - P_2$ を求めると

$$P_1 - P_2 = |VI|\{\cos(\theta - 30^\circ) - \cos(\theta + 30^\circ)\} = |VI|\sin\theta \quad (9.53)$$

となるから，これを用いて三相無効電力を求めることができる．すなわち，Q を三相無効電力とすれば

$$Q = \sqrt{3}(P_1 - P_2) = \sqrt{3}|VI|\sin\theta \quad (9.54)$$

として Q を求めることができる．無効電力 Q が求まれば，力率 $\cos\theta$ は P および Q により

$$\cos\theta = \frac{P}{\sqrt{P^2 + Q^2}} \quad (9.55)$$

によって与えられる．

演 習 問 題

9.1 線間電圧 200 V の三相 3 線式電圧源にインピーダンス $Z = 4 + \mathrm{j}3\Omega$ の対称負荷を Y 型に接続した．相電圧と相電流の大きさを求めよ．

9.2 電流の Y-Δ 変換を考える．図 9.29 に示す対称三相 Y 型回路の Y 電流 (線電流) I_a, I_b, I_c と Δ 型電流 I_{ab}, I_{bc}, I_{ca} とする．

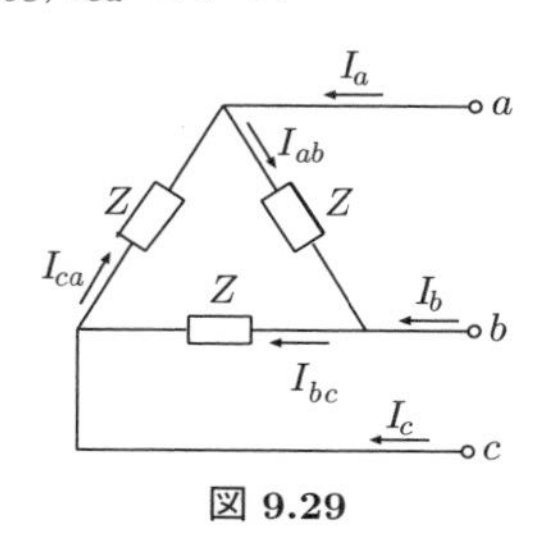

図 9.29

(a) キルヒホフの電流則により，Y 電流を Δ 電流で表せ．

(b) $a = e^{\mathrm{j}120^\circ}$，$1 - a = \sqrt{3}e^{-\mathrm{j}30^\circ}$ を用いて，Y 電流を Δ 電流で表せ．

9.3 図 9.30 の a, b, c は三相送電線，l は送電線に平行な通信線である．送電線と通信線の間には静電容量 C_a, C_b, C_c が存在し，通信線には対地容量 C，対地抵抗 R が存

在する．送電線の電圧が角周波数 ω の正弦波交流であるとき，通信線 l に誘導される電圧 e を求めよ．ただし，送電線の線間電圧を V とし，その電位は大地に対して対称とする．

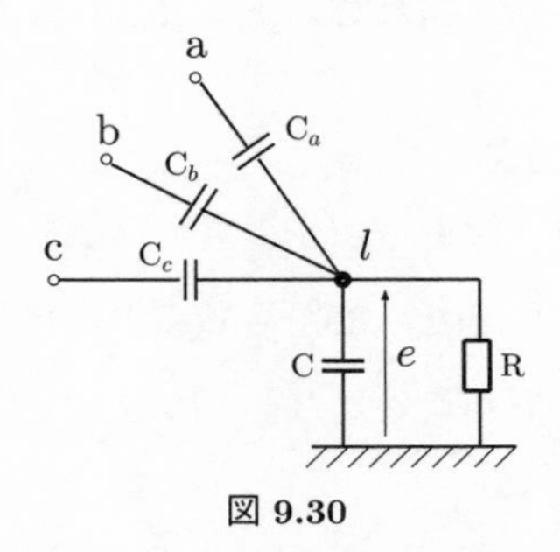

図 9.30

9.4　抵抗値 $R = 9\,\Omega$ の抵抗 6 個と 1 個の電力計を図 9.31 のように接続し，電圧 200 V の対称 3 相電圧を端子 ab, bc, ca にかけている．線電流 I と Δ 電流 I' を求めよ．電力計 W の読みはいくらか．

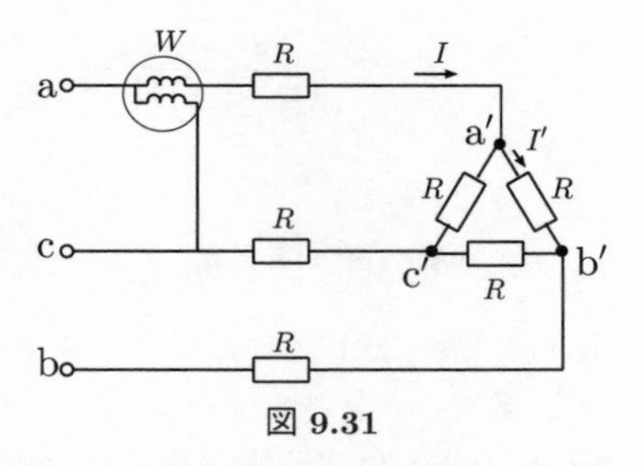

図 9.31

9.5　図 9.32 の回路は，対称三相電源 (中性点 O) に線路のインピーダンス Z' を介して平衡 Δ 型負荷に接続されている．この三相回路の線電流 I_a, I_b, I_c を求めよ．

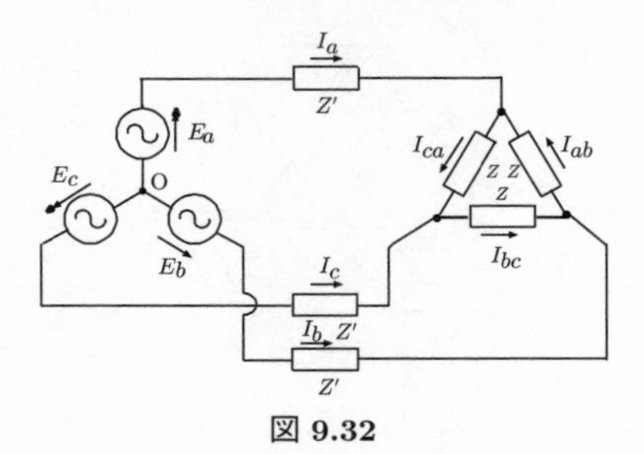

図 9.32

9.6 図 9.33 の回路の ab 端子間のインピーダンス Z_{ab} を求めよ.

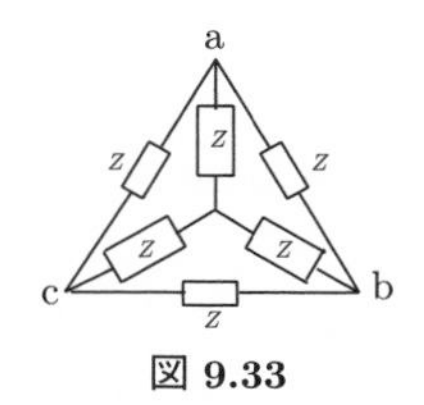

図 9.33

9.7 図 9.34 の回路は, 線間電圧 200 V の三相交流電源に誘導性リアクタンス $X = 9\,\Omega$, 抵抗 $R' = 20\,\Omega$ の三相負荷が繋がった対称三相交流回路である. 三相に流入する電流の大きさは等しいものとする. 線電流が 7.7 A で三相負荷の無効電力が 1.6 kvar であるとき,

(a) 三相負荷の皮相電力を求めよ.

(b) 負荷の力率を求めよ.

(c) a 相に接続された抵抗 R の値を求めよ. (令和 4 年電験三種理論問題 改訂)

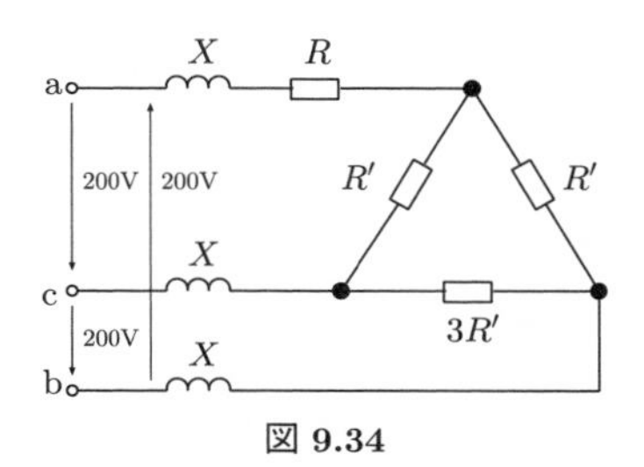

図 9.34

9.8 図 9.35 のような V 結線電源と平衡三相負荷からなる三相回路において, $R = 5\,\Omega$, L = 16mH である. また, 電源の線間電圧 e_a [V] は, 時刻 t [s] において e_a = $100\sqrt{6}\sin(100\pi t)$ [V] と表され, 線間電圧 e_b [V] は e_a [V] に対して振幅が等しく, 位相が 120° 遅れている. ただし, 電源の内部インピーダンスは 0 である. このとき, 次の (a) および (b) の問に答えよ. (平成 27 年電験三種理論問題 改訂)

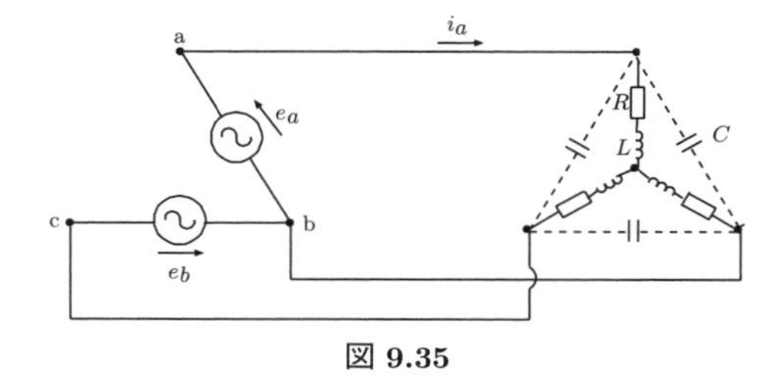

図 9.35

(a) 図の破線で示された配線を切断し，3 個のキャパシタを切り離したとき，三相電力 P を求めよ．

(b) 点線部を接続することによって同じ特性の 3 個のコンデンサを接続したところ i_a の波形は e_a の波形に対して位相が 30° 遅れていた．このときのコンデンサ C の静電容量の値 [F] はいくらになるか．

9.9　図 9.36 の 2 電力計の回路で，負荷が $Z = 10\sqrt{3} + \mathrm{j}10\Omega$ の対称 Y 型負荷に，線間電圧 200 V で相回転が abc の対称三相電圧をかけたとき，2 個の電力計の読みおよび全電力を求めよ．

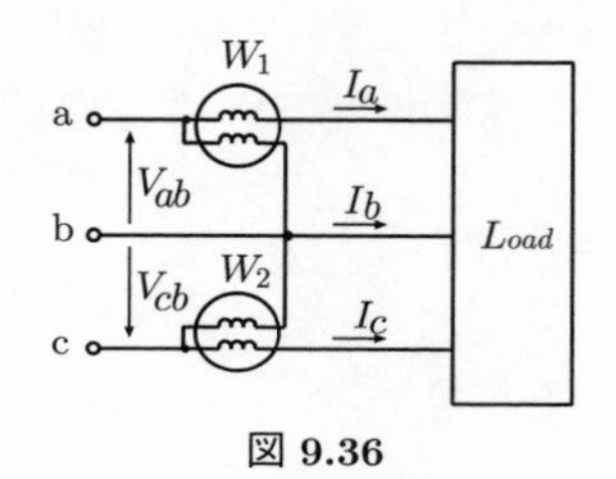

図 **9.36**

演習問題の解説と解答

[第 1 章]

1.1　電流則を各節点に適用する．$i_1 = 1$ A，$i_2 = 7$ A.

1.2　$i_1 = 15$ A，$i_2 = -4$ A，$i_3 = 11$ A．i_2 は図の矢印と逆の方向に流れる．

1.3　電圧則により $5+18-v_{ab}-2 = 0$ から $v_{ab} = 21$ V，$v_{ab}+10-6-v = 0$ から $v = 25$ V.

1.4　電圧則により $-12+10+22-v_1 = 0$ から $v_1 = 20$ V，$v_2+10-18 = 0$ から $v_2 = 8$ V.

1.5　J_1，J_2，i_2，i_7 が未知数である．各節点において成り立つ電流則は次のようになる．節点 a：$i_1-i_4-i_5-J_1 = 0$，よって $J_1 = 4$．節点 b：$-i_1+i_2-i_6+J_1 = 0$，よって $i_2 = 1$．節点 c：$-i_2+i_3-i_7+J_2 = 0$，節点 d：$-i_3+i_4-i_8-J_2 = 0$，より i_7，J_2 に関する連立方程式を解いて $i_7 = -4$，$J_2 = -6$．この結果に基づいて節点 e で電流則が成り立っているのか確かめてみよう．節点 e：$i_5+i_6+i_7+i_8 = -2+4-4+2 = 0$ であるから確かに成り立っている．

1.6　すべてのループの方向を反時計回りにとる．電圧則によりループ

$$\text{adfa では}\quad -v_1+v_5+v_9 = 0 \tag{1}$$

$$\text{dbed では}\quad v_2+v_3+v_4 = 0 \tag{2}$$

$$\text{fecf では}\quad v_6-v_7+v_8 = 0 \tag{3}$$

$$\text{defd では}\quad -v_4-v_5-v_6 = 0 \tag{4}$$

また，ループ

$$\text{adbefa では}\quad -v_1+v_2+v_3-v_6+v_9 = 0 \tag{5}$$

$$\text{adecfa では}\quad -v_1-v_4-v_7+v_8+v_9 = 0 \tag{6}$$

が成り立つ．式 (1)，(2)，(4) を辺々加えれば式 (5) が得られる．v_4，v_5 が正負の符号をもち，それぞれ 1 回ずつ現れ，お互いに相殺されることに注意する．ループ adecfa では式 (1)，(3)，(4) を辺々加えれば式 (6) が得られる．v_5 と v_6 が相殺される．

1.7

$$\text{ループ bcdb では}\quad -v_3-v_4+v_6 = 0$$

$$\text{ループ abcda では}\quad v_1 - v_3 - v_4 + v_5 = 0$$

$$\text{ループ abca では}\quad v_1 - v_3 + v_2 = 0$$

1.8　各節点に電流則を適用すると，上の節点から下の節点に流れる電流を i とすれば

$$-i_1 + i_a - i_b = 0$$

$$-i_a + i - i_d = 0$$

$$-i + i_b + i_c = 0$$

$$i_2 + i_d - i_c = 0$$

これらの式すべてを辺々加えると $i_1 = i_2$ となる．このことは図の 4 個の節点からなる回路全体は節点と同じように考えられることを意味している．

1.9　電流 i_1，i_2 の流れる枝が結ばれる右側の正方形の各節点について，電流則を適用すると，1 つの枝電流について正の符号をもつものと負の符号をもつものとがそれぞれ 1 回ずつ現れる．したがって，各節点についての電流則を書き上げ相加えると i_1，i_2 だけが残り，これら以外はすべて打ち消されてゼロになるから，$i_1 + i_2 = 0$ が成り立つ．左側の三角形の各節について同様のことを行ってもよい．

[第 2 章]

2.1　合成抵抗を R_t，合成コンダクタンスを S_t とすると (a) $R_t = R/3 = 3.33\,\Omega$，(b) $G_t = G/3 = 3.33\,\mathrm{S}$，(c) $G_t = 3G = 30\,\mathrm{S}$，(d) $R_t = 3R = 30\,\Omega$.

2.2　電圧源 E と直列抵抗 r の部分を電流源 E/r ならびにそれに並列のコンダクタンス $1/r$ に置き換え，R_2 の端子電圧を v とすれば，電流則により

$$v/r + v/R_1 + v/R_2 = E/r$$

が成り立ち，これより $v = R_1R_2E/(R_1R_2 + rR_1 + rR_2)$ となる．したがって，$i = v/R_2 = R_1E/(R_1R_2 + rR_1 + rR_2)$，$i_1 = v/R_1 = R_2E/(R_1R_2 + rR_1 + rR_2)$.

抵抗の比 r/R_1，r/R_2 の大きさに注意して，近似計算を行うと $i = 14\,\mathrm{mA}$，$i_1 = 1.4 \times 10^{-1}\,\mathrm{mA}$ となる．

2.3　電流源 J に直列につながっている抵抗 r はこの計算には直接関係しない．抵抗 R を流れる電流は $i = rJ/(r + 2R)$，よって，$v = Ri = rRJ/(r + 2R)$ である．

2.4　ab 間の合成抵抗は $5R/4$ である．真ん中の縦方向の 2 つの抵抗には電流は流れないことに気づくことが大切．あとは，抵抗の並列計算の問題である．ac 間の合成抵抗は $3R/2$ である．回路の対称性から中央の節点で回路は右上側の回路と左下側の回路に分離できることに注意する．

2.5　右端から直列計算と並列計算を繰り返して $R = 13/8\,\Omega$ となる．この形が無限に続いたときは，1 つの抵抗を r とすると

$$R = r + \frac{1}{1/r + 1/R}$$

が成り立つから，この式より $R^2-rR-r^2 = 0$ となり，$R > 0$，$r = 1$ を考慮して，$R = (1+\sqrt{5})/2$ となる．

2.6 重ね合わせの原理を用いる．一方の電圧源を短絡すると，抵抗 R に流れる電流は $E/(r+2R)$ となる．もう一方の電圧源を短絡しても同じ回路であるから $i = 2E/(r+2R)$ となる．

抵抗 R に関して左右対称であるから，抵抗 $2R$ と抵抗 r の直列抵抗 $r+2R$ に電圧源 E が接続された回路が 2 個あることになり，それぞれの回路の電流を加えることにより，抵抗 R に流れる電流は上の値に一致する．

2.7 電圧源を短絡したときの電圧を $v^{(1)}$，電流源を開放したときの電圧を $v^{(2)}$ とする．

(a) $v^{(1)} = -12$ V，$v^{(2)} = 0$ V．　よって，$v = v^{(1)}+v^{(2)} = -12$ V

(b) $v^{(1)} = 0$ V，$v^{(2)} = 4$ V．　よって，$v = v^{(1)}+v^{(2)} = 4$ V

(c) $v^{(1)} = -12$ V，$v^{(2)} = 0$ V．　よって，$v = v^{(1)}+v^{(2)} = -12$ V

2.8 (a) テブナンの等価電源は電圧源 $E_0 = RE/(r+R)$ に内部抵抗 $r_0 = rR/(r+R)$ が直列につながった電圧源である．これを電流源で表すと，電流源の大きさ $J_0 = E_0/r_0 = E/r$，内部の並列コンダクタンス $g_0 = 1/r_0 = 1/r+1/R$ のノートンの等価電源が得られる．(b) テブナンの等価電源は端子間の電圧が $E_0 = J/g$，内部抵抗が $r_0 = r+1/g$ の電圧源である．ノートンの等価電流源は電流源の大きさが $J_0 = J/(1+gr)$，内部の並列コンダクタンスが $g/(1+gr)$ の電流源である．

2.9 直流電圧源の起電力の方向に注意して，電圧則により $24-20i-30i-10-2i-16i+16-22i = 0$ である．これより $i = 0.33$ A となる．

2.10 電流則により $v_{ab}/12+v_{ab}/18+v_{ab}/36 = 10-6+4 = 8$, これより $v_{ab} = 48$ V となる．よって, $i_1 = 48/12 = 4$ A, $i_2 = 48/18 = 8/3 = 2.67$ A, $i_3 = 48/36 = 4/3 = 1.33$ A となる．

2.11 電流は抵抗の逆比に分流することから，$i_1 = 4$ A，$i_2 = 2$ A，$i_3 = 1.6$ A となる．

2.12 重ね合わせの原理を用いればわかりやすい．電流 i_1，i_2 の方向をそれぞれ左向きにとる．12 V の電圧源を短絡したときの電流をそれぞれ $i_1^{(1)}$，$i_2^{(1)}$ と表し，6 V の電圧源を短絡したときの電流をそれぞれ $i_1^{(2)}$，$i_2^{(2)}$ と表す．

$i_1^{(1)} = 4.5$ A，$i_2^{(1)} = 1.5$ A，$i_1^{(2)} = -3$ A，$i_2^{(2)} = -1$ A となる．したがって，

$$i_1 = i_1^{(1)}+i_1^{(2)} = 4.5-3 = 1.5 \text{ A}$$

$$i_2 = i_2^{(1)}+i_2^{(2)} = 1.5-1 = 0.5 \text{ A}$$

となる．よって，i_1, i_2 はともに左向きである．

2.13 $v = 40\times 2 = 80$ V．したがって, 160 Ω の抵抗を流れる電流は $80/160 = 0.5$ A である．したがって, 抵抗 r を流れる電流は $0.5+2 = 2.5$ A であるから, $r\times 2.5+80 = 160$ V より $r = 32$ Ω となる．合成抵抗 $R_L = 160\times 40/(160+40)$ Ω であるから，$R_L = r$ が成り立っている．したがって, 抵抗 r と R_L で消費される電力は等しく, $32\times 2.5^2 = 200$ W

であり，これが最大消費電力である．消費電力の比 1 : 1 は明らかである．電流分布は上に述べたとおりである．

2.14 抵抗R_0にかかる電圧は$120-(60+40) = 20$ Vである．電源の供給電力が12 Wであるから，R_0を流れる電流は12 W/120 V = 100 mAである．よって，$R_0 = 20\,\mathrm{V}/0.1\,\mathrm{A} = 200\,\Omega = 0.2\,\mathrm{k}\Omega$ である．R_1 を流れる電流は 20 mA，R_2 を流れる電流は 40 mA である．これより，$R_1 = 60/0.02 = 3{,}000\,\Omega = 3\,\mathrm{k}\Omega$, $R_2 = 40/0.04 = 1{,}000\Omega = 1\mathrm{k}\Omega$である．

負荷抵抗 R_{L1} で消費される電力は $60\times0.08 = 4.8$ W，抵抗 R_{L2} で消費される電力は $40\times0.06 = 2.4$ W である．

2.15 1.26A．重ね合わせの原理の適用によるかループ電流を 2 つとって確かめよう．

2.16 重ね合わせの原理を使って 1 電源の回路を 3 つ作りそれぞれの解を加え合わせればよいが，計算に手間がかかる．もっとも，簡単な方法は 8 A の電流源 (抵抗 2 Ω を内部抵抗とみる) を電圧 16 V，内部抵抗 2 Ω の等価電圧源に置き換え，2 つのループをとり電圧則を適用する．また，2 つの電圧源をそれぞれ等価電流源に直しても解くことができる．$i_1 = 34/31 = 1.10$ A，$i_2 = 72/31 = 2.32$ A，$v = -114/31 = -3.68$ V．

2.17 2つの電流源をそれぞれ等価電圧源に置き換え，電圧則を用いれば簡単に$v = 15$ Vが求まる．

2.18 抵抗Rをはずしてテブナンの等価電圧源をつくる．等価電圧源の大きさは12/5 V，内部抵抗 34/5 Ω になる．したがって，$R = 34/5 = 6.8\,\Omega$ のときこの抵抗で消費される電力は最大となり，その最大値は 0.212 W である．

[第 3 章]

3.1 $v_L = 0.2\dfrac{\mathrm{d}i}{\mathrm{d}t}$ を計算する．

$$v_L = 0.2\,\mathrm{H}\times\frac{20\,\mathrm{mA}}{5\,\mathrm{ms}} = 0.8\,\mathrm{V} \quad (0 \le t \le 5\,\mathrm{ms})$$

$$v_L = 0.2\,\mathrm{H}\times\frac{-20\,\mathrm{mA}}{5\,\mathrm{ms}} = -0.8\,\mathrm{V} \quad (5\,\mathrm{ms} \le t \le 10\,\mathrm{ms})$$

これを図示する．

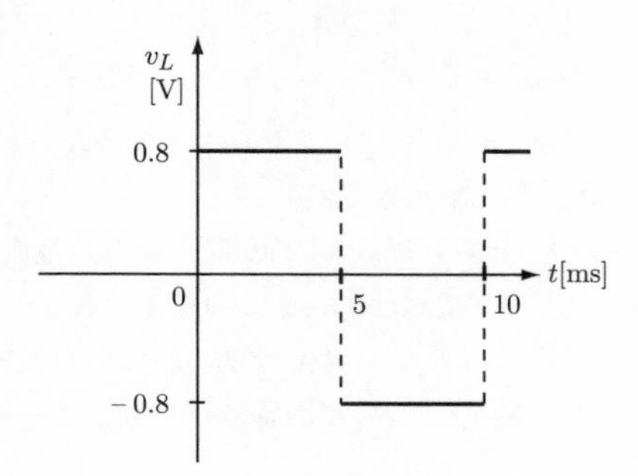

3.2 それぞれのインダクタンスの電圧を v_1, v_2, v_3, 電流を i_1, i_2, i_3 とすると, $v_1 = L_1\dfrac{\mathrm{d}i}{\mathrm{d}t}$, $v_2 = L_2\dfrac{\mathrm{d}i}{\mathrm{d}t}$, $v_3 = L_3\dfrac{\mathrm{d}i}{\mathrm{d}t}$ である. また,

$$i = i_1 = i_2 = i_3$$

であるから, これを t で微分すると

$$\frac{\mathrm{d}i}{\mathrm{d}t} = \frac{\mathrm{d}i_1}{\mathrm{d}t} = \frac{\mathrm{d}i_2}{\mathrm{d}t} = \frac{\mathrm{d}i_3}{\mathrm{d}t}$$

となる. 端子間の電圧を v とすれば

$$v = v_1+v_2+v_3 = L_1\frac{\mathrm{d}i}{\mathrm{d}t}+L_2\frac{\mathrm{d}i}{\mathrm{d}t}+L_3\frac{\mathrm{d}i}{\mathrm{d}t} = (L_1+L_2+L_3)\frac{\mathrm{d}i}{\mathrm{d}t}$$

となる. したがって, 合成インダクタンスは $L = L_1+L_2+L_3$ である.

並列接続のときは端子間の電圧を v とすれば, $v = v_1 = v_2 = v_3$. すなわち, $v = L_1\dfrac{\mathrm{d}i_1}{\mathrm{d}t} = L_2\dfrac{\mathrm{d}i_2}{\mathrm{d}t} = L_3\dfrac{\mathrm{d}i_3}{\mathrm{d}t}$ が成り立つ. 電流則により

$$i = i_1+i_2+i_3$$

が成り立つ. 両辺を t で微分して

$$\frac{\mathrm{d}i}{\mathrm{d}t} = \frac{\mathrm{d}i_1}{\mathrm{d}t}+\frac{\mathrm{d}i_2}{\mathrm{d}t}+\frac{\mathrm{d}i_3}{\mathrm{d}t}$$

となる. 合成インダクタンスを L とすれば, この式から

$$\frac{v}{L} = \frac{v}{L_1}+\frac{v}{L_2}+\frac{v}{L_3}$$

が得られ,

$$\frac{1}{L} = \frac{1}{L_1}+\frac{1}{L_2}+\frac{1}{L_3}$$

となる. したがって, 合成インダクタンスは

$$L = \frac{1}{\frac{1}{L_1}+\frac{1}{L_2}+\frac{1}{L_3}}$$

となる.

3.3 $L = 6\,\mathrm{H}$

3.4 端子間の電圧を v, 端子電流を i, キャパシタの電流をそれぞれ i_1, i_2, i_3 とする. キャパシタの個々の電流と電圧の関係は $i_1 = C_1\dfrac{\mathrm{d}v_1}{\mathrm{d}t}$, $i_2 = C_2\dfrac{\mathrm{d}v_2}{\mathrm{d}t}$, $i_3 = C_3\dfrac{\mathrm{d}v_3}{\mathrm{d}t}$, 並列接続では

$$v = v_1 = v_2 = v_3$$

電流則から

$$i = i_1+i_2+i_3$$

であるから, 端子間のキャパシタの合成キャパシタンスを C とすると,

$$C\frac{\mathrm{d}v}{\mathrm{d}t} = C_1\frac{\mathrm{d}v_1}{\mathrm{d}t}+C_2\frac{\mathrm{d}v_2}{\mathrm{d}t}+C_3\frac{\mathrm{d}v_3}{\mathrm{d}t}$$

となる．したがって合成容量は

$$C = C_1+C_2+C_3$$

となる．

直列接続のときは

$$v = v_1+v_2+v_3$$

両辺を t で微分して

$$\frac{\mathrm{d}v}{\mathrm{d}t} = \frac{\mathrm{d}v_1}{\mathrm{d}t}+\frac{\mathrm{d}v_2}{\mathrm{d}t}+\frac{\mathrm{d}v_3}{\mathrm{d}t}$$

これに個々の電流・電圧の関係を代入して

$$\frac{1}{C} = \frac{1}{C_1}+\frac{1}{C_2}+\frac{1}{C_3}$$

となる．したがって，合成インダクタンスは

$$C = \frac{1}{\frac{1}{C_1}+\frac{1}{C_2}+\frac{1}{C_3}}$$

となる．

3.5 $C = 1.74\,\mu\mathrm{F}$

3.6 (a) 電圧源を等価電流源で表した回路に電流則を用いれば簡単に導ける．

$$\left(\frac{1}{r}+\frac{1}{R}\right)v+C\frac{\mathrm{d}v}{\mathrm{d}t} = \frac{E}{r}$$

したがって

$$C\frac{\mathrm{d}v}{\mathrm{d}t}+\left(\frac{1}{r}+\frac{1}{R}\right)v = \frac{E}{r}, \quad t > 0$$

となる．

(b) 電流源を等価電圧源に変換して，電圧則を用いればよい．

$$L\frac{\mathrm{d}i}{\mathrm{d}t}+\left(R+\frac{1}{g}\right)i = \frac{J}{g}, \quad t > 0$$

(c) $L\frac{\mathrm{d}i}{\mathrm{d}t}+Ri = 0, \quad t > 0$

(d) この問題は特殊である．電流について $i = J$ が成り立つ．したがって，微分方程式はたたない．電流源 J の電圧を v_J とすれば，これが未知数である．したがって，

$$v_J = L\frac{\mathrm{d}J}{\mathrm{d}t}+(r+R)J, \quad t > 0$$

である．

(e) $C\frac{\mathrm{d}v}{\mathrm{d}t} = J, \quad t > 0$

(f) $C\frac{\mathrm{d}v}{\mathrm{d}t}+Gv = 0, \quad t > 0$

(g) $C\dfrac{\mathrm{d}v}{\mathrm{d}t}+\dfrac{v}{R_2} = 0, \quad t > 0$

3.7 以下，i をインダクタの電流，v をキャパシタの電圧とする．パラメータ，変数の双対をとり，双対回路を構成する．元の回路のスイッチSのオン，オフは双対回路ではそれぞれオフ，オンになることに注意する．

(a) $L\dfrac{\mathrm{d}i}{\mathrm{d}t}+\left(\dfrac{1}{G}+\dfrac{1}{g}\right)i = \dfrac{J}{g}, \quad t > 0$

(b) $C\dfrac{\mathrm{d}v}{\mathrm{d}t}+\left(G+\dfrac{1}{r}\right)v = \dfrac{E}{r}, \quad t > 0$

(c) $C\dfrac{\mathrm{d}v}{\mathrm{d}t}+Gv = 0, \quad t > 0$

(d) $i = C\dfrac{\mathrm{d}E}{\mathrm{d}t}+(G+g)E, \quad t > 0$．元の回路の$J$が直流ならば，$E$も直流電源で$\mathrm{d}E/\mathrm{d}t = 0$である．

(e) $L\dfrac{\mathrm{d}i}{\mathrm{d}t} = E, \quad t > 0$

(f) $L\dfrac{\mathrm{d}i}{\mathrm{d}t}+Ri = 0, \quad t > 0$

(g) $L\dfrac{\mathrm{d}i}{\mathrm{d}t}+\dfrac{i}{G_2} = 0, \quad t > 0$

3.8 素子の電流・電圧には対応する素子の添え字を付して表す．

(a) 電圧源を電流源に変換して電流則により方程式をたてる．電流則により

$$\frac{v_C}{r}+\frac{v_C}{R}+C\frac{\mathrm{d}v_C}{\mathrm{d}t}+i_L = \frac{E}{r}, \quad t > 0$$

が成り立つ．また，

$$v_C = L\frac{i_L}{\mathrm{d}t}, \quad t > 0$$

であるから，これを上の式に代入すると

$$LC\frac{\mathrm{d}^2 i_L}{\mathrm{d}t^2}+L\left(\frac{1}{r}+\frac{1}{R}\right)\frac{\mathrm{d}i_L}{\mathrm{d}t}+i_L = \frac{E}{r}, \quad t > 0$$

となる．

(b) スイッチを閉じた回路の電流源を電圧源に変換して，電圧則により方程式をたてると

$$v_L+v_C+\left(R+\frac{1}{g}\right)i_L = \frac{J}{g}$$

となる．また

$$v_L = L\frac{\mathrm{d}i_L}{\mathrm{d}t}, \quad i_L = C\frac{\mathrm{d}v_c}{\mathrm{d}t}$$

であるから，これらを上の式に代入して

$$LC\frac{\mathrm{d}^2 v_C}{\mathrm{d}t^2}+C\left(R+\frac{1}{g}\right)\frac{\mathrm{d}v_C}{\mathrm{d}t}+v_C = \frac{J}{g}, \quad t > 0$$

となる．

(c) インダクタを流れる電流について

$$i_L = Gv_C+C\frac{\mathrm{d}v_C}{\mathrm{d}t}$$

が成り立ち，電圧則により

$$L\frac{\mathrm{d}i_L}{\mathrm{d}t}+ri_L+v_C = e(t)$$

である．この 2 式より

$$LC\frac{\mathrm{d}^2 v_C}{\mathrm{d}t^2}+(LG+rC)\frac{\mathrm{d}v_C}{\mathrm{d}t}+(1+rG)v_C = e(t), \quad t > 0$$

である．

(d) 電流則により

$$i_g+i_C+i_L = j(t)$$

が成り立ち，素子の電流・電圧の関係を代入すると

$$gv_C+C\frac{\mathrm{d}v_C}{\mathrm{d}t}+i_L = j(t)$$

となる．また

$$v_C = Ri_L+L\frac{\mathrm{d}i_L}{\mathrm{d}t}$$

の関係があるから，これを上の式に代入して

$$LC\frac{\mathrm{d}^2 i_L}{\mathrm{d}t^2}+(gL+CR)\frac{i_L}{\mathrm{d}t}+(gR+1)i_L = j(t), \quad t > 0$$

となる．

(e) 電流則により

$$\frac{v_{C_1}}{r}+i_{C_1}+i_{C_2} = \frac{E}{r}$$

回路図から

$$v_{C_1} = Ri_{C_2}+v_{C_2} = RC_2\frac{\mathrm{d}v_{C_2}}{\mathrm{d}t}+v_{C_2}$$

が成り立つ．これを上の式に代入して

$$C_1C_2R\frac{\mathrm{d}^2 v_{C_2}}{\mathrm{d}t^2}+\left(C_1+C_2+\frac{C_2R}{r}\right)\frac{\mathrm{d}v_{C_2}}{\mathrm{d}t}+\frac{v_{C_2}}{r} = \frac{E}{r}, \quad t > 0$$

となる．

(f) 電流則により

$$C\frac{\mathrm{d}v_C}{\mathrm{d}t}+gv_C+i_L = j(t)$$

また

$$v_C = (L_1+L_2)\frac{i_L}{\mathrm{d}t}$$

が成り立つ．これらの式から方程式は

$$C(L_1+L_2)\frac{\mathrm{d}^2 i_L}{\mathrm{d}t^2}+g(L_1+L_2)\frac{\mathrm{d}i_L}{\mathrm{d}t}+i_L = j(t), \quad t > 0$$

となる．

[第 4 章]

4.1 (a) $1+\mathrm{j}\frac{1}{2} = \frac{\sqrt{5}}{2}e^{\mathrm{j}26.6^\circ}$, (b) $1-\mathrm{j}2 = \sqrt{5}e^{-\mathrm{j}63.4^\circ}$, (c) $-1+\mathrm{j}2 = \sqrt{5}e^{\mathrm{j}116.6^\circ}$, (d) $-1-\mathrm{j}3 = \sqrt{10}e^{-\mathrm{j}108.4^\circ}$

4.2 (a) $4.33+\mathrm{j}2.5$, (b) $-4.33+\mathrm{j}2.5$, (c) $2.83-\mathrm{j}2.83$, (d) -3

4.3 (a) $-0.2-\mathrm{j}0.4 = 0.447e^{-\mathrm{j}2.034}$, (b) $2.757+\mathrm{j}2.707 = 3.864e^{\mathrm{j}0.776}$

4.4 図に示す．また，$\alpha^3 = 1$，$\beta^3 = 1$ である．よって，$z^3-1 = (z-1)(z^2+z+1) = 0$ の解は $z = 1$，α，β となり，α，β は $z^2+z+1 = 0$ の解であることがわかる．

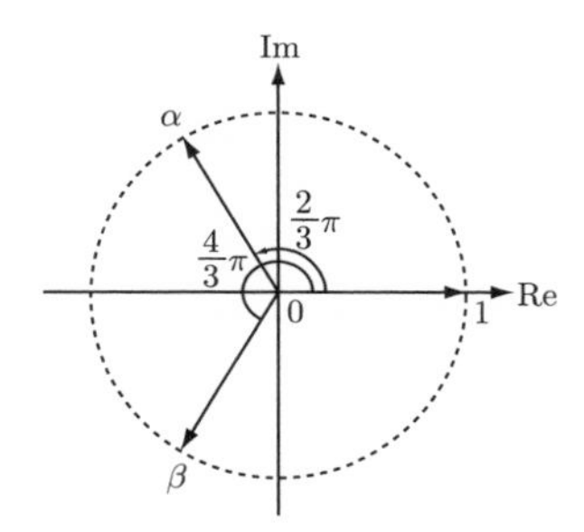

4.5 $n = 3m$ (m：整数) とおき，α，β を極座標で表して代入し，オイラーの関係式を使えばよい．n が 3 の倍数でないときは，$n = 3m+1$，$n = 3m+2$ とおき，それぞれの場合について前者と同様の計算をすればよい．

[第 5 章]

5.1 $x = A_1e^{-t}+A_2e^{3t}$

5.2 $x = e^{-t}(A_1e^{-\mathrm{j}\sqrt{2}t}+A_2e^{\mathrm{j}\sqrt{2}t})$

あるいは

$x = e^{-t}(A_1\cos\sqrt{2}t+A_2\sin\sqrt{2}t)$，$A_1$，$A_2$ は任意定数

5.3 $x = 8e^{-t}-4e^{-2t}$

5.4 $x = -\frac{1}{2}e^{-2t}+\frac{3}{2}$

5.5 $x = \frac{1}{3}\cos t+\frac{2}{3}\cos 2t$

5.6 スイッチが端子 a, b につながっているときの時定数をそれぞれ τ_a, τ_b とする．

(a) $\tau_a = (5\,\mathrm{k}\Omega+1\,\mathrm{k}\Omega)\times 50\,\mu\mathrm{F} = 300\,\mathrm{ms}$

(b) $\tau_b = (1\,\mathrm{k}\Omega+1\,\mathrm{k}\Omega)\times 50\,\mu\mathrm{F} = 100\,\mathrm{ms}$

(c) コンデンサの初期電圧は $v_C(0) = 0$ である．時刻 $t = 0$ の瞬間ではコンデンサは短絡される．したがって，$i(0) = \frac{50}{2\times 10^3} = 25\,\mathrm{mA}$ となる．これより $\frac{\mathrm{d}v_c}{\mathrm{d}t}\big|_{t=0} = \frac{i(0)}{C} = \frac{25\,\mathrm{mA}}{50\,\mu\mathrm{R}} = 500\,\mathrm{V/s}$ となる．

(d) コンデンサ電圧の時間変化は $v_C(t) = E(1-e^{-t/\tau_b}) = 50(1-e^{-t/100})$ であるから，これに $t = 80\,\mathrm{ms}$ を代入して $v_C(80) = 50(1-e^{-80/100}) = 50(1-0.4493) = 27.53$ となる．よって，$v_C(80) = 27.5\,\mathrm{V}$ である．

(e) $v_C(t) = 50(1-e^{-t/100}) = 10$ から，$e^{-t/100} = 0.8$ を満たす t を求めると，$-t/100 = \ln 0.8 = -2.231\times 10^{-1}$ より，$t = 22.3\,\mathrm{ms}$ となる．また，スイッチが a に戻った後にも v_C が 10 V になる．$v_C = 27.53e^{-\frac{t'}{300\,\mathrm{ms}}} = 10$ から，$t' = 303.8$ となり，よって $t = t'+80 = 383.8\,\mathrm{ms}$ となる．

(f) $i = \frac{E}{R}e^{-t/CR} = 25\,\mathrm{mA}e^{-t/100} = 20$ であるから，$e^{-t/100} = \frac{20}{25} = 0.8$ を満たす t は $-t/100 = \ln 0.8$ より $t = 22.3\,\mathrm{ms}$ となる．

(g) 電流の符号がマイナスであるから，スイッチは a に戻っている．キャパシタの電圧は 27.5 V になっている．時間の原点をスイッチが a に接続したときにとると，$v_C(t) = 27.5e^{-t/300}$ になっている．したがって，キャパシタの電流は

$$i_C = C\frac{\mathrm{d}v_C}{\mathrm{d}t} = 50\,\mu\mathrm{F}\times 27.5\,\mathrm{V}\times\left(-\frac{1}{300\times 10^{-3}}e^{-t/300}\right) = -2\times 10^{-3} \tag{7}$$

よって，$-t/300\times 10^{-3} = -0.829$ となるから，$t = 248.7$．時間の原点を元に戻すと $t = 80+248.7 = 328.7$．したがって，$t = 3.29\times 10^2\,\mathrm{ms}$ である．

5.7 時定数は $CR = 20\,\mu\mathrm{F}\times 100\,\mathrm{k}\Omega = 2\,\mathrm{s}$ であるから，キャパシタの電圧は $v_C(t) = 100-150e^{-t/2}$ である．時間の単位は秒 [s] である．

(a) $v_C(2) = 44.8\,\mathrm{V}$

(b) $v_C(t) = 100-150e^{-t/2} = 0$．よって，$e^{-t/2} = 2/3$, $t = 0.81\,\mathrm{s}$．同様にして，スイッチが再び a に戻ってからも考える．3.28 s

(c) $i_C = C\frac{\mathrm{d}v_C}{\mathrm{d}t} = -948\,\mu\mathrm{A}\times e^{-t/2}$，$i_C(3) = -212\,\mu\mathrm{A}$.

(d) $i_C = -948\,\mu\mathrm{A}\times e^{-t/2} = -2.25\,\mu\mathrm{A}$ であるから，スイッチが a に戻ってから $t = 12.1\,\mathrm{s}$．よって，$2+12.1 = 14.1\,\mathrm{s}$.

5.8 スイッチを閉じた瞬間にはコンデンサは短絡され，インダクタは開放されることを利用する．したがって，$200\,\mu\mathrm{F}$ と $100\,\mu\mathrm{F}$ のコンデンサを短絡して $I_1 = 16/4 = 4\,\mathrm{A}$, $I_2 = 0\,\mathrm{A}$ となる．スイッチを閉じて十分時間が経つと定常状態になり，キャパシタには電流は流れず，インダクタには一定の電流が流れその効果はない．したがって，$I_2 = 16/8 = 2\,\mathrm{A}$，端子 AB 間の電圧は $6\times 2 = 12\,\mathrm{V}$，コンデンサの電荷量は

$Q = 200\,\mu\text{F}\times 4\,\text{V} = 8.0\times 10^{-4}\,\text{C}$ である．(1) 4，(2) 0，(3) 2，(4) 12，(5) 8.0×10^{-4}．

5.9 キャパシタの初期値は抵抗 R の電圧で $v(0) = RJ$ である．スイッチを閉じたときの回路から $CR\dfrac{\mathrm{d}v}{\mathrm{d}t}+v = 0$ となる．この一般解は $v(t) = Ae^{-t/CR}$ となり，初期条件により $A = RJ$ が得られ，キャパシタの電圧変化は $v(t) = RJe^{-t/CR}$ で与えられる．

5.10 スイッチを閉じたとき，それを流れる電流は 2 つの回路の電流の和である．1 つはループ L-S-R-L (R は電流源に並列している R，L は横向きの L) の電流 i_1 であり，

$$L\frac{\mathrm{d}i_1}{\mathrm{d}t}+R(i_1-J) = 0$$

が成り立つ．初期条件は $i_1(0) = J/2$ であるから，解は

$$i_1 = J\left(1-\frac{1}{2}e^{-Rt/L}\right),\quad t \geq 0$$

である．2 つ目はループ C-S-L-C(L は縦向きの L) を流れるインダクタ L の電流 i_2 であり，

$$LC\frac{\mathrm{d}^2 i_2}{\mathrm{d}t^2}+i_2 = 0$$

が成り立つ．初期条件は $i_2(0) = 0$，$\left.\dfrac{\mathrm{d}i_2}{\mathrm{d}t}\right|_{t=0} = v_C(0)/L = RJ/2L$ であるから，解は

$$i_2(t) = \frac{RJ}{2}\sqrt{C/L}\sin\frac{t}{\sqrt{LC}},\quad t \geq 0$$

この i_1 と i_2 を加えた電流がスイッチを流れる電流 i である．また，$v_C = \dfrac{RJ}{2}\cos\dfrac{t}{\sqrt{LC}}$ $(t \geq 0)$ である．

5.11 インダクタの電流を $i_L(t)$ とする．インダクタの電流に関する微分方程式は

$$LC\frac{\mathrm{d}^2 i_L}{\mathrm{d}t^2}+RC\frac{\mathrm{d}i_L}{\mathrm{d}t}+i_L = 0$$

(a) の場合：

特性根は重根で $\lambda = -2/CR$ であるから，解は

$$i_L(t) = A_1e^{\lambda t}+A_2te^{\lambda t}$$

である．初期条件は $i_L(0) = A_1 = E/R, v_C(0) = L\left.\dfrac{\mathrm{d}i_L}{\mathrm{d}t}\right|_{t=0}+Ri_L(0) = E$ から，$\left.\dfrac{\mathrm{d}i_L}{\mathrm{d}t}\right|_{t=0} = 0$ である．したがって $A_2 = 2E/CR^2$ となり，

$$v(t) = Ri_L(t) = E\left(1+\frac{2t}{CR}\right)e^{-2t/CR}\quad t \geq 0$$

が得られる．

(b) の場合：

特性根は複素共役で $\lambda = (-1\pm \mathrm{j}3)/5CR$ の解は

$$i_L(t) = A_1e^{\lambda t}+A_2e^{\lambda^* t}$$

である．初期条件より

$$i_L(0) = A_1+A_2 = E/R$$

$$\mathrm{d}i_L/\mathrm{d}t|_{t=0} = \lambda A_1+\lambda^* A_2 = 0$$

よって，$A_1 = (3-\mathrm{j})E/6R$，$A_2 = (3+\mathrm{j})E/6R$．これより解は

$$v(t) = Ri_L(t) = \frac{E}{3}e^{-t/5CR}\left(3\cos\frac{3t}{5CR}+\sin\frac{3t}{5CR}\right) \quad t \geq 0$$

となる．

5.12　回路図をよくみると，この問題は問 5.10 と電気的に同じ図であることがわかる．

5.13　キャパシタの端子電圧に関する微分方程式は

$$LC\frac{\mathrm{d}^2v}{\mathrm{d}t^2}+RC\frac{\mathrm{d}v}{\mathrm{d}t}+v = 0$$

特性根は $-3/2CR$，$-3/CR$ である．初期条件は $v(0) = \dfrac{E}{2}$，$\left.\dfrac{\mathrm{d}v}{\mathrm{d}t}\right|_{t=0} = 0$ である．解は

$$v(t) = E(e^{-3t/2CR}-e^{-3t/CR}/2) \quad t \geq 0$$

となる．

5.14　スイッチを開いたとき

$$CR\frac{\mathrm{d}v_C}{\mathrm{d}t}+v_C = 0$$

が成り立つ．初期条件は

$$v(0) = E/3$$

よって解は

$$v_C(t) = \frac{E}{3}e^{-t/CR} \quad t \geq 0$$

である．

5.15　インダクタの初期電流は $i(0) = 0$ であることに注意する．微分方程式は

$$L\frac{\mathrm{d}i}{\mathrm{d}t}+(R+r)i = rJ$$

したがって，一般解は

$$i(t) = Ae^{-(R+r)t/L}+\frac{rJ}{R+r}$$

初期条件を考慮して $A = -rJ/(R+r)$．よって，解は

$$i(t) = \frac{rJ}{R+r}(1-e^{-(R+r)t/L}) \quad t \geq 0$$

である．

5.16　キャパシタの初期電圧は $v(0) = \frac{RE}{r+R}$．方程式は

$$C\frac{\mathrm{d}v_C}{\mathrm{d}t}+\frac{v_C}{R} = 0$$

解は $v_C(t) = \frac{RE}{r+R}e^{-t/CR}$ となり，電流は $i(t) = -v_C/R = -\frac{E}{r+R}e^{-t/CR}$ $(t \geq 0)$ となる．

5.17 キャパシタの電圧に関する微分方程式は

$$CR_3\frac{\mathrm{d}v_c}{\mathrm{d}t}+v_C = R_3J$$

この一般解は

$$v_C(t) = Ae^{-t/CR_3}+R_3J$$

初期条件は $v(0) = R_2R_3J/(R_2+R_3)$．したがって，

$$v_C(t) = R_3J\left(1-\frac{R_3}{R_2+R_3}e^{-t/CR_3}\right),\quad t \geq 0$$

[第 6 章]

6.1 (a) $\ddot{x}-2\dot{x}+4x = f(t)$

左辺 $= 0$ としたときの一般解を $x_2 = e^{\lambda t}$ とすると，

$(\lambda^2-2\lambda+4)e^{\lambda t} = 0$．よって，

$$\lambda = 1\pm \mathrm{j}\sqrt{3}$$

なので

$$x_2 = A_1e^{(1+\mathrm{j}\sqrt{3})t}+A_2e^{(1-\mathrm{j}\sqrt{3})t}\quad (A_1,\ A_2 \text{ は任意定数})$$

(b) 特殊解を $x_1' = Ae^{\mathrm{j}t}$ とすると

$$A(-1-\mathrm{j}2+4)e^{\mathrm{j}t} = e^{\mathrm{j}t}\quad \therefore\quad A = \frac{1}{3-\mathrm{j}2} = \frac{3+\mathrm{j}2}{13}$$

よって左辺$= \sin t$ のときの特殊解 x_1 は，

$$x_1 = \mathrm{Im}\{x_1'\} = \mathrm{Im}\left\{\frac{3+\mathrm{j}2}{13}e^{\mathrm{j}t}\right\} = \frac{2}{13}\cos t+\frac{3}{13}\sin t$$

よって

$$\begin{aligned} x &= x_1+x_2 \\ &= K_1e^{(1+\mathrm{j}\sqrt{3})t}+K_2e^{(1-\mathrm{j}\sqrt{3})t}+\frac{2}{13}\cos t+\frac{3}{13}\sin t \end{aligned}$$

初期条件より

$$x(0) = K_1+K_2+\frac{2}{13} = 0$$

$$\dot{x}(0) = K_1(1+\mathrm{j}\sqrt{3})+K_2(1-\mathrm{j}\sqrt{3})+\frac{3}{13} = 0$$

これを解くと

$$K_1 = \frac{-6+\mathrm{j}\sqrt{3}}{78},\quad K_2 = \frac{-6-\mathrm{j}\sqrt{3}}{78}$$

よって

$$x = -\frac{2}{13}e^t\cos\sqrt{3}t+\frac{\sqrt{3}}{39}e^t\sin\sqrt{3}t+\frac{2}{13}\cos t+\frac{3}{13}\sin t$$

6.2 左辺 $= 0$ としたときの一般解を $x_2 = Ae^{\lambda t}$ とすると，

$$A(\lambda^2+3\lambda+2)e^{\lambda t} = AP(\mathrm{j})e^{\lambda t} = 0$$

よって $\lambda = -1, -2$ より

$$x_2 = K_1e^{-t}+K_2e^{-2t} \quad (K_1,\ K_2 \text{ は定数})$$

左辺 $= \cos t$ としたときの特殊解を x_1 とすると，

$$x_1 = \mathrm{Re}\left(\frac{10e^{\mathrm{j}t}}{P(\mathrm{j})}\right) = \cos t+3\sin t$$

よって

$$x = K_1e^{-t}+K_2e^{-2t}+\cos t+3\sin t$$

初期条件より

$$x(0) = K_1+K_2+1 = 3$$

$$\dot{x}(0) = -K_1-2K_2+3 = 0$$

よって

$$x = e^{-t}+e^{-2t}+\cos t+3\sin t$$

6.3 右辺 $= 0$ としたときの一般解を $x_2 = Ae^{\lambda t}$ とすると，

$$(4\lambda^2+12\lambda+9)Ae^{\lambda t} = P(\lambda)Ae^{\lambda t} = 0 \quad \therefore \quad \lambda = -3/2 \quad (\text{重解})$$

ここであらためて t の関数 $u(t)$ を用いて $x_2 = u(t)e^{\lambda t}$ とすると，$\dot{x}_2 = \dot{u}e^{\lambda t}+u\lambda e^{\lambda t}$，$\ddot{x}_2 = \ddot{u}e^{\lambda t}+2\dot{u}\lambda e^{\lambda t}+u\lambda^2e^{\lambda t}$ より

$$4\ddot{x}_2+12\dot{x}_2+9x_2 = \{4\ddot{u}_2+(8\lambda+12)\dot{u}_2+(4\lambda^2+12\lambda+9)u\}e^{\lambda t} = 4\ddot{u}e^{\lambda t} = 0$$

$$\therefore \quad \ddot{u} = 0, \quad \therefore \quad \dot{u} = K_1(\text{任意定数}), \quad \therefore \quad u = K_1t+K_2$$

よって一般解は，$x_2 = e^{-3t/2}(K_1t+K_2)$，$K_2$ は任意定数．

次に，特殊解を x_1 とすると

$$x_1 = \mathrm{Re}\left(\frac{24e^{\mathrm{j}2t}}{P(\mathrm{j}2)}\right)-\mathrm{Im}\left(\frac{7e^{\mathrm{j}2t}}{P(\mathrm{j}2)}\right) = \sin 2t$$

よって一般解は

$$x = e^{-3t/2}(K_1t+K_2)+\sin 2t$$

初期条件より，$x(0) = K_2 = 4$，$\dot{x}(0) = K_1-(3/2)K_2+2 = -5$

$\therefore$ $K_1 = -1$，$K_2 = 4$．よって

$$x = e^{-3t/2}(-t+4)+\sin 2t$$

6.4 一般解を $x_2 = Ae^{\lambda t}$ とすると，

$$(\lambda^2+6\lambda+13)Ae^{\lambda t} = P(\lambda)Ae^{\lambda t} = 0 \quad \therefore \quad \lambda = -3\pm\mathrm{j}2$$

次に，特殊解を x_1 とすると

$$x_1 = \mathrm{Re}\left(\frac{5e^{\mathrm{j}2t}}{P(\mathrm{j}2)}\right) = \frac{1}{5}\cos 2t+\frac{4}{15}\sin 2t$$

よって

$$x = K_1e^{(-3+\mathrm{j}2)t}+K_2e^{(-3-\mathrm{j}2)t}+\frac{1}{5}\cos 2t+\frac{4}{15}\sin 2t$$

初期条件より，

$$x(0) = K_1+K_2+\frac{1}{5} = 1 \qquad \therefore \quad K_1+K_2 = \frac{4}{5}$$

$$x\left(\frac{\pi}{4}\right) = e^{-\frac{3}{4}\pi}(\mathrm{j}K_1-\mathrm{j}K_2)+\frac{4}{15} = 0 \qquad \therefore \quad K_1-K_2 = \mathrm{j}\frac{4}{15}e^{\frac{3}{4}\pi}$$

よって，$K_1 = \frac{2}{5}+\mathrm{j}\frac{2}{15}e^{\frac{3}{4}\pi}$，$K_1 = \frac{2}{5}-\mathrm{j}\frac{2}{15}e^{\frac{3}{4}\pi}$ となるので

$$x = e^{-3t}\left(\frac{4}{5}\cos 2t-\frac{4}{15}e^{\frac{3}{4}\pi}\sin 2t\right)+\frac{1}{5}\cos 2t+\frac{4}{15}\sin 2t$$

6.5 回路方程式は，

$$\left.\begin{aligned}\left(C\frac{\mathrm{d}v_c}{\mathrm{d}t}+i\right)R+v_c &= E\cos t\\ v_c &= L\frac{\mathrm{d}i}{\mathrm{d}t}\end{aligned}\right\}$$

$$\therefore \quad RLC\frac{\mathrm{d}^2i}{\mathrm{d}t^2}+L\frac{\mathrm{d}i}{\mathrm{d}t}+Ri = E\cos t$$

$R = 1$，$LC = 1$，$L = 2$ を代入すると

$$\frac{\mathrm{d}^2i}{\mathrm{d}t^2}+2\frac{\mathrm{d}i}{\mathrm{d}t}+i = E\cos t$$

$$\therefore \quad (\lambda^2+2\lambda+1)i = E\cos t$$

上式の特殊解 i_1 は

$$x_1 = \mathrm{Re}\left(\frac{Ee^{\mathrm{j}t}}{(\lambda^2+2\lambda+1)|_{\lambda=\mathrm{j}}}\right) = \frac{E}{2}\sin t$$

次に，同時の特性方程式およびその根は

$$(\lambda^2+2\lambda+1)i = 0, \quad \lambda = -1 \quad (\text{重解})$$

よって

$$i = e^{-t}(K_1t+K_2)+\frac{E}{2}\sin t \quad (K_1,\ K_2 \text{ は定数})$$

条件 $i|_{t=0} = 1$，$i|_{t=\pi} = e^{-\pi}$ より $K_1 = 0$，$K_2 = 1$．よってインダクタンスに流れる電流は次のようになる．

$$i = e^{-t}+\frac{E}{2}\sin t$$

[第 7 章]

7.1 余弦定理を用いると，

$$V^2 = V_1^2+V_2^2-2V_1V_2\cos 150^\circ = 50^2+100^2-2\times 50\times 100\times(-\sqrt{3}/2)$$

よって，$V = 1.45\times 10^2$ V である．

7.2 これも余弦定理を用いればよい．

$$E^2 = 200^2+400^2-2\times200\times400\times\cos120^\circ$$

から $E = 5.29\times10^2$ V．

7.3 電圧の実効値は $V = 141.4/\sqrt{2} = 100$ V，電流の実効値は $I = 5/\sqrt{2} = 3.54$ A である．電流は電圧より $\pi/4$ だけ遅れているから，複素インピーダンスは $\dot{Z} = \dot{V}/\dot{I} = 100e^{\mathrm{j}\frac{\pi}{4}}/3.54 = 20+\mathrm{j}20\,\Omega$．

7.4 起電力は $\dot{E} = 100\sqrt{2}e^{\mathrm{j}120\pi t}$ V，インピーダンスは $\dot{Z} = 15+\mathrm{j}20\,\Omega$ であるから，インピーダンスに流れる電流は $\dot{I} = \dot{E}/\dot{Z} = \sqrt{2}(2.4-\mathrm{j}3.2)e^{\mathrm{j}120\pi t}$ A．瞬時値は

$$i(t) = \mathrm{Re}[\dot{I}] = \sqrt{2}(2.4\cos120\pi t+3.2\sin120\pi t) = 4\sqrt{2}\cos(120\pi t-\phi)$$

ただし $\phi = \arctan(4/3)$．

7.5 複素インピーダンスは $40-\mathrm{j}261.5\,\Omega$．インピーダンスの大きさ $264.5\,\Omega$，アドミタンスの大きさ 3.8×10^{-3} S，力率 0.15．

7.6 $\dot{P} = |\dot{V}|^2/\dot{Z} = 400+\mathrm{j}500$ から，$\dot{Z} = 39.0-\mathrm{j}48.8\,\Omega$．$\dot{P} = |\dot{V}|^2/\dot{Z}^*$ によれば $\dot{Z} = 39.0+\mathrm{j}48.8\,\Omega$．

7.7 対称性により，図のインピーダンスが並列に接続されていると考えて，ab 間のインピーダンスは $\mathrm{j}\omega L(2-\omega^2LC)/(1-\omega^2LC)$．よって，

$$\dot{I} = \frac{E(1-\omega^2LC)}{\mathrm{j}wL(2-\omega^2LC)},\quad ただし\ \omega \neq \sqrt{\frac{2}{LC}}$$

7.8 $P = RE^2/\{(r_0+R)^2+x_0^2\}$，$R = \sqrt{r_0^2+x_0^2}$ のとき，供給電力は最大になり，そのときの力率は $\cos\theta = \sqrt{\frac{1+r_0/\sqrt{r_0^2+x_0^2}}{2}}$ である．

7.9 負荷の端子電圧は $\dot{V} = |\dot{Z}|e^{\mathrm{j}\varphi}\dot{E}/(r_0+\mathrm{j}x_0+|\dot{Z}|e^{\mathrm{j}\varphi})$ である．したがって，

$$P = \frac{|\dot{Z}||\dot{E}|^2\cos\varphi}{\{(r_0+|\dot{Z}|\cos\varphi)^2+(x_0+|\dot{Z}|\sin\varphi)^2\}}$$

より，$Z = |\dot{Z}| = \sqrt{r_0^2+x_0^2}$ のとき，インピーダンスで消費される電力は最大になり，端子電圧は

$$V = \frac{E}{\sqrt{2}}\frac{1}{\sqrt{1+\cos(\varphi-\theta_0)}},\quad \theta_0 = \arctan\frac{x_0}{r_0}$$

である．

7.10 両方のインピーダンスに流れる電流が等しいから，両インピーダンスの大きさは等しく

$$|r+r_1+\mathrm{j}(x+x_c)| = |r+\mathrm{j}x|$$

また電流の位相差が 90 度であることから，$\mathrm{j}\{r+r_1+\mathrm{j}(x+x_c)\} = r+\mathrm{j}x$ が成り立つ．これより，$r_1 = x-r$，$x_c = -(r+x)$ である．

7.11 $r_1 = 0.28r_2$，$x = 0.96r_2$．電流 $\dot{I}_1$ と $\dot{I}_2$ の大きさが等しいから，$r_1^2+x^2 = r_2^2$．この

条件を考慮すれば，端子abから見たインピーダンスの大きさは$|\dot{Z}| = r_2\sqrt{r_2/2(r_1+r_2)}$. 抵抗分は$R = r_2/2$であるから力率は$R/|\dot{Z}| = 0.8$となる．これから上の関係を得る．

7.12 電源から見たインピーダンスは

$$\dot{Z} = \mathrm{j}X+\frac{R(1-\mathrm{j}\omega CR)}{1+\omega^2C^2R^2}$$

であるから，電流が電源電圧と同位相であるためには$\dot{Z}$の虚数部がゼロでなければならない．したがって，ωに関する2次方程式

$$C^2R^2X\omega^2-CR^2\omega+X = 0$$

が成り立つから，これを解いて

$$\omega = (R\pm\sqrt{R^2-4X^2})/2CRX$$

ただし，$R \geq 2X$である．

7.13 端子電圧は

$$\dot{V} = |\dot{Z}|e^{\mathrm{j}\phi}\dot{E}/(R_0+1/\mathrm{j}\omega C_0+|\dot{Z}|e^{\mathrm{j}\phi}) = \dot{E}/(1+ke^{\mathrm{j}(\theta_0-\phi)})$$

ただし，$k = |\dot{Z}_0|/|\dot{Z}|$，$\dot{Z}_0 = R_0+1/\mathrm{j}\omega C_0$，$\theta_0 = -\arctan(1/\omega C_0R_0)$である．したがって，$\phi = \theta_0$のとき，$|\dot{V}|$が最小となる．

7.14 電圧$\dot{V}$は

$$\dot{V} = \frac{R-\mathrm{j}kX}{R(1-k)-\mathrm{j}kX}\dot{E}$$

であるから

$$|\dot{V}| = \sqrt{\frac{R^2+k^2X^2}{R^2(1-k)^2+k^2X^2}}|\dot{E}|$$

である．したがって，$(k-1)^2 = 1$であるから，$k = 2$である．

7.15 全体のインピーダンスは

$$\dot{Z} = (R+\mathrm{j}\omega L)//\frac{1}{\mathrm{j}\omega C}$$

$$= \frac{R+\mathrm{j}\omega L}{1-\omega^2LC+\mathrm{j}\omega CR}$$

となるから，虚数部=0の条件により$\omega^2 = (1-CR^2/L)/LC$. よって，

$$\omega = \sqrt{(1-CR^2/L)/LC}$$

ただし，$L/C > R^2$である．

7.16 L_2とRを直列接続したインピーダンスから見たインピーダンス$\dot{Z}$が無限大になればよい．すなわち，このインピーダンス$\dot{Z}$が電流源に等価的につながっているとみればよい．したがって，

$$\dot{Z} = \frac{\mathrm{j}\omega L_1}{1-\omega^2L_1(C_1+C_2)} \to \infty$$

から

$$\omega = 1/\sqrt{L_1(C_1+C_2)}$$

となる．

7.17 負荷の端子対 a–b から左側を見たときの等価電源のアドミタンスは

$$\dot{Y} = \frac{1}{R_0+\mathrm{j}\omega L}+\mathrm{j}\omega C = \frac{R_0}{R_0^2+\omega^2L^2}+\mathrm{j}\omega\left(C-\frac{L}{R_0^2+\omega^2L^2}\right) \quad \cdots (1)$$

電力が最大になる条件式は，$\dot{Y}^* = 1/R_L$ より

$$\frac{R_0}{R_0^2+\omega^2L^2} = \frac{1}{R_L} \quad \cdots (2)$$

および

$$C-\frac{L}{R_0^2+\omega^2L^2} = 0 \quad \cdots (3)$$

となる．これらにより

$$L = \frac{1}{\omega}\sqrt{R_0(R_L-R_0)} \quad \cdots (4)$$

$$C = \frac{\sqrt{R_0(R_L-R_0)}}{\omega R_0R_L} \quad \cdots (5)$$

が決まる．

7.18 重ね合わせの原理により，回路に流れる電流 i[A] は

$$\begin{aligned} i &= \frac{100}{10}+\mathrm{Im}\left[\frac{50e^{\mathrm{j}\omega t}}{10+\mathrm{j}10}+\frac{20e^{\mathrm{j}3\omega t}}{10+\mathrm{j}30}\right] \\ &= \frac{100}{10}+\mathrm{Im}\left[\frac{50e^{\mathrm{j}\omega t}}{10\sqrt{2}e^{\mathrm{j}\frac{\pi}{4}}}+\frac{20e^{\mathrm{j}3\omega t}}{10\sqrt{10}e^{\mathrm{j}\phi_3}}\right] \\ &= 10+\frac{5}{\sqrt{2}}\sin\left(\omega t-\frac{\pi}{4}\right)+\frac{2}{\sqrt{10}}\sin(3\omega t-\phi_3) \end{aligned}$$

ここで

$$\phi_3 = \arctan 3$$

である．また，この回路で消費される有効電力 P[W] は，電流の各成分の実効値を I_0，I_1，I_3 とすれば $I_0 = 10$ A，$I_1 = \frac{1}{\sqrt{2}}\times\frac{5}{\sqrt{2}}$ A，$I_3 = \frac{1}{\sqrt{2}}\times\frac{2}{\sqrt{10}}$ A であるから，$P = R(I_0^2+I_1^2+I_3^2) = 1064.5$ W となる．

(1) 10，(2) $\frac{5}{\sqrt{2}}$，(3) $\frac{2}{\sqrt{10}}$，(4) 3，(5) 1064.5

[第 8 章]

8.1 抵抗 r_1，r_3 が並列であることに気がつけば，π 形回路として計算できる．ここでは練習のためスターデルタ変換の方法を述べる．r_2，r_3，r_4 のデルタ結線をスターデルタ変換すると，$R_1 = r_2r_3/(r_2+r_3+r_4)$，$R_2 = r_3r_4/(r_2+r_3+r_4)$，$R_3 = r_2r_4/(r_2+r_3+r_4)$

となる．また，$A = r_1+R_1+R_2$，$B = R_1R_2+R_1R_3+R_2R_3$ とおくと，

$$\boldsymbol{R} = \frac{1}{A}\begin{bmatrix} r_1(R_1+R_2) & r_1R_2 \\ r_1R_2 & r_1(R_2+R_3)+B \end{bmatrix}$$

$$\boldsymbol{G} = r_1\frac{1}{B}\begin{bmatrix} r_1(R_2+R_3)+B & -r_1R_2 \\ -r_1R_2 & r_1(R_1+R_2) \end{bmatrix}$$

$$\boldsymbol{H} = \frac{1}{r_1(R_2+R_3)+B}\begin{bmatrix} B & r_1R_2 \\ -r_1R_2 & r_1(R_1+R_2)+r_1^2 \end{bmatrix}$$

$$\boldsymbol{F} = \frac{1}{r_1R_2}\begin{bmatrix} r_1(R_1+R_2) & B \\ r_1(R_1+R_2)+r_1^2 & r_1(R_2+R_3)+B \end{bmatrix}$$

8.2 四端子定数は $\dot{A} = 1-1/\omega^2LC$，$\dot{B} = 1/\mathrm{j}\omega C$，$\dot{C} = (1-1/\omega^2LC)/R+1/\mathrm{j}\omega L$，$\dot{D} = 1+1/\mathrm{j}\omega CR$ となる．始端の条件 $\dot{V}_1 = -R\dot{I}$ を，入出力の関係を表す式に代入して

$$-R\dot{I}_1 = \dot{A}\dot{V}_2+\dot{B}\dot{I}_2$$

$$\dot{I}_1 = \dot{C}\dot{V}_2+\dot{D}\dot{I}_2$$

となるから，出力側から見たインピーダンスは

$$\begin{aligned}\dot{Z}_o &= \dot{V}_2/(-\dot{I}_2)\\ &= \frac{R\dot{D}+\dot{B}}{R\dot{C}+\dot{A}}\\ &= \frac{2R(1-1/\omega^2LC)+\mathrm{j}\{R^2/\omega L-4(1-1/\omega^2LC)/\omega C\}}{4(1-1/\omega^2LC)^2+R^2/(\omega L)^2}\end{aligned}$$

このインピーダンスが純抵抗になる条件は，虚数部分がゼロであることから，

$$\omega = \frac{2}{\sqrt{4LC-C^2R^2}} \quad \text{ただし},4L/R > CR$$

を得る．この角周波数の値を $\dot{Z}_o$ の式に代入して $\dot{Z}_o = 2L/CR$ を得る．このときの端子電圧は

$$\dot{V}_2 = \left(\frac{1}{2}+\mathrm{j}\sqrt{\frac{L}{CR^2}-\frac{1}{4}}\right)\dot{E}$$

テブナンの定理により，この回路は電圧源が上記の $\dot{V}_2$，内部抵抗が $\dot{Z}_0$ の等価電圧源が得られ，電源の等価変換により電流源 $\dot{V}_2/\dot{Z}_0$，内部コンダクタンス $1/\dot{Z}_0$ の電流源等価回路が得られる．

8.3 RC の逆 L 形の四端子回路を 3 段つないだものと考えて，出力側には電流 $\dot{I}_2$ が流れていないと考えれば，四端子定数の $\dot{A}$ を用いて，$\dot{V} = \dot{E}/\dot{A}$ から，$\dot{A}$ の実部がゼロであれば，$\dot{V} = -\mathrm{j}\dot{E}/\mathrm{Im}(\dot{A})$ となり，$\dot{V}$ の位相は $\dot{E}$ のそれより 90 度 だけ遅れること

になる．この条件は

$$\mathrm{Re}(\dot{A}) = 1-5\omega^2C^2R^2 = 0$$

から，$\omega = 1/\sqrt{5}CR$ となる．このとき，

$$|\dot{V}|/|\dot{E}| = 5\sqrt{5}/29$$

となる．

8.4　(a) 四端子定数は $\dot{A} = 1-\omega^2LC$，$\dot{B} = \mathrm{j}\omega L$，$\dot{C} = \mathrm{j}\omega C(2-\omega^2LC)$，$\dot{D} = 1-\omega^2LC$ となる．

(b) $\dot{V}_2 = R\dot{I}_2$，$\dot{I}_1 = \dot{J}$ を四端子回路の式に代入すると

$$\dot{J} = (\dot{C}+\dot{D}/R)\dot{V}_2$$

が得られる．ここで $\omega = \sqrt{2/LC}$ のとき括弧の虚数部がゼロになる．このとき $\dot{V}_2 = -R\dot{J}$ となり，$\dot{V}_2$ と $\dot{J}$ とは逆位相であることがわかる．

8.5　相反性の証明は定義に従って行うか，四端子定数を求めて $\dot{A}\dot{D}-\dot{B}\dot{C} = 1$ を示してもよい．四端子回路の式に $\dot{V}_2 = \dot{Z}\dot{I}_2$ を代入して，

$$\dot{Z}_i = \frac{\dot{V}_1}{\dot{I}_1} = \frac{\dot{A}\dot{Z}+\dot{B}}{\dot{A}\dot{Z}+\dot{B}}$$

$$= \frac{(1-\omega^2LC_2)\dot{Z}+\mathrm{j}\omega L}{\mathrm{j}\omega(C_1+C_2-\omega^2C_1C_2L)\dot{Z}+1-\omega^2LC_1}$$

とくに，$C_1 = C_2$，$\omega = 1/\sqrt{LC_1}$ のとき，$\dot{Z}_i = L/C_1\dot{Z}$ となる．

8.6　四端子定数は $\dot{A} = 1+\mathrm{j}\omega CR$, $\dot{B} = R(2+\mathrm{j}\omega CR)$, $\dot{C} = \mathrm{j}\omega C$, $\dot{D} = 1+\mathrm{j}\omega CR$ となる．

$\dot{I} = \mathrm{j}\omega C\dot{V}_2$ を考慮して，$\dot{E}$ と $\dot{I}$ の関係は

$$\dot{E} = \dot{A}\dot{I}/\mathrm{j}\omega C+\dot{B}\dot{I}$$

$$= \{3R+\mathrm{j}(\omega CR^2-1/\omega C)\}\dot{I}$$

となる．したがって，$\omega = 1/CR$ のとき虚数部がゼロとなり，$\dot{E}$ と $\dot{I}$ は同位相となる．

8.7　R–$2C$–R からなる T 形回路のアドミタンス行列の各要素を y'_{11}，y'_{12}，y'_{21}，y'_{22} とし，C–$R/2$–C からなる T 形回路のアドミタンス行列の各要素をそれぞれ y''_{11}，y''_{12}，y''_{21}，y''_{22} とする．

はじめのアドミタンスは出力端を短絡した回路から $y'_{11} = (1+\mathrm{j}2\omega CR)/2R(1+\mathrm{j}\omega CR)$，$y'_{21} = y'_{12} = -1/2R(1+\mathrm{j}\omega CR)$ が得られ，この回路が左右対称であることから $y'_{22} = y'_{11}$ となる．

ここで $R \to 1/\mathrm{j}\omega C$, $\mathrm{j}2\omega C \to 2/R$ と置き換えることによって C–$R/2$–C からなる T 形回路のアドミタンス行列の各要素が求められる．$y''_{11} = \mathrm{j}\omega C(2+\mathrm{j}\omega CR)/(2+\mathrm{j}2\omega CR)$，$y''_{21} = y''_{12} = \omega^2C^2R/2(1+\mathrm{j}\omega CR)$ が得られ，この回路も左右対称であることから $y''_{22} = y''_{11}$ となる．

R–$2C$–R からなる T 形回路の入出力電流，電圧をそれぞれ $\dot{I}'_1$，$\dot{I}'_2$，C–$R/2$–C からなる T 形回路の入出力電流，電圧をそれぞれ $\dot{I}''_1$，$\dot{I}''_2$ で表すと，

$$\dot{I}_1' = y_{11}'\dot{V}_1 + y_{12}'\dot{V}_2$$
$$\dot{I}_2' = y_{21}'\dot{V}_1 + y_{22}'\dot{V}_2$$

および

$$\dot{I}_1'' = y_{11}''\dot{V}_1 + y_{12}''\dot{V}_2$$
$$\dot{I}_2'' = y_{21}''\dot{V}_1 + y_{22}''\dot{V}_2$$

となる．したがって，

$$\dot{I}_1 = \dot{I}_1' + \dot{I}_1''$$
$$\dot{I}_2 = \dot{I}_2' + \dot{I}_2''$$

となるから

$$\dot{I}_1 = (y_{11}' + y_{11}'')\dot{V}_1 + (y_{12}' + y_{12}'')\dot{V}_2$$
$$\dot{I}_2 = (y_{21}' + y_{21}'')\dot{V}_1 + (y_{22}' + y_{22}'')\dot{V}_2$$

が得られる．電圧 $\dot{E}$ の効果が端子対 2-2′ に現れない条件は $y_{21}' + y_{21}'' = 0$ であるから，これより $\omega = 1/CR$ となる．

[第 9 章]

9.1 相電圧 E，線間電圧 V との関係は $V = \sqrt{3}E$．よって，相電圧 $E = \frac{200}{\sqrt{3}} = 115\,\mathrm{V}$，相電流 $I = \frac{E}{|Z|} = \frac{200}{\sqrt{3}}\frac{1}{5} = 23.0A$.

9.2 電流の Y-Δ 変換を考える．図のように対称三相 Y 型電流を I_a, I_b, I_c，Δ 型電流を I_{ab}, I_{bc}, I_{ca} とする．

(a) $I_a = I_{ab} - I_{ca}, \quad I_b = I_{bc} - I_{ab}, \quad I_c = I_{ca} - I_{bc}$

(b) $I_a = (1-a)I_{ab} = \sqrt{3}I_{ab}e^{-\mathrm{j}30^\circ}$，同様に，$I_b = \sqrt{3}I_{bc}e^{-\mathrm{j}30^\circ}, \quad I_c = \sqrt{3}I_{ca}e^{-\mathrm{j}30^\circ}$

9.3 送電線の対地電位を E_a, E_b, E_c とすれば通信線に流入する電流は，通信線から流れ出る電流に等しく

$$\mathrm{j}\omega C_a(E_a - e) + \mathrm{j}\omega C_b(E_b - e) + \mathrm{j}\omega C_c(E_c - e) = \mathrm{j}\omega Ce + e/R$$

が成り立つ．よって

$$e = \frac{\mathrm{j}\omega R(C_aE_a + C_bE_b + C_cE_c)}{1 + \mathrm{j}\omega R(C_a + C_b + C_c + C)}$$

相回転を abc として E_a を基準にとると $a = -\frac{1}{2} + \mathrm{j}\frac{\sqrt{3}}{2}$ として，(相電圧の大きさ E) = (線間電圧の大きさ V) $\times \frac{1}{\sqrt{3}}$ であるから

$$E_a = \frac{V}{\sqrt{3}}, \quad E_b = a^2E_a = \frac{V}{\sqrt{3}}(-\frac{1}{2} - \mathrm{j}\frac{\sqrt{3}}{2}), \quad E_c = aE_a = \frac{V}{\sqrt{3}}(-\frac{1}{2} + \mathrm{j}\frac{\sqrt{3}}{2})$$

として，これを e の式に代入すれば

$$e = \frac{\omega RV}{\sqrt{3}}\sqrt{\frac{C_a(C_a - C_b) + C_b(C_b - C_c) + C_c(C_c - C_a)}{1 + \omega^2R^2(C_a + C_b + C_c + C)^2}}$$

この結果から，静電容量がすべて等しい $C_a = C_b = C_c$ とき，$e = 0$ となるから，通信線には誘導電圧は 0 になることがわかる．

9.4 電圧源を Y 結線に変換すると，相電圧が $\frac{200}{\sqrt{3}}$ V の Y 電源になる．一方，負荷のデルタ結線は $9/3 = 3\,\Omega$ の Y 結線になる．したがって，線路の抵抗 $9\,\Omega$ と Y 結線の抵抗 $3\,\Omega$ を加えた $12\,\Omega$ より線電流は $I = \frac{200}{\sqrt{3}}/12 = 9.62$ A である．Δ 電流 I' は

$$I' = \frac{I}{\sqrt{3}} = 5.556$$

電力計 W は

$$W = E_{ac} I_a \cos 30° = 200 I_a \frac{\sqrt{3}}{2}$$

であるから，$I_a = \frac{200}{\sqrt{3}}/12 = 9.62$ A を代入して，W の読みは 1666.667 W．($E_{ac} = \sqrt{3} E_a e^{-\mathrm{j}30°}$，抵抗負荷のため E_a と I_a とは同位相)

9.5 Δ 結線の負荷を Y 結線に変換すると，$Z/3$ の Y 型インピーダンスになる．この $Z/3$ の Y 型インピーダンスは線路のインピーダンス Z' と直列に接続されるから，$E_a = (Z' + Z/3) I_a$ が成り立つ．同様に $E_b = (Z' + Z/3) I_b$，$E_c = (Z' + Z/3) I_c$ が成り立つ．したがって，線電流 I_a，I_b, I_c は

$$I_a = \frac{E_a}{Z' + Z/3}, \qquad I_b = \frac{E_b}{Z' + Z/3}, \qquad I_c = \frac{E_c}{Z' + Z/3}$$

となる．

9.6 Y 型の Z を Δ 型に変換すれば，一辺が Z と $3Z$ の並列インピーダンス $(Z \parallel 3Z) = 3Z^2/(3Z + Z) = 3Z/4 = Z_d$ のデルタ結線になるから，それを Y 結線に変換すると 1 つが $Z/4 = Z_s$ のスター結線ができる．よって，ab 間のインピーダンスは $Z_{ab} = Z/4 + Z/4 = Z/2$ となる．

Δ 型を Y 型に変換すれば，$Z/3$ と Z との並列回路が 3 つでき，そのインピーダンスは $Z/4$ である．したがって，$Z_{ab} = Z/4 + Z/4 = Z/2$ であり，同一の結果を得る．

9.7 (a) V を線間電圧，線電流を I，三相負荷の皮相電力を S とする．$S = \sqrt{3} VI = \sqrt{3} \times 200 \times 7.7 = 2.667$ kVA.

(b) $P = \sqrt{2.667^2 - 1.6^2} = 2.134$ W．$\cos\theta = P/S = 2.134/2.667 = 0.8$

(c) ΔY 変換により $Z_a = \frac{20 \times 20}{20+60+20} = 4\Omega$, $Z_b = 12\,\Omega$, $Z_c = 12\,\Omega$ 抵抗 R は Z_a に直列に接続されているから, $\{R+4, 12, 12\}$ が対称三相負荷であるためには $R+4 = 12$, よって，$R = 8\,\Omega$.

9.8 (a) 電源電圧の実効値は最大値の $1/\sqrt{2}$ 倍であり，線間電圧の $1/\sqrt{3}$ 倍が相電圧 E であるから，$E = \frac{100\sqrt{6}}{\sqrt{2}}/\sqrt{3} = 100V$，線電流 I_a は

$$I_a = E/\sqrt{R^2 + X_L^2} = 100/\sqrt{5^2 + (1.6\pi)^2} = 14.11A$$

よって，求める三相電力は

$$P = 3 \times I_a^2 R = 3 \times 14.11^2 \times 5 = 2986 = 3kW$$

1 相分の等価回路を下図に示す.

(b) I_a の波形は E_a の波形に対して位相が 30° 遅れている (条件) から，Y 結線の相電圧 E は線間電圧 E_a より位相が 30° 遅れる．したがって，相電圧と線電流が同位相であれば，電源の線電圧 E と線電流 I_a は同位相である.

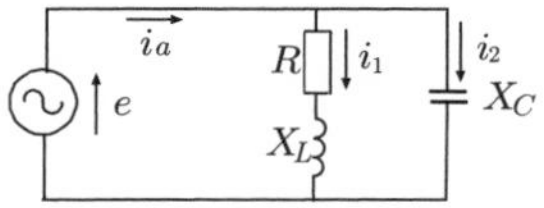

$$I_a = I_1 + I_2 = \frac{E}{R + \mathrm{j}X_L} + \frac{E}{-\mathrm{j}X_C}$$

I_a と E との位相差が 0 であるから上式の虚部は 0．よって，$C = 0.000106\,\mathrm{F}$ となる.

9.9 $Z = 20\angle 30°$ であるから, $P_1 = V_{ab} I_a \cos(30° + \theta)$, $P_2 = V_{cb} I_c \cos(30° - \theta)$．線電流は $I = \frac{200}{\sqrt{3}} \frac{1}{|Z|} = \frac{200}{\sqrt{3}} \frac{1}{20}$ よって, $\theta = 30°$ を代入すれば, W_1 の読みは $P_1 = \frac{1}{\sqrt{3}}\,\mathrm{kW}$, $P_2 = \frac{2}{\sqrt{3}}\,\mathrm{kW}$．$P = P_1 + P_2 = \sqrt{3}\,\mathrm{kW}$.

参考図書

筆者が本書を書くに当たり，参考にした書物を以下に記す．

1. 大野克郎：大学課程 電気回路 (1)，オーム社，1968
2. 大野克郎：大学課程 電気回路 (1) 第 2 版，オーム社，1980

この 2 冊は教科書として 20 年以上にわたって筆者の大学の電気系学科で使用されてきた．

3. 大野克郎，西　哲生：大学課程 電気回路 (1) 第 3 版，オーム社，1999

回路の記号が書き換えられ，新しい内容が加わり分厚い本になった．じっくり読む人によいが，大学理工系の 1 年生には少し難しい．

4. 平山　博：電気学会大学講座 電気回路論，電気学会，1951
5. 平山　博：電気回路論 (改訂版)，電気学会，1994

この本は分布定数回路，演算子法なども網羅している．

6. 小澤孝夫：電気回路 I，昭晃堂，1978
7. 小澤孝夫：電気回路 II，昭晃堂，1980

著者の専門であるグラフ理論の考え方が根底にある本だが，例題も多く丹念に読んでいけば回路理論の全貌が見えてくる．

8. 高橋秀俊：電磁気学，裳華房，1973

第 2 章に定常電流，第 3 章に交流理論が解説されている．

9. Charles A. Desoer and Ernest S., Kuh：Basic Circuit Theory, McGraw-Hill, 1969 (student edition, 1983).

876 頁の大著でバイブル的な書物であるが，今では手に入らないだろう．

これらの教科書は初版発行から年月を経た定評のある書物であるが，最近の頁数を 200 頁以内に抑えたもので要領よく回路理論を勉強しようという人には

10. 藤井信生：よくわかる電気回路，オーム社，1994
11. 佐治　學編著：インターユニバーシティ 電気回路 A，オーム社，1996
12. 日比野倫夫編著：インターユニバーシティ 電気回路 B，オーム社，1997

常微分方程式の理論や複素関数論に関しては，以下の書物を参考にさせていただいた．

13. 木村俊房：常微分方程式の解法，培風館，1958

本書は解の存在定理まできちんと書かれている．

14. 和達三樹，矢嶋　徹：常微分方程式演習，岩波書店，1998

1，2 回生の間にこの演習問題をコツコツ解いていけばかなり実力がつくと思う．Coffee Break 欄や Tips の欄にも興味深い読み物も載せられていて，ユニークな演習書である．

15. 卯本重郎：現代基礎電気数学，オーム社，1992

大学で電気電子工学を学ぶのに必要な最小限の数学を要領よくまとめてある.
16. ミクシンスキー著，松村英之，松浦　重 訳：演算子法 (上巻)，裳華房，1963
第 5 章に電気回路の理論がある.
17. 志賀浩二：複素数 30 講，朝倉書店，1989
高尚な内容がゆっくりとわかりやすく書かれている.
18. 野木達夫：基礎工業数学，朝倉書店，1985
説明がていねいで，内容が濃い複素関数論とフーリエ解析の教科書である.
19. Reymond A. Decarlo and Pen-Min Lin : Linear Circuit Analysis. (2nd Edition), Oxford Univ. Press, NewYork, 2001.
1008 頁の大著である．例題が数多く書かれている.

索 引

タ　行

ナ　行

ハ　行

マ　行

ヤ　行

ラ　行

ワ　行

著者略歴

奥 村 浩 士(おくむら・こうし)

1966 年　京都大学工学部電気工学科卒業
1971 年　京都大学大学院工学研究科博士課程単位修得退学
現　在　京都大学大学院工学研究科電気工学専攻教授を経て
　　　　京都大学名誉教授，工学博士
専　攻　電気回路網学

エース電気・電子・情報工学シリーズ
エース 電気回路理論入門［第 2 版］　定価はカバーに表示

2002 年 11 月 15 日　第 1 版第 1 刷
2021 年 1 月 25 日　第 19 刷
2024 年 4 月 1 日　第 2 版第 1 刷

著　者　奥　村　浩　士
発行者　朝　倉　誠　造
発行所　株式会社　朝　倉　書　店

東京都新宿区新小川町 6-29
郵 便 番 号　162-8707
電　話　03(3260)0141
F A X　03(3260)0180
https://www.asakura.co.jp

〈検印省略〉

中央印刷・渡辺製本

ISBN 978-4-254-22748-2 C3354　Printed in Japan

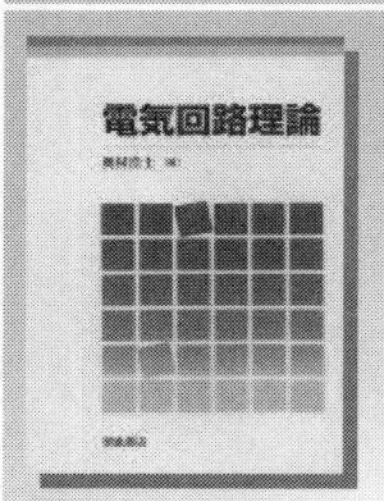

電気回路理論

奥村 浩士 (著)

A5 判／288 頁　978-4-254-22049-0 C3054　定価 5,060 円（本体 4,600 円＋税）

ソフトウェア時代に合った本格的電気回路理論。〔内容〕基本知識／テブナンの定理等／グラフ理論／カットセット解析等／テレゲンの定理等／簡単な線形回路の応答／ラプラス変換／たたみ込み積分等／散乱行列等／状態方程式等／問題解答

電気回路ハンドブック

奥村 浩士・西 哲生・松瀬 貢規・横山 明彦 (編)

B5 判／468 頁　978-4-254-22061-2 C3054　定価 19,800 円（本体 18,000 円＋税）

電気回路は, ますます電化の進む社会基盤を構築する重要な技術である。しかし, システムが複雑化するなか, 基本的な技術が疎かになり, 思わぬ事故が発生したり, また回路のブラックボックス化で若い技術者・研究者がその背景や経緯を知らずに扱うことは, さらなる発展への障害となるおそれがある。本ハンドブックは, 人類の技術遺産ともいうべき「電気回路」の歴史的回路から最新の電気回路, 省エネが期待される電力システムまでを網羅, 回路解析に用いられる数学も詳述

論理回路の基礎

田口 亮・金杉 昭徳・佐々木 智志・菅原 真司 (著)

A5 判／176 頁　978-4-254-12252-7 C3004　定価 3,190 円（本体 2,900 円＋税）

論理回路／ディジタル回路の基礎の教科書。組合せ回路，フリップフロップ，順序回路を一通りカバーし，代表的な回路例を提示して設計法についても解説。コンピュータ内部での数値表現，論理演算から基本論理素子の電子回路まで，幅広く詳細に説明。〔主な読者対象〕電気，電子，通信，情報系の大学学部生および高専生

電気・電子材料 （新装版）

赤﨑 勇 (編)

A5 判／244 頁　978-4-254-22060-5 C3054　定価 3,740 円（本体 3,400 円＋税）

技術革新が進んでいる電気・電子材料について，半導体，誘電体および磁性体材料に焦点を絞り，基礎に重点をおき最新データにより解説した教科書。〔内容〕電気・電子材料の基礎物性／半導体材料／誘電・絶縁材料／磁性材料／材料評価技術

電磁気学 15 講

五福 明夫 (著)

A5 判／184 頁　978-4-254-22062-9 C3054　定価 2,970 円（本体 2,700 円＋税）

工学系学部初級向け教科書。丁寧な導入と豊富な例題が特徴。〔内容〕直流回路／電荷・電界／ガウスの法則／電位／導体／静電エネルギー／磁界／アンペールの法則／ビオ-サバールの法則／ローレンツ力／電磁誘導／マクスウェルの方程式

パワーエレクトロニクス入門（第3版）

小山 純・根葉 保彦・花本 剛士・山田 洋明 (著)

A5判／152頁　978-4-254-22063-6 C3054　定価3,080円（本体2,800円＋税）

近年注目されているWBGデバイスを解説。新技術の記述も追加。〔内容〕電力用半導体素子／DC-DC，DC-AC，AC-DC，AC-AC変換装置／応用／他，ウェブサイトから演習問題詳解とシミュレーションプログラムをダウンロード可能。

基礎電子回路 —回路図を読みとく—

上村 喜一 (著)

A5判／212頁　978-4-254-22158-9 C3055　定価3,520円（本体3,200円＋税）

回路図を読み解き・理解できるための待望の書。全150図。〔内容〕直流・交流回路の解析／2端子対回路と増幅回路／半導体素子の等価回路／バイアス回路／基本増幅回路／結合回路と多段増幅回路／帰還増幅と発振回路／差動増幅器／付録

信号処理とフーリエ変換

永野 宏治 (著)

A5判／168頁　978-4-254-22159-6 C3055　定価2,750円（本体2,500円＋税）

信号・システム解析で使えるように，高校数学の復習から丁寧に解説。〔内容〕信号とシステム／複素数／オイラーの公式／直交関数系／フーリエ級数展開／フーリエ変換／ランダム信号／線形システムの応答／ディジタル信号／他

電子物性 —電子デバイスの基礎—

浜口 智尋・森 伸也 (著)

A5判／224頁　978-4-254-22160-2 C3055　定価3,520円（本体3,200円＋税）

大学学部生・高専学生向けに，電子物性から電子デバイスまでの基礎をわかりやすく解説した教科書。近年目覚ましく発展する分野も丁寧にカバーする。章末の演習問題には解答を付け，自習用・参考書としても活用できる。

電波工学基礎シリーズ1 電磁波工学

新井 宏之・木村 雄一・広川 二郎 (著)

A5判／168頁　978-4-254-22214-2 C3355　定価2,750円（本体2,500円＋税）

電波工学を学ぶ学生のための基本的内容を解説した教科書シリーズ. 全3巻. 電磁気学の基礎事項の確認から, 平面波の性質, アンテナ, 回路, 自由空間上の電波伝搬などを取り扱う. 各巻コンパクトな内容にまとめ, 大学等の講義で読み切れるよう配慮, 各章末には演習問題を配置する.
第1巻となる本書では電磁気学についての基本事項の確認から平面波の性質, アンテナの特性, 解析手法までを解説する。〔内容〕マクスウェルの方程式／電界・磁界の境界条件／モーメント法／他

電波工学基礎シリーズ 2 電波伝搬

新井 宏之 (監修) ／岩井 誠人・前川 泰之・市坪 信一 (著)

A5 判／132 頁　978-4-254-22215-9 C3355　定価 2,530 円（本体 2,300 円＋税）

電波工学を基礎から学ぶための教科書シリーズの第 2 巻。無線通信における電波伝搬について解説する。〔内容〕電波伝搬の概要／自由空間伝搬／電離層伝搬／対流圏伝搬／移動伝搬／移動通信システムの概要／解析手法／他

電波工学基礎シリーズ 3 波動伝送工学

新井 宏之 (監修) ／榊原 久二男・太郎丸 眞・藤森 和博 (著)

A5 判／152 頁　978-4-254-22216-6 C3355　定価 2,640 円（本体 2,400 円＋税）

マイクロ波についての基本事項を確認し，伝送線路，回路，フィルタまでを解説する。〔内容〕マイクロ波工学とその基本事項／伝播電磁波の分類／平面波伝送線路／導波管伝送線路／回路素子／共振回路の性質／マイクロ波フィルタ／他

電気電子工学シリーズ 6 機能デバイス工学

松山 公秀・圓福 敬二 (著)

A5 判／160 頁　978-4-254-22901-1 C3354　定価 3,080 円（本体 2,800 円＋税）

電子の多彩な機能を活用した光デバイス，磁気デバイス，超伝導デバイスについて解説する。これらのデバイスの背景には量子力学，統計力学，物性論など共通の学術基盤がある。〔内容〕基礎物理／光デバイス／磁気デバイス／超伝導デバイス

自動車工学シリーズ 4 電動化技術

梅野 孝治 (編著)

A5 判／260 頁　978-4-254-23587-6 C3353　定価 5,500 円（本体 5,000 円＋税）

電動車を支える電動化技術の基礎から先端までを解説する。カーボンニュートラルの観点も踏まえて電動車の意義・構造・特徴を学ぶ格好の書。〔内容〕電動車の概要／駆動用モータ／パワーコントロールユニット／二次電池／車載電源システム／電動車の電磁ノイズ／電動車のシステム制御技術／電動車の発展がもたらす電動化社会の将来像

自動車工学シリーズ 5 燃料電池の原理と応用

陣内 亮典 (編著)

A5 判／264 頁　978-4-254-23588-3 C3353　定価 5,500 円（本体 5,000 円＋税）

水素エネルギーを利用する自動車用燃料電池（とくに固体高分子形燃料電池）の原理と，関連する技術・測定手法などを解説する。〔内容〕固体高分子形燃料電池の概要／自動車用燃料電池システム／燃料電池の発電原理とそのモデル／燃料電池の解析技術／電極物性の解析技術／電解質物性の解析技術／将来の燃料電池とその解析技術／他

上記価格は 2024 年 3 月現